専門数学
への
懸け橋
高校生からわかる
統計
解析
涌井 良幸
Yoshiyuki Wakui

ベレ出版

はじめに

ひと昔前までは、統計学は極めてマイナーで一部の人々のみが活用していた数学でした。しかし、コンピュータが発達し情報化時代を迎えると、統計学に対する需要は大いに高まりました。いろいろなデータが社会に止めどもなくあふれ出すとともに、それを料理できる高性能なコンピュータが普及したわけですから、これは必然的な流れです。

生活や仕事、研究で扱うデータだけでなく、見るもの聞くもの、世の中にあるあらゆるものが統計学の対象となっています。そこから豊かな知見を取り出せるか否かは、研究機関や企業はもとより、我々個々人の死活問題になっています。もはや、統計学は理系、文系を問わず、現代を生きる我々の必須教養なのです。

統計学を使って実際にデータを分析するのが**統計解析**ですが、そのためには、まずは、統計学の基本原理の把握が必要です。これさえしっかりしていれば、統計解析の専門の世界にもそれほど抵抗なく入っていけるようになります。

幸いなことに、統計学の理論そのものは初歩的な数学を使ったきわめてシンプルなものです。したがって、統計学の基本原理を理解するのはそれほどむずかしいことではありません。しかし、統計学の多くの専門書は数学としての厳密さを期すためか、きわめてむずかしく書かれているものがほとんどです。これでは、統計学を学びたいと思っても、ハードルが高すぎます。まずは、本書で「統計学の基本原理」と「統計学の使い方」をひと通り理解してください。本書はそのための入門書です。

最後になりますが、本書の企画段階から最後までご指導くださったベレ出版の坂東一郎氏、編集工房シラクサの畑中隆氏の両氏に、この場をお借りして感謝の意を表わさせていただきます。

本書について

●本書で扱う統計学の範囲

本書で扱う統計学の内容は、今や「伝統的統計学」とも呼ばれるようになったフィッシャー、ネイマン、ピアソンらが確立した「**推測統計学**」、現在主流になりつつある「**ベイズ統計学**」、それに、何種類ものデータを同時に分析する「**多変量解析**」をメインとします。

●基本原理の理解を最優先

本書で使われている数学のレベルは、中学数学に、高校数学の前半の数学を加えた程度のものです。本書は、これらの数学を用いて統計学の基本原理をわかりやすく解説したものです。基本原理さえ理解していれば、その後の統計学の専門書での学びはかなり楽になります。なお、わかりやすさを優先しているため、表現において数学的に多少ゆるい箇所があります。その点はお許しください。

●資料、データについて

資料、データは注記のない限り仮想的なものです。

●有効桁について

数値処理の有効桁については厳密性を欠く部分があります。特に小数点以下の適当な部分を切り捨てたり、四捨五入しています。

（注）　第3章の統計的推定においては信頼区間は左端は切り下げ、右端は切り上げして区間幅を広めにとる「丸め処理」をしますが、本書ではこのような処理も行なっていません。

● Excelについて

統計学における数値処理を手計算や電卓で行なうことは大変です。そこで、本書では身近にあるExcelを使っての処理例を掲載していますが、あくまで参考にすぎません。この部分は読み飛ばしても問題はありません。なお、Excel 2013、Excel 2016での動作は確認済みです。

ギリシャ文字と数学の記号

大文字	小文字	読み方
A	α	アルファ
B	β	ベータ
Γ	γ	ガンマ
Δ	δ	デルタ
E	ϵ	イプシロン
Z	ζ	ゼータ
H	η	エータ
Θ	θ	シータ
I	ι	イオタ
K	κ	カッパ
Λ	λ	ラムダ
M	μ	ミュー

大文字	小文字	読み方
N	ν	ニュー
Ξ	ξ	グザイ
O	o	オミクロン
Π	π	パイ
P	ρ	ロー
Σ	σ	シグマ
T	τ	タウ
Υ	υ	ウプシロン
Φ	ϕ	ファイ
X	χ	カイ
Ψ	ψ	プサイ
Ω	ω	オメガ

もくじ

伝統的統計学

第2章　伝統的統計学のための確率

第3章　統計的推定～一を聞いて十を知る

第4章　統計的検定～仮説が正しいかどうかを判断する

ベイズ統計学

第5章　ベイズの確率論～経験をもとに判断する

第6章　ベイズ統計学～ベイズの定理を唯一のよりどころにする

第7章 ベイズ統計学と推定、検定

多変量解析

第8章 相関分析～二つの変量の関係を探る

第9章 回帰分析～一つまたは複数の変量から他の変量を予測

第10章 数量化理論～質的データを分析する

Excel を使っての処理例

<参考文献>

渡部　洋『ベイズ統計学入門』（福村出版）
中妻照雄『入門　ベイズ統計学』（朝倉書店）

プロローグ

統計学を学ぶ前に

0-1 統計解析とは

統計学とは何でしょうか。統計学は中学や高校で学んだ数学、たとえば、2次関数や三角関数、ベクトルや確率、微分・積分、……といった数学ではありません。

統計学はそのような基本的な数学を使い、データを調理する学問なのです。つまり、「**数学という道具を上手に使って、入手したデータから有意義な情報を絞り出す理論**」が**統計学**なのです（右図）。

それでは**統計解析**とは何なのでしょうか。それは「**統計学を使って実際にデータの分析を行なう**」ことです。つまり、統計解析は統計学の理論を実践的に使うことです。

本書のタイトルは統計解析となってはいますが、まずは統計学を正しく理解することが必要です。このため多くのページを統計学の説明に充(あ)てました。なお、データを解析するためにExcelを利用していますが、本書を読む上で必須ではありません。

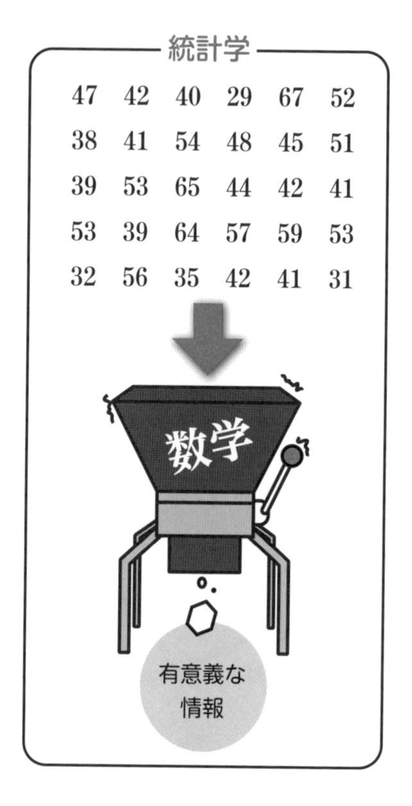

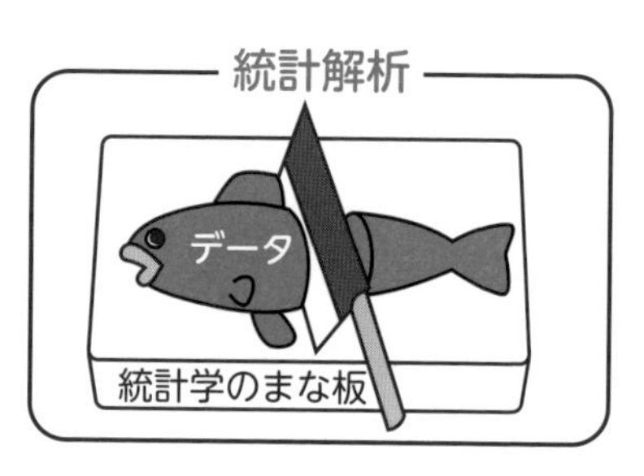

0-2 統計学の分類

一口に統計学と言ってもいろいろな分野に分かれます。しかも、それらの各分野は密接に絡み合い、明確にスッキリと分類することは困難です。しかし、今後の学習の位置づけが理解できるように、あえて一つの分類例を紹介すると下図のようになります。

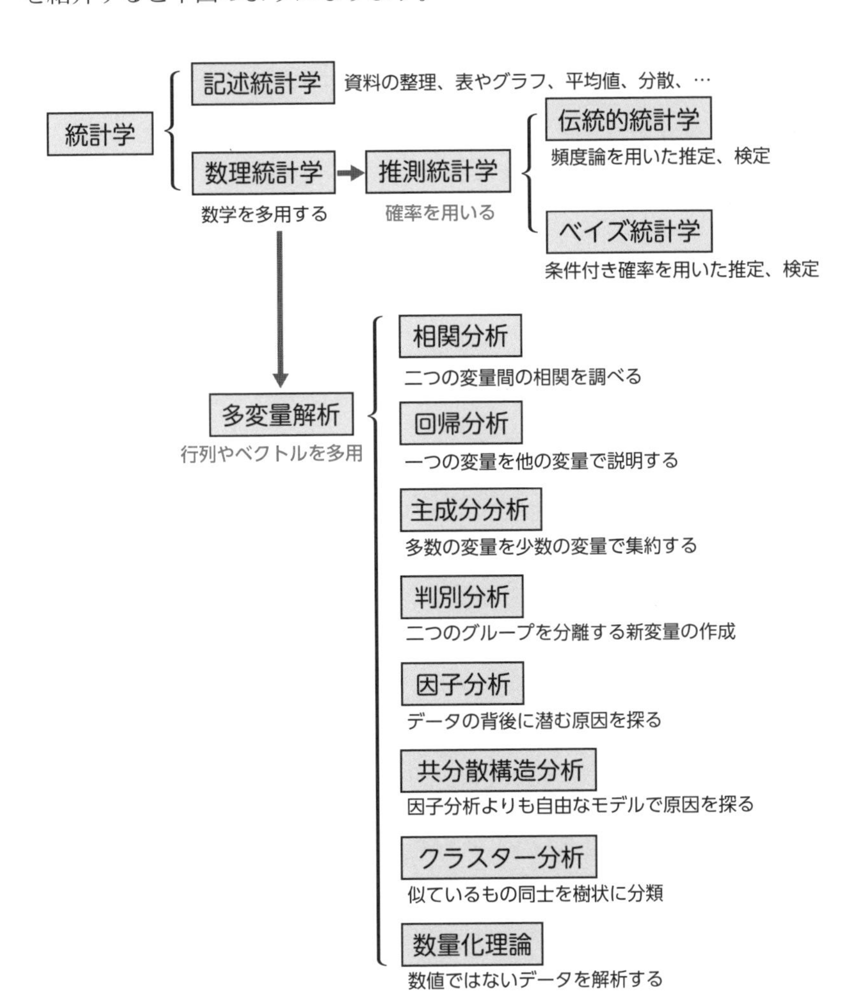

0-3 統計解析を概観してみよう

統計解析を学び始める前に、まずはサラッと統計解析の様子を下図の大きな分類に沿って覗(のぞ)いてみましょう。考え込まずに、こんなものかと眺めるだけでよいのです。

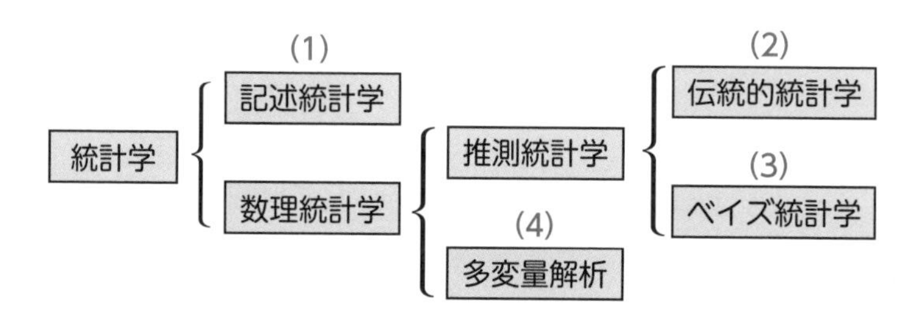

(1) 記述統計学

記述統計学は全体についての資料（データ）があるとき、その平均値を求めたり、表に整理したり、また、グラフで表わしたりして「資料の本質」を把握するものです。大昔から使われている統計学です。

下記は、2017年に死亡した134万人分の年齢データを例に、記述統計学でデータをExcel等で分析した例です。

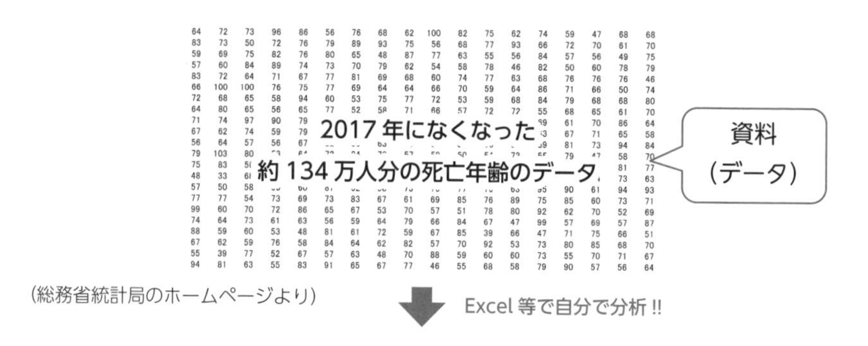

（総務省統計局のホームページより）

階級	階級値	男	女	男女
0 ～ 4 歳	2	1296	1158	2454
5 ～ 9	7	209	142	351
10 ～ 14	12	276	161	437
15 ～ 19	17	810	351	1161
20 ～ 24	22	1468	556	2024
25 ～ 29	27	1547	729	2276
30 ～ 34	32	2154	1100	3254
35 ～ 39	37	3074	1675	4749
40 ～ 44	42	5503	3314	8817
45 ～ 49	47	8942	5077	14019
50 ～ 54	52	12345	6715	19060
55 ～ 59	57	18506	9021	27527
60 ～ 64	62	31103	13801	44904
65 ～ 69	67	64245	28188	92433
70 ～ 74	72	74272	34869	109141
75 ～ 79	77	99591	56213	155804
80 ～ 84	82	129904	96264	226168
85 ～ 89	87	129775	140295	270070
90 ～ 94	92	78355	145031	223386
95 ～ 99	97	22846	81243	104089
100 歳以上	102	4087	23717	27804
	合計	690308	649620	1339928
	平均	77.73	84.21	80.87
	分散	174.34	159.14	177.47
	標準偏差	13.20	12.62	13.32

表に整理するとデータの実態が見えてくる

統計では大事な値

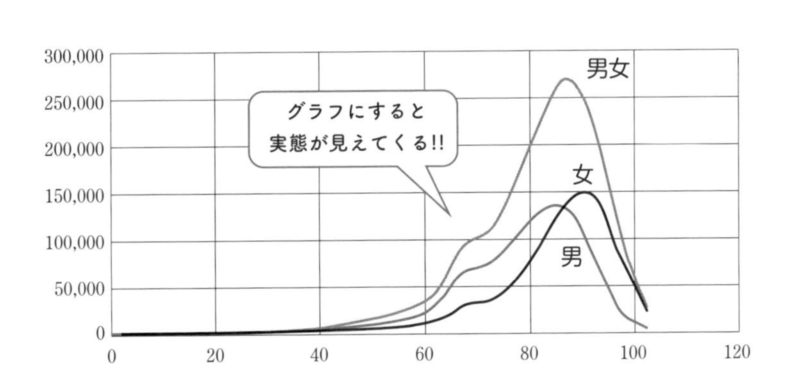

人は見たいものしか見ない。死亡データなんてイヤーな感じだけど、自分の人生プランを考えるうえで役に立つぞ !!

(2)「伝統的統計学」が統計学の中心？

●統計的推定 ‥‥「イチを聞いて十を知る」統計学

全体を調べたいときに、その**一部をもとに全体の姿を予想する統計学が統計的推定**です。「木を見て森を見ず」ではなく「木を見て森を知る」統計学といえます。一部から全体を予想するわけですから、全体の「本当の姿」は見抜けません。そこで、「信頼度99%で、……であろう」という判断となり、**確率の考えがベースになる**のです。

確率と聞いても、ひるまないでください。基本的な考え方しか使っていません。それに確率の基本的な考え方は人生に不可欠なものです。

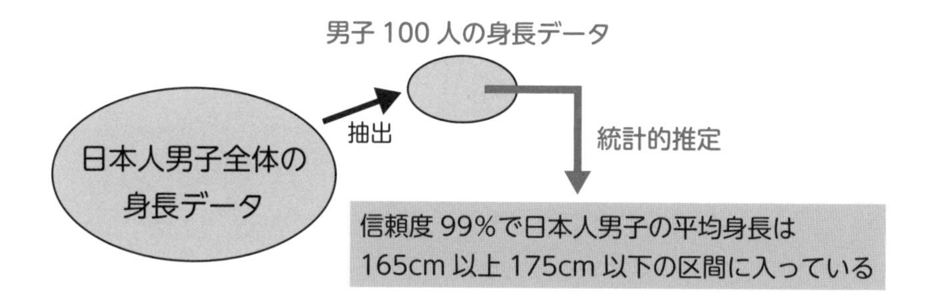

下記は2014年9月に改造された第2次安倍内閣について、いろいろな報道機関が独自に約1000人を調べて支持率を算出したものです。これも統計的推定です。しかし、なぜこんなにも違うのでしょうか？　統計学の教養が試されます。

読売新聞	**64%**	**朝日新聞**	**47%**
日本経済新聞	**60%**	**共同通信**	**55%**
毎日新聞	**47%**	**(NHK)**	**58%**

（注）いずれもRDD法により1000人前後から得た回答をもとに算出したものです。

●統計的検定 ‥‥ 仮説に異を唱える統計学

推測統計学の分野は点推定や区間推定などの統計的推定だけではありま

せん。ある仮説が正しいかどうかをデータの一部を調べて判定する方法があります。このとき使われる考え方は極めて常識的です。

〔例〕 息子が「小学6年生の小遣いの平均は8000円だよ」と言って値上げを要求してきました。そんなに高いはずがないと思った父親は、まずは、子供の主張を認めた上で全国の小学6年生から100人をランダムに抽出して、小遣いの平均を調べました。すると、6000円でした。これは平均が8000円という前提（仮説）のもとでは差がありすぎて起こりにくいことなので、お父さんは息子に言いました。「おまえの主張する平均8000円は統計的検定の結果、認め難い」と。息子はキョトンとしていたそうです。

(3)「ベイズ統計学」は経験をとり込む統計学

ベイズ統計学は人間の判断と似ているといえます。まずは、典型的な人間の判断を「お見合い」の例で見てみることにしましょう。

次の図は太郎君と花子さんがお見合いをして会話を交わした際、太郎君からデータ（経験）を得るたびに、花子さんの太郎君に対する相性が合う確率θがどのように変化していくかを示したものです。

① 何も情報をもたない初対面のとき（相性は5分5分）

② 最初のデータを取得したとき

③ 2番目のデータを取得したとき

④ 3番目のデータを取得したとき

⑤　4番目のデータを取得したとき

会話を交わすたびに、つまり、新たな情報（経験）を得るたびに、花子さんの太郎君に対する相性が合う確率θがドンドン変化していく様子がわかります。これが人間の心理でしょう。ベイズ統計においても、経験をとり込むことによって確率θがドンドン変化していくのです。

次に実際にベイズ統計を用いてコインの表の出る確率θを解析した例を見てみましょう。

1枚のコインを3回投げて1回目が表、2回目が表、3回目が裏を経験していく中で、**コインの表の出る確率θ**に対する認識はどう変化していくかをベイズ統計で示したものです。詳しくは後で説明しますから、ここでは、こんなものかと眺めるだけにしておきましょう。

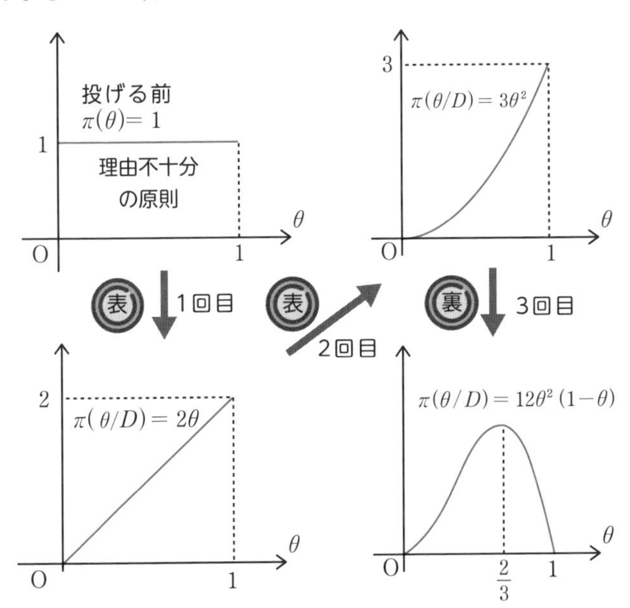

ベイズ統計学は人間の判断に近いため、現代において人工知能（AI）や経済学、心理学をはじめ人間の判断をともなうあらゆる分野で大活躍しています。また、大量生産、大量消費の時代には欠かせない伝統的統計学に対して、少数データを大事にする現代では、ベイズ統計学の活躍の場が広がっています。そのため、**統計学におけるベイズ統計学の需要は近年ますます高まり、ベイズ統計学は統計学の主役になりつつある**のです。

（4） では、「多変量解析」とは？

多変量とは、変量の種類が一つではないことを示しています。たとえば、健康調査の資料には、「身長」「体重」「血圧」など複数の変量（項目）があります。多変量は健康調査の資料に限りません。いろいろな資料には変量がたくさん使われています。このような**複数の変量を含む資料をまとめて分析する統計学の技法が多変量解析**です。複数の変量を同時に分析することにより、変量間相互の関連を調べ、全体として資料を理解しようというものです。多変量解析はいろいろな分野で活用されています。

多変量解析には、「0－2 統計学の分類」で示したように相関分析、回帰分析、主成分分析、判別分析、因子分析、共分散構造分析、クラスター分析、数量化理論……など様々な理論があります。

多変量解析ではそれなりの数学の知識が必要になり、計算も面倒になるため、多変量解析は難解であると思われてきました。しかし、現代はコンピュータの時代です。計算はパソコンに任せれば簡単に多変量解析を実行してくれます。このため、多くの人が多変量解析を使える時代になりました。使わないなんて、もったいない話です。

本書では、回帰分析と数量化理論については章を設け、その他の多変量解析については〈もう一歩進んで〉として基本的な解析例を紹介します。

〔例〕下左表の場合、変量は営業成績のみです。この表を見ただけでは、「社員番号2番がトップの営業成績で、社員番号9番の人が最下位」など、個人の営業成績ぐらいしかわかりません。

しかし、営業成績に健康診断の結果を添えた下右の表が与えられると事情は一変します。変量の数が複数になったので、多変量解析が活躍できるようになります。たとえば、**回帰分析**という多変量解析のテクニックを使うと身長 x、体重 y、営業成績 z の間に次の関係が成立していることがわかります。どのようにしてこのような式を導くかは第9章で触れることにして、ここでは「そうなんだ」と認めてください。

$$z = 0.25x - 0.29y + 44.6$$

この式を見ると、身長 x の係数は0.25と正の数で、体重 y の係数は−0.29と負の数です。したがって、この式は身長が高いほど、また、体重が少ないほど、営業成績が良いことを語っています。複数の変量を同時に解析することにより、いろいろなことがわかるようになります。これが多変量解析の醍醐味です。

社員番号	営業成績 (z)
1	65
2	80
3	70
4	58
5	65
6	68
7	75
8	69
9	55
10	65

社員番号	身長 (x)	体重 (y)	営業成績 (z)
1	160.1	72.5	65
2	170.5	52.0	80
3	180.5	55.9	70
4	162.1	80.3	58
5	169.4	45.5	65
6	172.3	58.7	68
7	174.5	53.5	75
8	168.3	60.3	69
9	165.3	96.7	55
10	169.1	83.7	65

この資料から判断すると、身長が高くて痩せ型の人ほど営業成績がいいことがわかる。思いもしないことだった。多変量解析はスゴイ。

0-4 統計解析は計算の塊だが

「数学という道具を上手に使って、入手したデータから有意義な情報を絞り出す理論が統計学である」（§0−1）と述べました。しかし、これでは、数学が不得手な人や計算が苦手な人は、統計学を学べないと思われるかも知れません。

しかし、心配には及びません。使うのは初歩的、基本的な数学だけです。多くの場合、小学校や中学の数学と、高校の一部の数学を理解していれば大丈夫です。

それに統計解析の場合、統計学の理論さえちゃんと理解していれば、後はコンピュータがカバーしてくれます。計算が苦手な人も計算で手こずることはありません。

自動車の運転に自動車の詳しいメカニズムを知る必要はありませんが、どのようにして動き出し、どのような原理で止まるのかぐらいは知っておかないと安全運転はできません。統計解析もこれと同じことです。

統計学の基本原理を知っていればそれでいいのです。実際の統計解析での計算はコンピュータに任せてしまいます。

Excelなどのソフトウェアにデータさえ与えてあげれば、後はすべてコンピュータが処理してくれるのです。

（注） コンピュータは身近にあるパソコンで、ソフトはExcelで多くの統計解析が可能です。また、無料で入手できるフリーソフトRやPython（パイソン）なども統計解析には非常に便利です。

0-5 統計学の歴史を紐解くと

近年、統計学は大いに人気が高まっています。なぜ、こんなに統計学がもてはやされるのでしょうか。そもそも、統計学はいつ頃から文明の中に現れたのでしょうか。

統計学を「いろいろなデータを整理したり、加工したりして、そこから意味ある情報を導き出す理論」と考えれば、**統計学の起源は国の起源と一致**します。なぜならば、国の成立は人口や国土の面積、収穫高のような統計なしには不可能だからです。紀元前の古代エジプトではピラミッドを造るために、既に統計的な調査活動が行なわれていました。古代ローマ帝国の頃には人口や土地の調査（census）も行なわれていました。これは、今日の「人口センサス」の語源にもなっています。

このように、昔から「統計」と「国家」は密接な関係にありました。「統計」に対する英語の「statistics」は state（国家）に由来しています。為政者（いせいしゃ）は徴税や兵役などのために、**国の状態を正確に把握する必要性があった**からです。そのため、17 世紀頃から国勢調査を研究する学問として統計学が本格的にスタートしました。このことを表現したモーリス・ブロック（19 世紀、仏）の言葉に「国家の存するところ統計あり」があります。現代では、国家だけにかかわらず、統計学はいろいろな分野で欠かせない学問になっています。統計を使わない分野を探すのがむずかしい

くらいです。

最近「統計学は最強の武器である」とまで言われています。ただ、これに対して次の一言、「**数学は万学の礎である**」を付け加えたいと思います。なぜなら、統計学を支えているのは数学だからです。もはや、数学に文系と理系の区別がなくなってきました

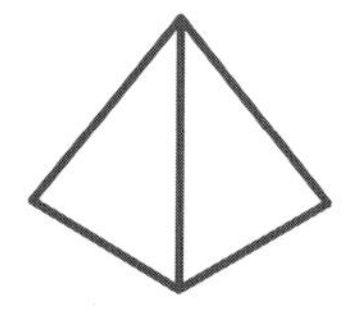

第1章

統計学の基礎知識～記述統計学

世の中のデータは、それなりの個性を秘めて存在します。その個性はデータを整理すると見えてきます。データ（資料）の整理は統計学の基本です。

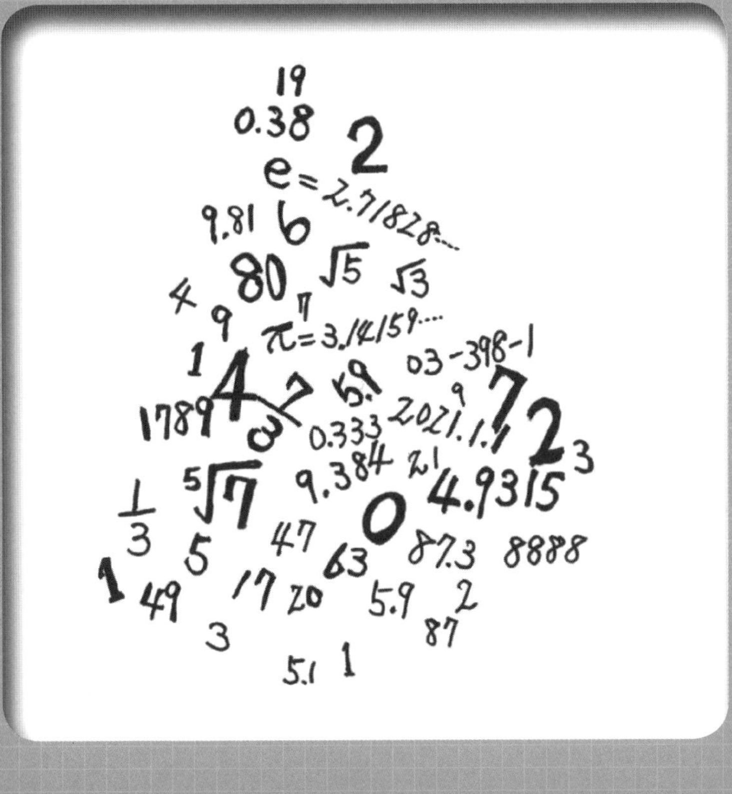

1-1 統計学の素材は生データ

一般に、実験、観察、調査などによって得られた観測結果を**資料**といいます。統計学はこれを分析の対象とします。つまり、**加工されていない未処理（ナマ）の観測結果こそが統計学の素材となる**のです。

●個票データ

たとえば、社員の健康調査をする場合には健康に関するアンケート用紙を社員に配布し回収しますが、回収された調査票をそのまま統計学で利用することは困難です。利用しやすいように整理する作業が必要になります。この作業の結果、得られた資料が統計学の対象となり、これは**個票データ**と呼ばれています。

No	名　前	性	年齢	身長	体重	健康状態	……
1	海野イルカ	男	30	181.3	95.6	普通	……
2	海辺ナギサ	女	27	168.3	61.2	良好	……
3	一人ボッチ	男	30	172.5	58.9	普通	……
4	春野カスミ	女	24	174.5	58.4	良好	……
5	……	…	……	……	……	……	……

個票データ

ここで、注意しなければいけないのは、「**個票データを得るための整理作業において過度の集計作業が含まれては困る**」という点です。次の表は調査票から集約されたものですが、このような集計データを見せられてもさらなる統計解析はできません。「ああ、そうですか」としか言いようがありません。統計学にとって重要なのは「個票データ」なのです。統計学は個票データに分析を加え、意味のある情報を引き出してくるのです。

平均年令	45.3 歳
性別	男 65%・女 35%
身長	最大値 198cm・最小値 155cm・平均値 168.5cm
体重	最大値 98.7kg・最小値 43.2kg・平均値 65.7kg
健康状態	良好 45%・普通 40%・不良 15%
年収	最大値 1500 万円・最小値 230 万円・平均値 587 万円
……	…………………….
……	……

個票データは収集者が手間と費用をかけて収集した貴重な情報の宝庫なので、通常、公表されることはありません。それに、プライバシー保護の観点もあります。自分でデータを得るのは大変ですが、近年、オープンデータといって、政府や自治体、産業界が公開しているデータがあるのでそれを活用するとよいでしょう。

●個票データに関する用語

ここで、先の**個票データ**に関する統計用語を少し紹介しましょう。この票で「2　海辺ナギサ」などの「行のデータ」を**個体**、資料の調査項目を**変量**（**変数**）といいます。また、変量の値を**データ**といいます。

変量（変数）

No	名　前	性	年齢	身長	体重	健康状態	……
1	海野イルカ	男	30	181.3	95.6	普通	……
2	海辺ナギサ	女	27	168.3	61.2	良好	……
3	一人ボッチ	男	30	172.5	58.9	普通	……
4	春野カスミ	女	24	174.5	58.4	良好	……
5	……	…	……	……	……	……	……

変量の値（データ）
個体
個体名

なお、変量の値をデータといいましたが、資料のこともデータということがあります。適宜、使い分けましょう。

1-2 量的データと質的データ

いろいろなデータからその裏に潜む本質的なものを見つけ出すのが統計学です。データこそ統計学の命です。しかし、一口にデータといっても様々なものがあります。

●量的データ、質的データの違いと分類

年齢や身長などのデータは数値で表わされますが、性別や健康常態などは言葉で表現されます。そこで、数量で表わされるデータを**量的データ**、性別や健康状態のように性質や状態を表わすデータを**質的データ**ということにします。

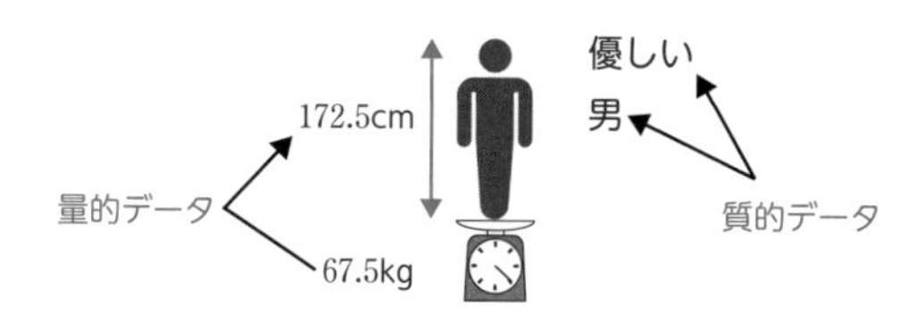

量的データと質的データはさらに次のように分類されますが、あまりに厳密に分類しようとすると大変なので、ほどほどにしましょう。

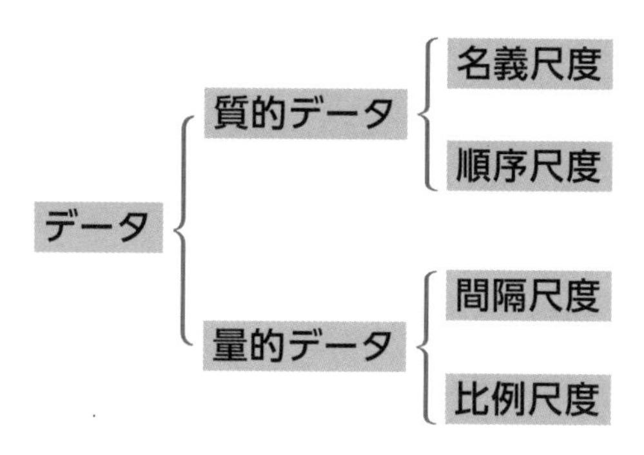

データ	尺度	意味	例
質的データ	名義尺度	名義的に数値化を施す尺度	男を 0、女を 1 に数値化
	順序尺度	名義尺度に加え、順序にも意味のある尺度	「不良」を −1、「普通」を 0、「良好」を 1 に数値化
量的データ	間隔尺度	順序尺度に加え、数の間隔に意味のある尺度	室温計の示す温度、時刻
	比例尺度	間隔尺度に加え、数値の比にも意味がある尺度	身長、体重、時間

●連続データと離散データとは？

年齢や身長はともに量的データですが、両者には違いがあります。それは、年齢はトビトビの値（この場合、整数値）しかとりませんが、身長はいろいろな実数値をとることができることです。そこで、年齢のようなトビトビの値しかとらないデータを**離散データ**、身長のように任意の実数値をとるデータを**連続データ**と呼ぶことにします。

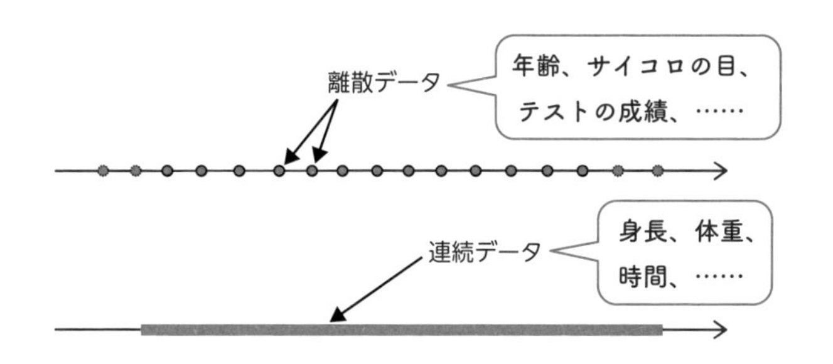

Note ビッグデータ

ネットでの購入履歴、SNS のつぶやき、動画、画像、音声情報、カーナビ、GPS、……現代ではこのようなとりとめも無い膨大な情報は**ビッグデータ**と呼ばれ、これも統計学の対象となっています。

1-3 資料は表に整理すると特徴がわかる

データの整理の仕方は人それぞれいろいろあるかも知れません。しかし、統計学では典型的な整理の仕方があります。それは、データから**度数分布表**や**相対度数分布表**をつくることです。

次の資料はある会社の営業部員30人の年齢データです。このデータをもとに度数分布表や相対度数分布表を紹介しましょう。

47	42	40	29	67	52
38	41	54	48	45	51
39	53	65	44	42	41
53	39	64	57	59	53
32	56	35	42	41	31

●度数分布表

上記のデータをただ眺めていても何も得られません。統計学のはじめの一歩は、**データを整理する**ことです。ただし、整理の仕方には統計学に適した方法があります。それは、データのとる値の範囲をいくつかの区間に分けて、データがそれらの区間に何個ずつ入っているかをまとめてみることです。

右の表は区間幅を10として30人分の年齢が各区間にどのくらいあるかを示しています。この表は全体のデータが、各区間にどのくらいずつ分配されているかを示しているので「度数が分配された表」という意味で「**度数分布表**」と呼ばれます。この表をつくることで、「40歳台が一番多い」など、データの特徴が見えてきます。

階級			階級値	度数
以上	～	未満		
0	～	10	5	0
10	～	20	15	0
20	～	30	25	1
30	～	40	35	6
40	～	50	45	11
50	～	60	55	9
60	～	70	65	3
70	～	80	75	0
			合計	30

ちなみに、度数分布表において、区間のことを**階級**、階級を代表する値を**階級値**、区間の幅を**階級幅**といいます。階級値は通常、各階級の中央の値をとります。

データがたくさんあると度数分布表をつくる作業は大変ですが、Excelなどの表計算ソフトや統計解析ソフトを使えばアッという間です。

●相対度数分布表

度数分布表をつくると資料の特徴がだいぶ見えてきますが、もう一工夫することによって、もっと利用価値の高い表に変身します。それが**相対度数分布表**です。個々の度数を総度数で割った値を**相対度数**といいます。たとえば、今回の資料で階級値が45となるデータの相対度数は、度数が11で、総度数が30なので、11÷30≒0.36667となります。この相対度数によって、全体に対するデータの割合が一目瞭然になります。それに**相対度数は確率に繋がる考え方**なので、確率を基礎とする統計学（第3、4章）にフィットします。

なお、相対度数分布表は度数分布表があれば、それから簡単に作成することができます。度数を総度数で割るだけですから。これもパソコンの得意技です。

階級			階級値	度数	相対度数
以上	～	未満			
0	～	10	5	0	0.00000
10	～	20	15	0	0.00000
20	～	30	25	1	0.03333
30	～	40	35	6	0.20000
40	～	50	45	11	0.36667
50	～	60	55	9	0.30000
60	～	70	65	3	0.10000
70	～	80	75	0	0.00000
			合計	30	1.00000

度数分布は FREQUENCY 関数

度数分布を算出するにはExcelのFREQUENCY関数が便利です。また、データ分析の「ヒストグラム」も便利です。

1-4 グラフ化すると分布が一目瞭然

資料の度数分布表や相対度数分布表をグラフにすると、資料の特徴が一目でわかるようになります。さらに、グラフは図形（幾何学）の世界なので、微分・積分などが使えるようになり、数学を用いた深い分析が可能になります。

度数分布表（相対度数分布表）の表現力はすごいのですが、この表から資料の特徴を理解するにはじっくり見なければなりません。そこで、一目で特徴がわかるように、表をグラフ化してみましょう。

●度数分布グラフ、相対度数分布グラフ

度数分布表をもとにデータを階級値で代表させ、度数を高さとするグラフを描いてみます。

階級 以上 ～ 未満	階級値	度数
0 ～ 10	5	0
10 ～ 20	15	0
20 ～ 30	25	1
30 ～ 40	35	6
40 ～ 50	45	11
50 ～ 60	55	9
60 ～ 70	65	3
70 ～ 80	75	0
	合計	30

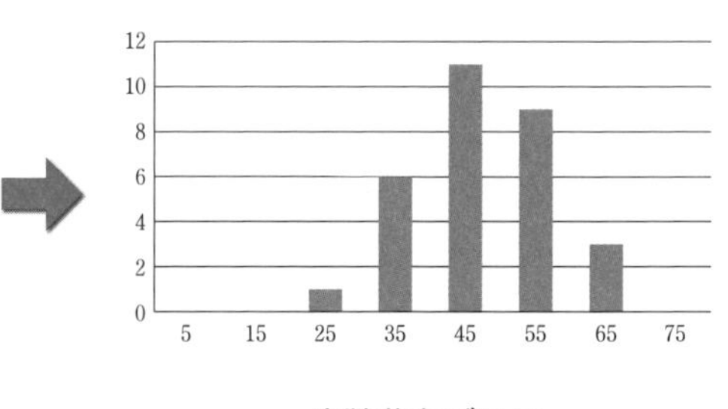

度数分布グラフ

これが度数分布グラフです。表で見るよりも、グラフで見る方がハッキリと資料の特徴がわかります。とくに、グラフの横の隙間をなくした次のグラフは**度数分布ヒストグラム**と呼ばれています。相対度数分布グラフも同様です。

●度数折れ線グラフ、相対度数折れ線グラフ

度数分布ヒストグラムの柱の上底の中点を次々に結んでできる折れ線グラフを度数折れ線グラフといいます。相対度数折れ線グラフも同様に考えることができます。

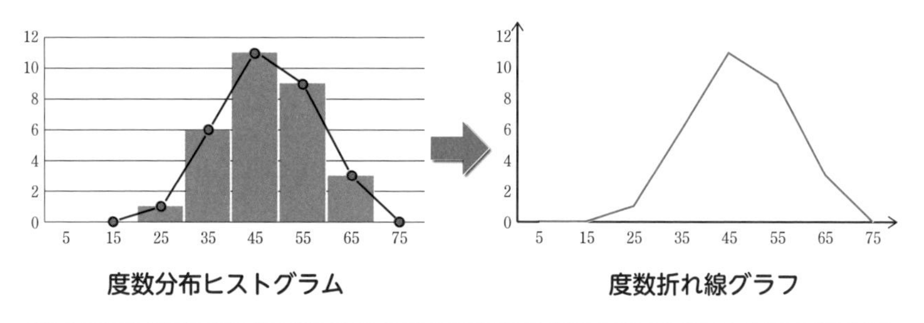

●度数分布曲線、相対度数分布曲線

ここでは、データとして年齢を採用しましたが、これは年単位のトビトビの値しかとりません。つまり、年齢は**離散変量**です。これに対し、身長や体重のように実に様々な値をとるデータがあります。つまり**連続変量**です。離散変量の場合は階級幅を縮めることには限界があります。たとえば、年齢の場合は区間幅は1よりも縮めることはできません。しかし、身長のような連続変量の場合は区間幅はいくらでも縮めることができます。すると、階級幅を縮めていくことによってヒストグラム（度数折れ線）が曲線になります。この曲線は**度数曲線**と呼ばれています。**相対度数曲線**も同様です。

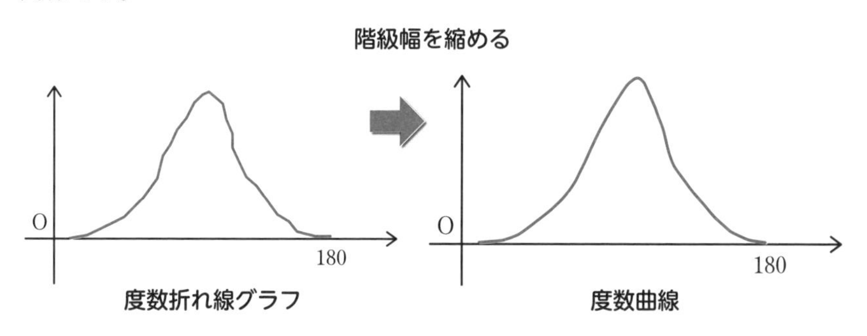

1-5 分布の特徴を一つの数値で表現

前節ではデータを整理してその分布の特徴をグラフで表現する方法を紹介しました。ここでは、さらに、分布の特徴を図形ではなく、ズバリ一つの数値で表現してみます。表やグラフを使わずに一つの数値で分布の特徴を簡潔に表現できれば場所もとらずに大変便利です。

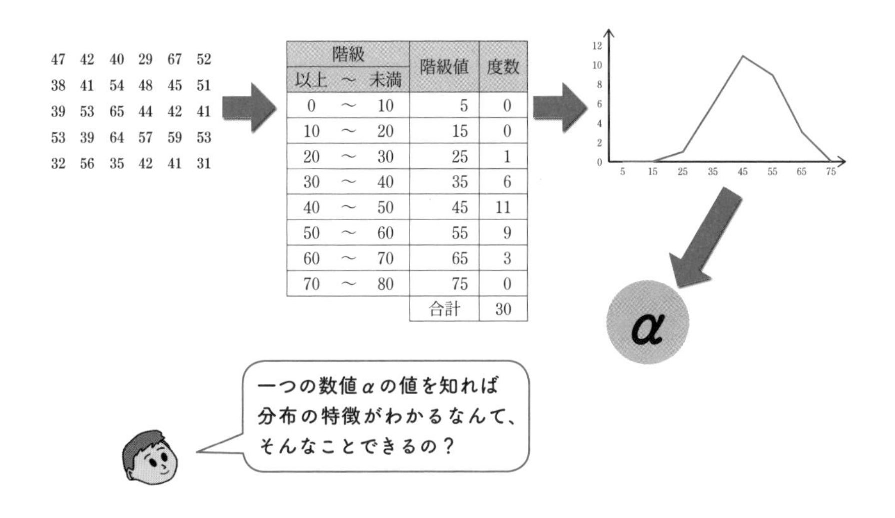

47	42	40	29	67	52
38	41	54	48	45	51
39	53	65	44	42	41
53	39	64	57	59	53
32	56	35	42	41	31

階級			階級値	度数
以上	～	未満		
0	～	10	5	0
10	～	20	15	0
20	～	30	25	1
30	～	40	35	6
40	～	50	45	11
50	～	60	55	9
60	～	70	65	3
70	～	80	75	0
			合計	30

統計学では二つの観点、つまり「代表値」と「散布度」から分布の特徴を数値で表わす工夫をしています。

データの分布の中心を一つの数値で表わしたものを**代表値**といいます。**代表値には平均値（ミィーン）や中央値（メジアン）や最頻値（モード）**などがあります。また、データの散らばり具合を一つの数値で表わしたものを**散布度**といいます。**散布度には範囲、偏差平方和、分散、標準偏差**などがあります。これらは、いずれも分布の特徴を表わす大事な値ですので、それぞれの節で詳しく紹介しましょう。

1-6 データを平らに均（なら）した平均値

データの分布の中心的な位置をたった一つの数値で表わしたものが**代表値**です。よく使われる代表値に**平均値**（mean）があります。

平均値は小学校のころから慣れ親しんだ「平均点」と同じ考え方です。なお、平均値は**期待値**（expectation）とも呼ばれます。

●平均値の定義

仲良し3人の試験の得点が70点、80点、63点であるとき、この3人の成績の特徴をたった一つの数値で代表させるものに平均点があります。これは、つまり、3人の得点を加えて3で割った値のことです。

$$\frac{70+80+63}{3}=71\text{（点）}$$

この値は、高い点数も低い点数も押し並べて平らにしたときの値（平らに均（なら）した値）です。

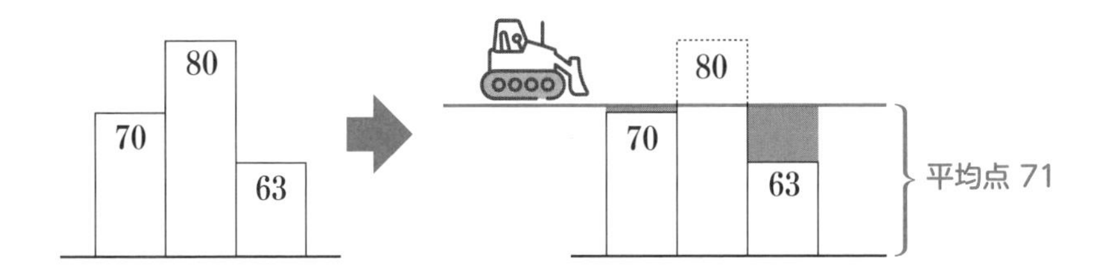

平均点の考えは人数が多くなっても原理は同じです。つまり、「その集団の総得点」を「人数」で割ったものが、その集団の平均点です。

この平均点を変量の世界で一般的にまとめたのが平均値であり、次ページのように定義されます。

平均値

個体名	x
1	x_1
2	x_2
3	x_3
…	…
N	x_N

変量 x についての N 個の値 $\{x_1, x_2, x_3, \cdots, x_N\}$ が与えられたとき、変量 x の平均値 $\bar{x}$ は次の値である。

$$\bar{x} = \frac{\text{総和}}{\text{総度数}} = \frac{x_1 + x_2 + x_3 + \cdots + x_N}{N}$$

変量	度数
x_1	f_1
x_2	f_2
x_3	f_3
…	…
x_n	f_n
総度数	N

また、変量 x の度数分布が右表のように与えられたとき、変量 x の平均値 $\bar{x}$ は次の値である。

$$\bar{x} = \frac{\text{総和}}{\text{総度数}} = \frac{x_1 f_1 + x_2 f_2 + x_3 f_3 + \cdots + x_n f_n}{N}$$

（注）$\bar{x}$ はエックスバーと読みます。

●相対度数分布と平均値

相対度数分布表から平均値 $\bar{x}$ を求める式は次のようになります。

$$\bar{x} = \frac{\text{総和}}{\text{総度数}} = \frac{x_1 f_1 + x_2 f_2 + x_3 f_3 + \cdots + x_n f_n}{N}$$

$$= x_1 \frac{f_1}{N} + x_2 \frac{f_2}{N} + x_3 \frac{f_3}{N} + \cdots + x_n \frac{f_n}{N}$$

$$= x_1 \times (x_1\text{の相対度数}) + x_2 \times (x_2\text{の相対度数}) + x_3 \times (x_3\text{の相対度数})$$

$$+ \cdots + x_n \times (x_n\text{の相対度数})$$

●グラフの重心と平均値

体重 kg	度数
35	1
45	3
55	4
65	2
総度数	10

資料の平均値は大小様々なデータを押し並べて均したときの値だといいましたが、ここでは分布グラフの観点から見てみましょう。たとえば、男子 10 人の体重 x の度数分布表が右表のようであるとき、体重の平均値 $\bar{x}$ は次のようになります。

$$\bar{x} = \frac{35 \times 1 + 45 \times 3 + 55 \times 4 + 65 \times 2}{10} = \frac{520}{10} = 52$$

ここで、右図のように男子10人に自分の体重の位置に並んでもらうと、物理的には平均値の52kgの所に台をおくと、そこでつり合います。つまり、平均値は散らばったデータの重心を与えます。

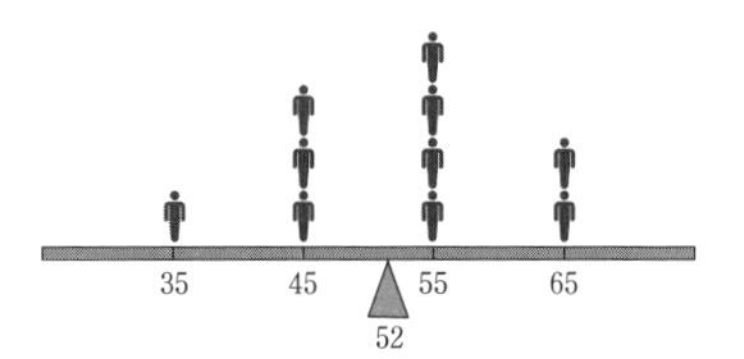

また、度数分布のグラフで見れば、グラフと横軸で囲まれた図形の重心の横座標になります。相対度数分布のグラフでも同様なことがいえます。

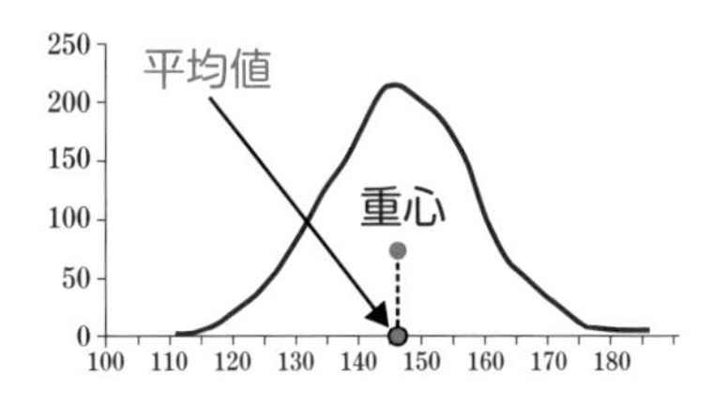

Excel 平均値はAVERAGE関数

平均値を求めるにはAVERAGE関数を利用します。なお、度数分布からデータの総和を求めるにはSUMPRODUCT関数を利用します。

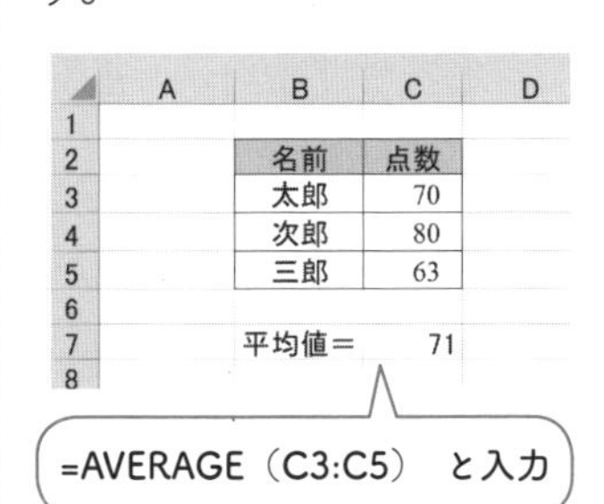

名前	点数
太郎	70
次郎	80
三郎	63

平均値＝ 71

=AVERAGE（C3:C5） と入力

体重kg	度数
35	1
45	3
55	4
65	2
総度数	10

E3: 520

=SUMPRODUCT（B3:B6,C3:C6）と入力

1-7 データを大小に並べた真ん中が中央値

データの分布の中心となるものを表わす数値が代表値でしたが、これは平均値の他にもあります。その一つが中央値（median）です。前節で紹介した平均値は統計学で頻繁に使われる重要な値ですが、万能ではありません。

●「中央値」はまさしく中央の値

中央値（メジアン）は、まさしく言葉通り、中央、つまり、真ん中の値です。つまり、**データを小さいものから大きなものへと並べたとき、ちょうど真ん中に位置するデータ**のことです。

データ数 ＝ データ数

○○○○○○○○○○●○○○○○○○○○○

中央値

データが奇数個ならば真ん中の位置にデータはありますが、偶数個のときは真ん中の位置にデータがありません。そのときは、真ん中の位置の左右にある二つのデータの平均値を中央値とします。たとえば、データが10個の場合は5番目と6番目のデータの平均をもって「中央値」とします。

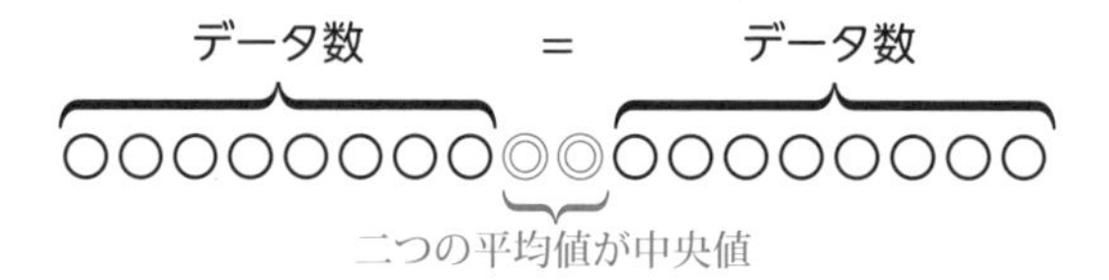

代表値としては平均値がよく使われますが、平均値より中央値の方が代表値として適していることも少なくありません。

〔例〕5 人の年収は 100 万円、100 万円、100 万円、100 万円、4600 万円です。この 5 人の年収の平均値 $\bar{x}$ と中央値 Me を求めてみましょう。

〔解〕平均値は $\bar{x} = \dfrac{100+100+100+100+4600}{5} = \dfrac{5000}{5} = 1000$ 万円

中央値は右図から 100 万円

5 人の代表値としては平均値 1000 万円より中央値 100 万円の方が妥当でしょう。4600 万円の人は例外的存在だからです。

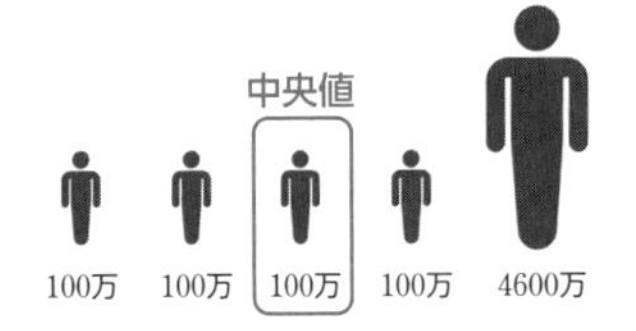

●中央値は度数分布のグラフの面積を 2 等分する

分布のグラフにおいて中央値は、順位が真ん中だから分布のグラフの面積を 2 等分する値になります。そのため、中央値は 50 **パーセンタイル**とも呼ばれています。

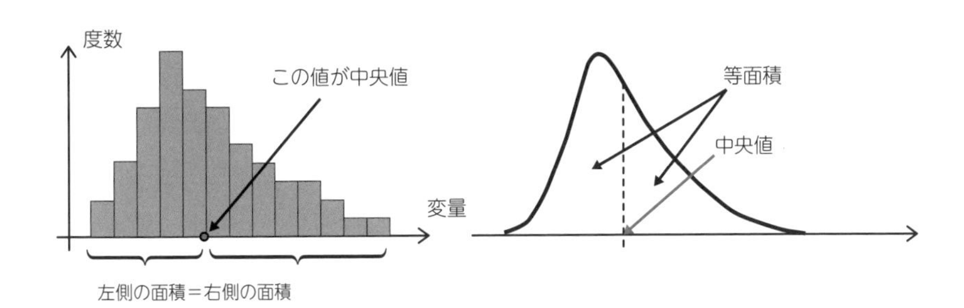

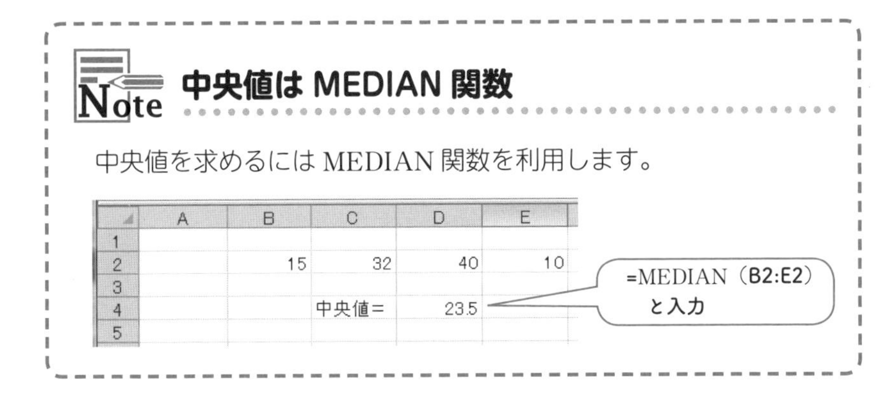

Note 中央値は MEDIAN 関数

中央値を求めるには MEDIAN 関数を利用します。

	A	B	C	D	E
1					
2		15	32	40	10
3					
4			中央値＝	23.5	
5					

1-8 最もありふれたデータが最頻値

データの分布の中心を表わす数値が「代表値」ですが、これには平均値、中央値の他に有名なものとして**最頻値**（モード）があります。

平均値は統計学で頻繁に使われる代表値で、非常に重要な値です。しかし、万能ではありません。平均値に合わせて服をつくったら大量に売れ残ることがあります。

●「最頻値」は出てくる頻度が一番多い

最頻値（モード：mode）とはその言葉通り、**資料のうちで頻度、つまり頻繁に現れる度数がもっとも大きいデータ**のことを意味します。最頻値は月並みな値だから「並数」ともいいます。

階　級	階級値	度　数
70 〜 80	75	1 万
81 〜 90	85	20 万
91 〜 100	95	30 万
101 〜 110	105	50 万
111 〜 120	115	100 万
121 〜 130	125	19 万
131 〜 140	135	0 万
合　計		220 万

左表は 220 万人分の座高の度数分布です。この場合、最頻値は 115cm、平均値は 108cm となります。もし、座高データをもとにジャケットを大量につくるのであれば、平均値よりも最頻値に合わせてつくる方が在庫で悩む可能性は少なくなります。

（注）平均値 $\bar{x}=\dfrac{75\times1+85\times20+95\times30+105\times50+115\times100+125\times19+135\times0}{220}=108$

●度数分布（相対度数分布）のグラフで見ると

最頻値はデータの一番多いデータの値だから、分布のグラフにおいては山の頂上が位置するデータの値になります。

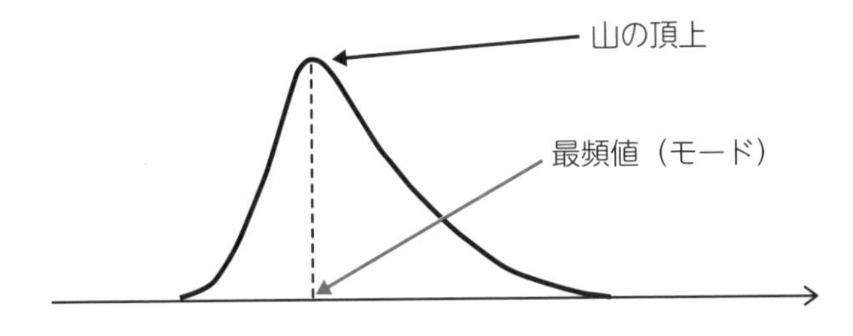

（注）頂上が二つあって高さが同じであれば最頻値は２つあります。

Note L字型分布での平均値、中央値、最頻値

右のグラフは日本で暮らしている二人以上の世帯貯蓄額の分布です。多くの世帯が 200 ～ 300 万なのに平均貯蓄額が 1800 万とは驚きです。

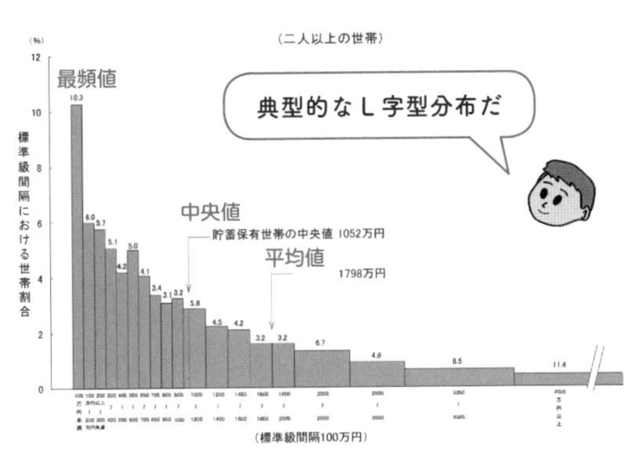

（注） 平成 26 年度総務省・統計局のホームページより。

Excel 最頻値は MODE 関数

最頻値を求めるには MODE 関数を利用します。

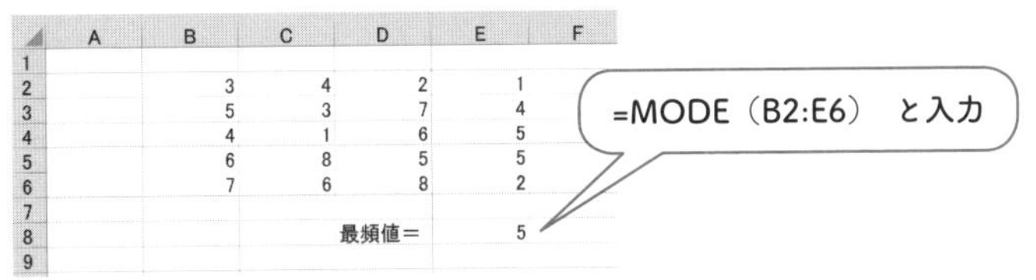

	A	B	C	D	E	F
1						
2		3	4	2	1	
3		5	3	7	4	
4		4	1	6	5	
5		6	8	5	5	
6		7	6	8	2	
7						
8				最頻値＝	5	
9						

もう一歩進んで 「じゃんけん」の度数分布

社会現象や自然現象は、一見、規則性がないように見えても、実は、ある法則のもとにそれらの現象が生じていることがあります。その法則を見抜くのも統計学の面白さです。

ランダム現象を活用した遊びは日常生活にたくさんあります。たとえば、何かを決めるときに、活用される「じゃんけん」の世界をコンピュータシミュレーションで見てみましょう。ランダム現象なのに美しい規則性があることに驚きます。

下図は10人でじゃんけんをして勝者がただ一人に決まるまでのじゃんけんの回数を求める実験を1000回調べたものです。きれいなL字型の分布になり、平均のじゃんけん回数は24回ほどであることがわかります。

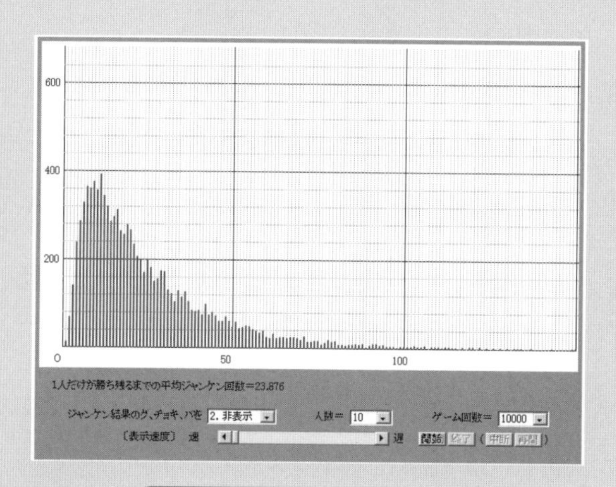

もし、30人でじゃんけんすれば勝者が一人に決まるのに平均1万1000回じゃんけんをすることになる。1日かけても決まらない。

1-9 散らばり具合を一つの数値で表現

データの分布の中心を一つの値で代表させたものに平均値、中央値、最頻値がありました。それでは次に、分布の広がり具合、バラツキ具合を一つの数値で表わす方法を調べてみましょう。

統計学では分布の広がり具合、バラツキ具合を**散布度**といいます。この散布度を表わす数値として次のような値が考えられています。

範囲、偏差平方和（変動）、**分散**、**標準偏差**

分散と標準偏差が色字で強調されていますが、統計学ではこれらが非常に重要な役割を演じます。そこで、分散とそこから導かれる標準偏差については、節を改めて紹介することにし、ここではその他の散布度について調べてみます。

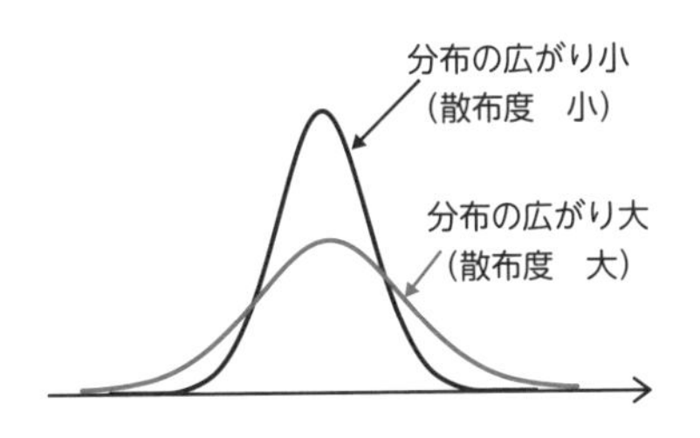

●範囲（range）

範囲は次の式で定義されます。

範囲＝データの最大値－データの最小値

範囲はデータの散らばりの指標にはなり得ますが、欠点もあります。範囲は最大値と最小値という二つだけの値で決定されるため、データの中の極端な値に左右されてしまいがちだからです。それに、最大値と最小値以外の個々の値の様子は完全に無視されてしまいます。

●偏差平方和（変動）（sum of squares ）

次ページの資料を見てみましょう。これは二つの会社の社員の給料と平均値を表にしたものです。A 社と B 社の給料の平均値はともに 30 万円ですが、A 社の給料は社員によってそれほど違いはありませんが、B 社の給料は社員によって大きく違っています。そこで、個々の給料と平均値に着目した**偏差**というものを考えてみます。

名　　前	月給(万)
海野　イルカ	31
一人　ボッチ	27
明里　ランプ	32
川原　テント	28
海川　カヤック	32
平　均	30

(A 社)

名　　前	月給(万)
夜空　ヒカル	35
海辺　ナギサ	20
春野　カスミ	60
秋山　シンク	15
冬野　フブキ	20
平　均	30

(B 社)

つまり、給料の偏差は次の式で定義されます。

給料の偏差＝個々の給料－平均給料

すると、A 社と B 社の給料の偏差は下表のようになり、違いがよくわかります。しかし、給料の偏差は個人ごとの値で会社を代表する値とはいえません。そこで、偏差の和をとってみました。すると、どちらの会社も 0 になります。あまりにもあたりまえですが。つまり、偏差そのものも、偏差の和も、データの散布度としては意味がありません。

名　　前	月給(万)	偏差
海野　イルカ	31	1
一人　ボッチ	27	−3
明里　ランプ	32	2
川原　テント	28	−2
海川　カヤック	32	2
(A 社)	合計	0

名　　前	月給(万)	偏差
夜空　ヒカル	35	5
海辺　ナギサ	20	−10
春野　カスミ	60	30
秋山　シンク	15	−15
冬野　フブキ	20	−10
(B 社)	合計	0

そこで、偏差の 2 乗の和に着目してみます。すると、A 社と B 社では、この値に大きな違いが生じてきました。この、偏差の 2 乗の和を統計学では**偏差平方和**（または、変動）といいます。

名　前	月給(万)	偏差	(偏差)^2
海野　イルカ	31	1	1
一人　ボッチ	27	−3	9
明里　ランプ	32	2	4
川原　テント	28	−2	4
海川　カヤック	32	2	4
(A 社)	合計	0	22

名　前	月給(万)	偏差	(偏差)^2
夜空　ヒカル	35	5	25
海辺　ナギサ	20	−10	100
春野　カスミ	60	30	900
秋山　シンク	15	−15	225
冬野　フブキ	20	−10	100
(B 社)	合計	0	1350

これならばデータの散らばりの指標として使えそうです。実際、多変量解析では重要な統計量です。まとめると次のようになります。

変量 x の N 個のデータを $\{x_1, x_2, x_3, \cdots, x_i, \cdots, x_N\}$ とするとき、このデータの偏差平方和は次の式で定義されます。

$$\text{偏差平方和} = (x_1-\overline{x})^2+(x_2-\overline{x})^2+\cdots+(x_i-\overline{x})^2+\cdots+(x_N-\overline{x})^2$$

ただし、偏差平方和はデータ数が多くなれば、それに応じていくらでも大きくなってしまい、絶対的な指標にはなりません。

Note 数学で扱いやすい散布度は

分布の中心（平均値）からの散らばり具合を表わすのが**散布度**で、散布度としては「範囲、変動、分散、標準偏差」などがあります。

なお、偏差はその平均値がいつでも 0 になるので散布度として使われませんが、偏差の絶対値の平均については「平均偏差」と呼ばれ、利用されることがあります。しかし、絶対値の使われた式は数学の最強の道具である微分・積分が簡単には使えません。また、後述する標準偏差のように根号（$\sqrt{\ }$）のついた式を微分・積分するのも大変です。

ところが、変動や分散（次節で紹介）は単なる 2 次式なので、微分・積分とはすごく相性がよく、多変量解析では頻繁に利用されています。

1-10 分散は情報量の目安

データの分布の広がり具合、バラツキ具合を数値で表わす方法に偏差や偏差平方和などを紹介しました（前節）。ただし、いずれも散布度としては物足りない感じがします。そこで、ここでは、偏差平方和に工夫を凝らした分散について調べてみることにします。まずは、偏差平方和について簡単に復習しましょう。

変量 x の N 個のデータを $\{x_1, x_2, x_3, \cdots, x_i, \cdots, x_N\}$ とするとき、このデータの偏差平方和は次の式で定義されました（前節）。

偏差平方和 $=(x_1-\overline{x})^2+(x_2-\overline{x})^2+\cdots+(x_i-\overline{x})^2+\cdots+(x_N-\overline{x})^2 \quad \cdots①$

ここで、$\overline{x}$ はデータの平均値です。また、（　）内は偏差ですから、偏差平方和は名前の通り、偏差の2乗の総和となります。

（注） 偏差平方和は変動とも呼ばれます。

●分散とは

式①で定義された偏差平方和は散布度として使えなくはありません。しかし、資料のデータ数が多くなると、それに応じて偏差平方和はいくらでも大きくなる可能性があります。

そこで、この欠点を補うために偏差平方和をデータ数で割ることにします。つまり、偏差の2乗の値に関して、その平均をとるのです。このことによって、データ数に左右されない値を得ることができます。この値を統計学では**分散**（variance）と呼び、本書では S^2 と書くことにします。これは、次節で紹介する標準偏差 S との関係でこの記号を使います。分散についてまとめると次のようになります。

分散

変量 x の N 個のデータを $\{x_1,\ x_2,\ x_3,\ \cdots,\ x_i,\ \cdots,\ x_N\}$ とするとき、このデータの分散 S^2 は次の式で定義されます。

$$\text{分散}\ S^2 = \frac{\text{偏差平方和}}{\text{データ数}}$$

$$= \frac{(x_1-\overline{x})^2+(x_2-\overline{x})^2+\cdots+(x_i-\overline{x})^2+\cdots+(x_N-\overline{x})^2}{N} \quad \cdots②$$

ただし、$\overline{x}$ はデータの平均値。

〔例〕 先の会社の場合、給料の分散はそれぞれ次のようになります。

海野イルカさんのいる会社Aの場合　$S^2=\dfrac{22}{5}=4.4$

夜空ヒカルさんのいる会社Bの場合　$S^2=\dfrac{1350}{5}=270$

名　　前	月給(万)	偏差	(偏差)^2
海野　イルカ	31	1	1
一人　ボッチ	27	−3	9
明里　ランプ	32	2	4
川原　テント	28	−2	4
海川　カヤック	32	2	4
(A 社)	合計	0	22

名　　前	月給(万)	偏差	(偏差)^2
夜空　ヒカル	35	5	25
海辺　ナギサ	20	−10	100
春野　カスミ	60	30	900
秋山　シンク	15	−15	225
冬野　フブキ	20	−10	100
(B 社)	合計	0	1350

偏差平方和と同様、分散を比較しても夜空ヒカルさんのいる会社Bの方が給料のバラツキが大きいことがわかります。この分散の値は、給料の偏差の2乗を社員一人当たりに平らに均(なら)した値（平均値）です。

なお、分散は単位によって変化してしまうことに気をつけましょう。上記の例では、月給を「万円」単位で算出していますが、「千円」単位で算出すると、次のようになります。

会社Aの場合 $S^2=\dfrac{2200}{5}=440$、会社Bの場合 $S^2=\dfrac{135000}{5}=27000$

●分散はデータの情報量

データの散布度を表現する**分散はデータの情報量を表わしている**と考えます。つまりデータの多様性の度合いを表わしていると考えます。

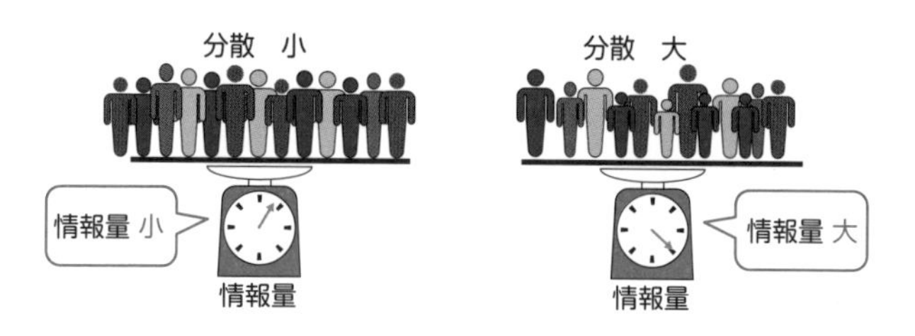

それでは分散が0の世界はどうでしょうか。分散が0ということは式②において、

$$\frac{(x_1-\overline{x})^2+(x_2-\overline{x})^2+\cdots+(x_i-\overline{x})^2+\cdots+(x_N-\overline{x})^2}{N}=0$$　つまり、分子が0。

ここで、$(x_i-\overline{x})^2 \geqq 0$ですから、$x_i-\overline{x}=0$　となります。

つまり、$x_1=x_2=x_3=\cdots=x_i=\cdots=x_N$

分散が0だとすべて同じで、統計学の介入する余地がありません。

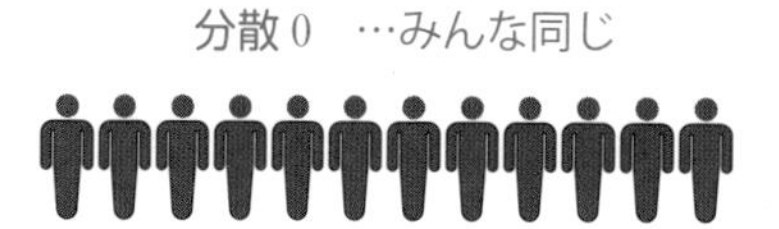

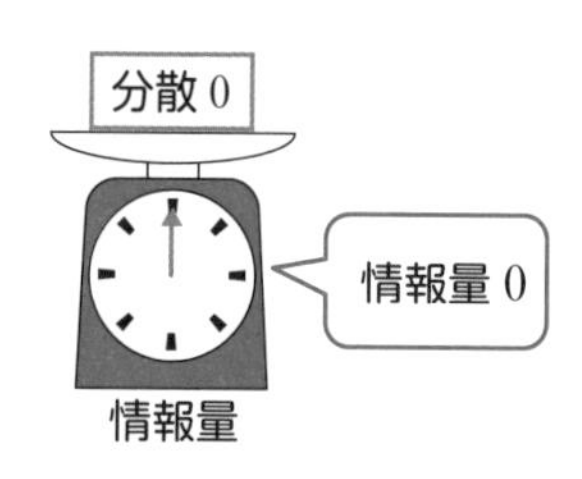

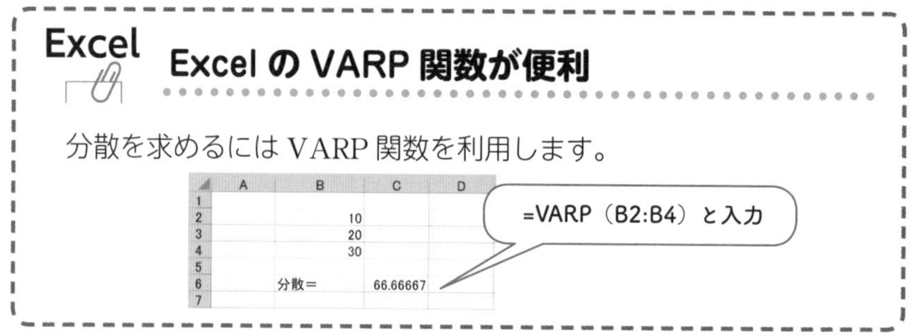

1-11 単位をもとの世界に戻した標準偏差

データの分布の広がり具合、バラツキ具合を一つの数値で表わす指標として分散がありました。この分散の表現を変えたものに標準偏差があり、これも散布度として統計学で頻繁に使われる大事な指標です。

分散は、基本的には、データを2乗した量です。したがって、もとのデータの世界とは異なる次元の量になってしまいます。これを解消したのが標準偏差です。

●標準偏差とは

変量xのN個の個体$\{x_1, x_2, x_3, \cdots, x_i, \cdots, x_N\}$が与えられたとき、分散は偏差の2乗の平均でした。

$$\text{分散 } S^2 = \frac{\text{偏差平方和}}{\text{データ数}} = \frac{(x_1-\overline{x})^2+(x_2-\overline{x})^2+\cdots+(x_i-\overline{x})^2+\cdots+(x_N-\overline{x})^2}{N}$$

したがって、もとのデータの単位を2乗した単位になってしまいます。たとえば、3人の身長を160cm、170cm、180cmとすると、この分散は

$$\frac{(160\text{cm}-170\text{cm})^2+(170\text{cm}-170\text{cm})^2+(180\text{cm}-170\text{cm})^2}{3}$$

$$=\frac{100\text{cm}^2+0\text{cm}^2+100\text{cm}^2}{3}=\frac{200}{3}\text{cm}^2$$

長さの世界を論じているのに、面積をもってこられても議論がかみ合いません。

となって、単位がcm^2、つまり、面積の単位になってしまいます。

そこで、この分散をもとの身長の単位に戻すことにします。そのためには分散の平方根を導入すればいいのです。すると、先ほどの例では分散

が $\frac{200}{3}$ cm^2 なので、その平方根は　$\sqrt{\frac{200}{3}\mathrm{cm}^2}=\sqrt{\frac{200}{3}}\mathrm{cm}$

となり、もとの身長の単位「cm」に戻りました。この値を3人の身長の**標準偏差**（standard deviation）と呼びます。

（注）体重（kg）の分布なら分散の単位は kg^2 となり、何が何だかわからない単位になってしまいます。なお、a の平方根とは「2乗したら a になる数」のことです。

データの平均値、分散、標準偏差は統計学では非常に大事な統計量なので、再度、まとめておくことにしましょう。

Note　平均値、分散、標準偏差

変量 x の N 個のデータ $\{x_1, x_2, x_3, \cdots, x_i, \cdots, x_N\}$ が与えられたとき、このデータの平均値、分散、標準偏差は次の式で定義される。

・平均値 $\bar{x}=\frac{\text{総和}}{\text{総度数}}=\frac{x_1+x_2+x_3+\cdots+x_i+\cdots+x_N}{N}$

・分散 $S^2=\frac{\text{偏差平方和}}{\text{データ数}}=\frac{(x_1-\bar{x})^2+(x_2-\bar{x})^2+\cdots+(x_i-\bar{x})^2+\cdots+(x_N-\bar{x})^2}{N}$

・標準偏差 $S=\sqrt{\text{分散}}$　（記号で書くと $S=\sqrt{S^2}$）

Excel　標準偏差は STDEVP 関数が便利

資料の標準偏差 S を求めるには STDEVP 関数を利用します。

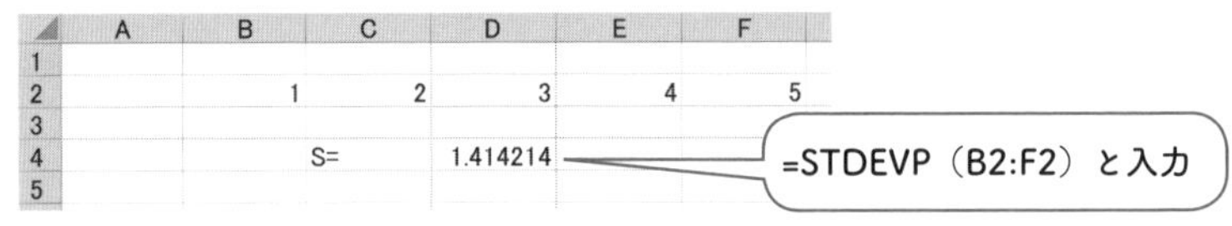

	A	B	C	D	E	F
1						
2		1	2	3	4	5
3						
4			S=	1.414214		
5						

（注）平方根は SQRT 関数を用いて求めることができます。

●標準偏差は分布の中腹を表わす

分散は分布の広がり具合、データの散らばり具合を表わす重要な散布度であり、その平方根である標準偏差も当然、散布度を表わしています。とくに、標準偏差 S の単位はもとのデータの単位と同じなので下図のように幅 S という捉え方ができます。また、データの分布が正規分布という左右対称な山型の分布の場合は、その分布の中心から標準偏差 S だけズレた位置に山の凹凸が変化する点（変曲点）があります。ここを山の中腹と見なせば、標準偏差は分布の中腹を表わすことになります。

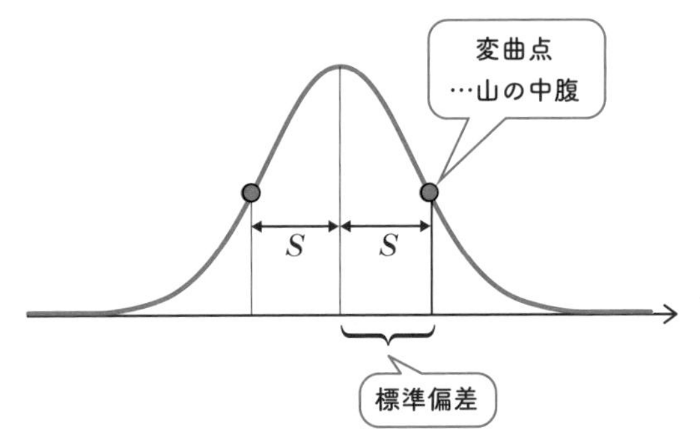

●標準偏差がわかると、分布の様子がざっくりわかる

分布が正規分布（§2−11）という左右対称な山型の場合は標準偏差は分布のわかりやすい指標になります。標準偏差を S で表わすと、データが平均値 $\pm S$ の範囲に入る確率は 68.3%、$\pm 2S$ の範囲に入る確率は 95.4%、$\pm 3S$ の範囲に入る確率は 99.7%です。

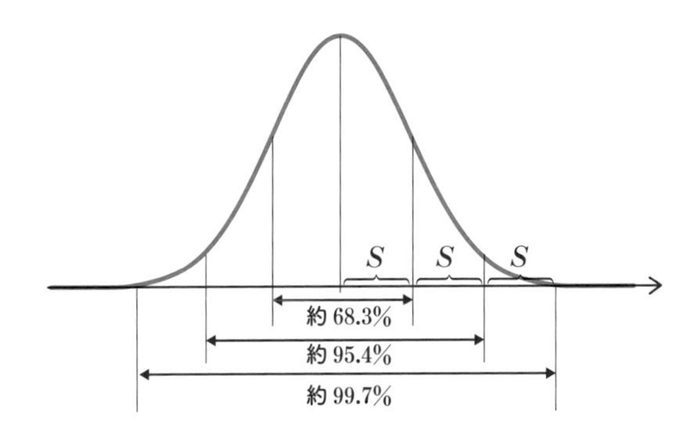

1-12 標準化で同一規格

データの分布の広がりの度合いを表わす数値として分散、その平方根である標準偏差を調べてきました。しかし、これらの数値を知っただけではデータの広がり具合を想定することはできません。それに、同じ変量でも計測する単位によって分散、標準偏差の値が大きく変化します。たとえば、長さをメートルで計るか、センチメートルで計るかによって、同じ棒でも長さを表わす数値が異なります。すると分散や標準偏差の値も大きく変化します（§1−10）。

この難点を克服するための操作として「標準化」があります。

●標準化とは

与えられた変量をある特定の平均値と標準偏差をもつ変量に変換することを標準化といいます。統計学では、通常、平均値が0で標準偏差が1である変量に変換する操作を**標準化**（正規化）ということにします。

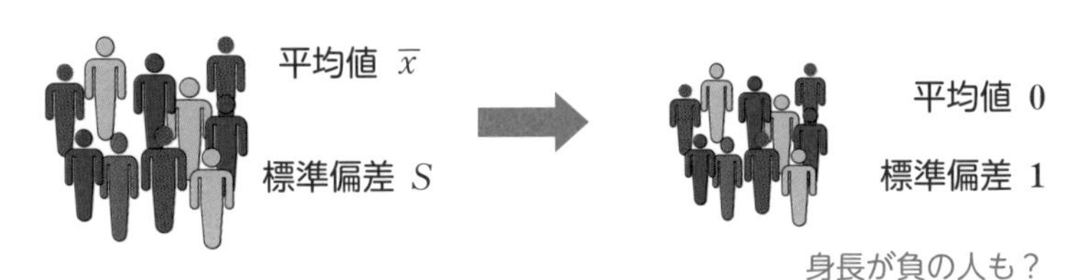

●標準化するにはどうする？

変量 x の平均値を $\overline{x}$、標準偏差を S とします。このとき、変量 x を変量 z に変える次の式を利用すると、新たな変量 z の平均値は0、標準偏差は1になります。

$$z = \frac{x - \overline{x}}{S} \quad \cdots\cdots①$$

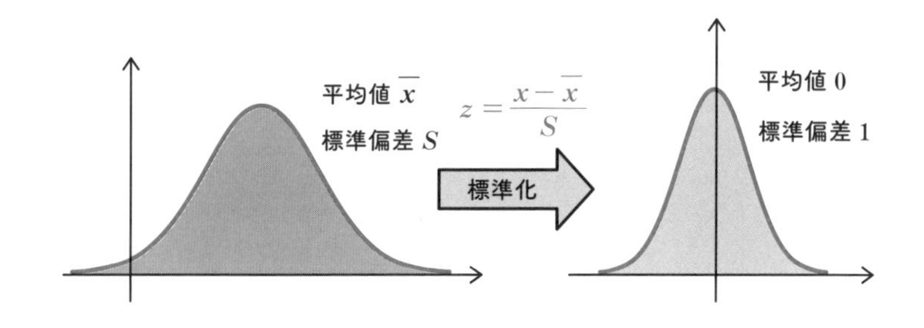

理由は節末の〈Note〉に掲載しましたが、下記のようなアバウトな理解で十分です。

(1) 変量 x から $\overline{x}$ を引いた変量を考える

もとの変量 x の平均値を $\overline{x}$ とし、次の新たな変量 y を考えます。

$$y=x-\overline{x} \quad \cdots\cdots②$$

すると変量 y の分布は変量 x の分布を $\overline{x}$ だけ左に平行移動した分布になります。したがって変量 y の平均値は 0 になります。また、分布の広がり具合は変量 x と同じなので、y の標準偏差は x と同じ S になります。

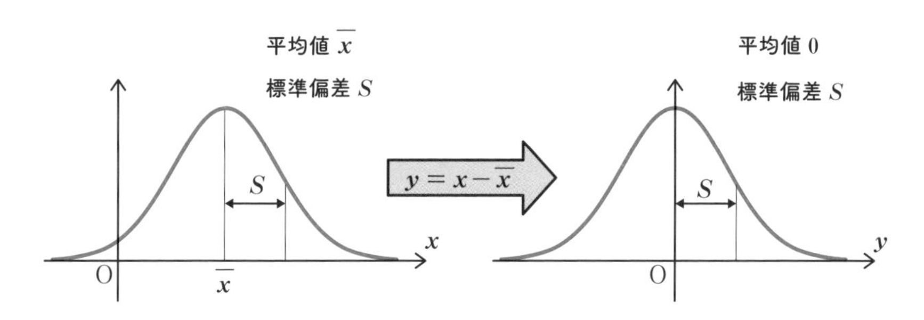

(2) 変量 y をその標準偏差 S で割る

新たな変量として次の変量 z を考えます。

$$z=\frac{y}{S} \quad \cdots\cdots③$$

すると、変量yの標準偏差がSなので、変量zの標準偏差はSをSで割った1となります。

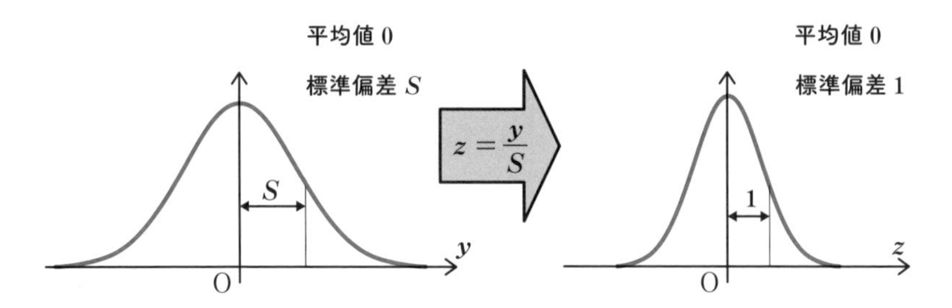

式②、③より、$z=\frac{y}{S}=\frac{x-\overline{x}}{S}$であり、$z$の分布は平均値が0、標準偏差が1と考えられます。

以上はわかりやすいように山型の分布で解説しましたが、一般の分布でまとめると次のようになります。

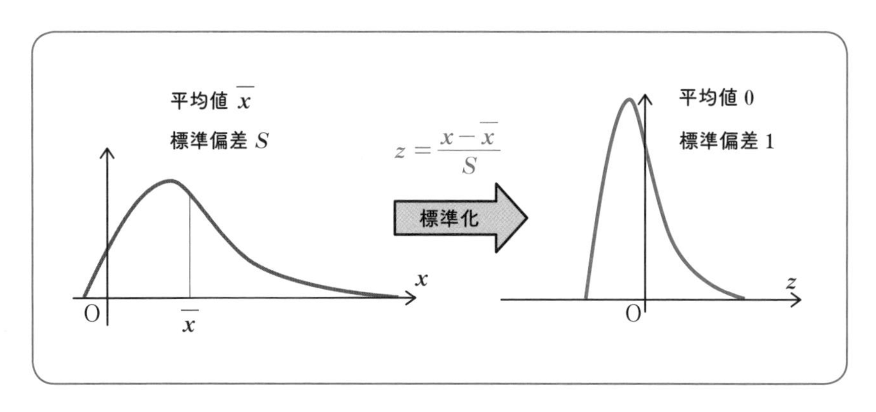

（注）教育界でよく使われる**偏差値**も標準化の一種で次の変換式で表わされます。偏差値Tの平均値は50、標準偏差は10となります。

$$偏差値T=\frac{得点x-平均点\overline{x}}{標準偏差S}\times 10+50$$

〔例〕右表の x は同じ 3 本の棒の長さを単位を変えて計ったものです。いずれも標準化したら同じ値になります。

個体名	x
1	10
2	20
3	30

個体名	x
1	100
2	200
3	300

標準化 　 標準化

個体名	z
1	$-\sqrt{\frac{3}{2}}$
2	0
3	$\sqrt{\frac{3}{2}}$

Note 変量の変換公式

変量 x を次の 1 次式で変量 z に変えたとしましょう。

$$z = ax + b \qquad \text{ただし } a\text{、}b \text{ は定数}$$

このとき、$\bar{z} = a\bar{x} + b$、$S_z^2 = a^2 S_x^2$、$S_z = |a| S_x$ となります。

ただし、S_x^2 は変量 x の分散、S_z^2 は変量 z の分散、S_x は変量 x の標準偏差、S_z は変量 z の標準偏差を表わします。また、$|a|$ は a の絶対値を表わします。

Excel 標準化は STANDARDIZE 関数

資料の標準化には STANDARDIZE 関数を利用します。ただし、資料の平均値（AVERAGE 関数利用）と標準偏差（STDEVP 関数利用）を予め求めておく必要があります。

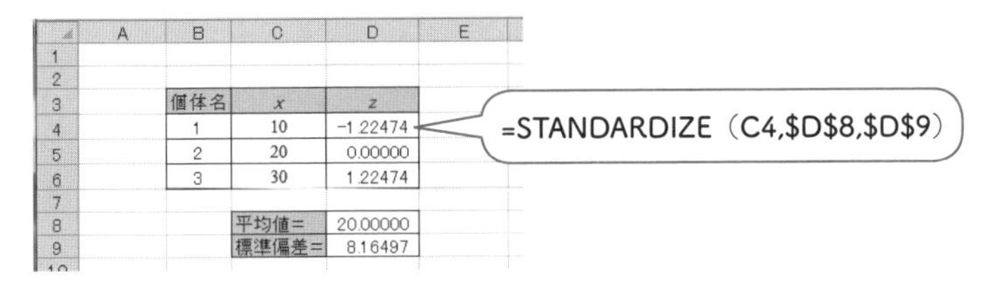

	A	B	C	D	E
1					
2					
3		個体名	x	z	
4		1	10	-1.22474	
5		2	20	0.00000	
6		3	30	1.22474	
7					
8			平均値=	20.00000	
9			標準偏差=	8.16497	

Note 頻度論に基づく統計学

中学・高校の確率論を振り返ってみましょう。ここで論じられる確率論は「確率は一定の値である」ことを前提にしています。たとえば、1枚のコインを投げるとき、「表が出る確率は$\frac{1}{2}$である」ことを前提にしています。このように「確率は**一定の値**」とされることの正しさはどのように確かめられるのでしょうか。この場合には、そのコインを何回も何回も投げて表裏がほぼ半々ずつ出れば「表の出る確率は$\frac{1}{2}$」といえることになります。このように、何回も実験して確かめられることを前提とする確率論を**頻度論**と呼びます。中学や高等学校で扱う確率論はこの頻度論です。統計学は確率論が土台になっているのですが、本書で紹介する「第3章　統計的推定」、「第4章　統計的検定」はこの「**頻度論による確率の考えを土台にした統計学**」なのです。頻度論に基づいたこれらの統計学（伝統的統計学）は20世紀までの主流の統計学であり、大量生産、大量消費を支える生産管理や実験計画などの理論として大いに活躍しています。

この「確率は一定の値である」と考える頻度論に対し、「**確率は経験（データ）によって変化し、一定の値とは見なさない**」という考えに基づく統計学が本書の第5章から第7章で扱う**ベイズ統計学**です。そこではコインの表が出る確率は一定の値ではなく、経験によって変化する**変数**と考えます。このように確率を変数と捉えることで、人間の信念や確信なども統計学の研究対象にすることが可能になります。その結果、人工知能や経済学、心理学などいろいろな分野でベイズ統計学が活用されています。ベイズ統計学は現代における統計学の主流となりつつあります。

第 2 章

伝統的統計学のための確率

全体からデータをデタラメに入手すると、すべてを調べなくても「全体の様子」を知ることができます。それは、**デタラメに入手したデータは確率の糸で全体としっかり結ばれている**からです。そのため、この章では確率の基本を復習します。それに、確率の知識は日常生活の必需品!!　知ってて損はしません。

2-1 推測統計学の土台は確率の考え

次章で扱う推測統計学は、「全体からランダムに選んだ一部をもとに全体の状態を推測しよう」という統計学です。そのため、確率の考えなしには何も語れません。確率の考えが土台になって、その上に推測統計学が構築されるからです。

推測統計学においては、全体から選ばれる一部（**サンプル、あるいは「標本」**）は偶然に選ばれたものにすぎません。この偶然に選ばれるサンプルは、選ばれるたびに中身が変化します。

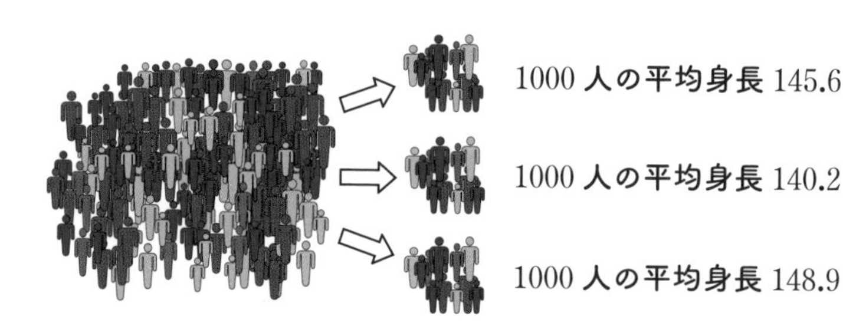

今回取り出したサンプルは、たまたま実態をそっくり反映しているかも知れませんし、かけ離れたものかも知れません。それなのに、たった一つのサンプルから全体の状態を判断するわけですから「～だ」と断定的な判断はできません。

そこで、偶然をよりどころにした判断方法、つまり、確率の考えが必要になり、そのときに大事なのは、**サンプルをランダム（デタラメ）に選ぶ**ということです。これが確率の考えに基づく推測統計学の大前提です。

2-2 実験してわかる統計的確率

画鋲（がびょう）を投げてみたとき、針が上を向く割合（確率）はわかりませんが、何回も投げれば、ある一定の割合で針が上を向くと考えられます。このように、我々は確率というものを教わらなくても、既にある程度知っているのです。

●統計的確率とは何か？

ある画鋲をデタラメに100回投げ、そのうち表の出た回数が61回であれば、投げた回数に対する表の出た回数の割合は $\frac{61}{100}=0.61$ です。これを針が上を向く**相対度数**といいます。もし画鋲をデタラメに N 回投げ、そのうち針が上を向いた回数が r 回であれば、針が上を向く相対度数は $\frac{r}{N}$ です。

この相対度数については次の性質があります。それは「画鋲を投げる回数をドンドン増やしていくと、針が上を向く相対度数はある一定の値に限りなく近づく」ということです。この性質のことを「相対度数の安定性」といいます。この近づいていく一定の値を、この画鋲の針が上を向く**統計的確率**（または、**経験的確率**）ということにします。

次ページの図は、市販の画鋲を1000回投げ、画鋲の針が上を向く相対度数の推移を表わしたものです。この画鋲の場合、針が上を向く統計的確率は0.6付近の値になりそうです。

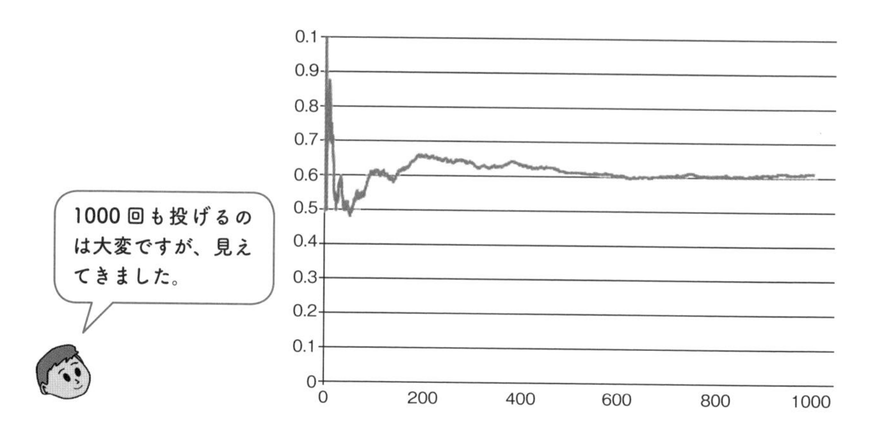

このことは、画鋲に限らずコインやサイコロなどでも同じことが言えます。下図は太郎君と花子さんがそれぞれ実際の十円硬貨を1000回投げ、相対度数の変化を折れ線グラフで表わしたものです。いずれの場合もコインの表が出る相対度数は0.5前後の値に近づくことがわかります。

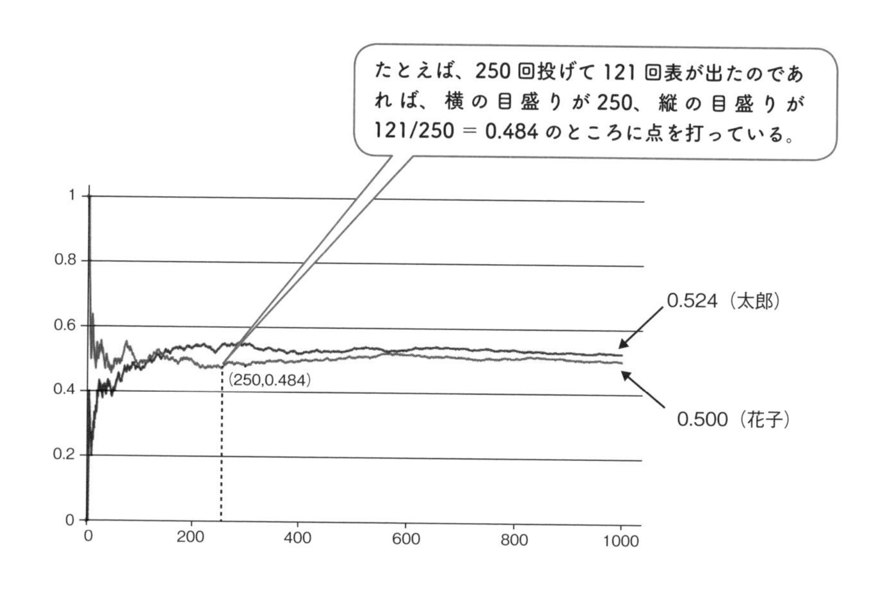

2-3 数学のモデルを扱う数学的確率

コインを投げたとき、「表が出るか、裏が出るか」は投げてみなければわかりません。しかし、「たぶん、半々の割合で表と裏が出るだろう」と大人も子供も考えています。そこで、ここでは経験によらず頭の中で考える確率を紹介しましょう。

●数学的確率とは

頭の中だけで理想化したコインを考えてみます。それは表も裏もまったく同じようにつくられたコインで、表が出ることも裏が出ることも同様に確からしく起こるとします（立つことはないとする）。すると、このコインの出方は表、裏の二通りで、そのうち表が一通りです。そこで、

$$\frac{1\text{通り}}{2\text{通り}}=\frac{1}{2}$$

をこのコインの表の出る確からしさの割合、つまり、確率と考えることにします。この考え方は、経験ではなく数学を頼りにしたものなので**数学的確率**と呼びます。まとめると次のようになります。

> 全体の起こり方が N 通りで、それらはすべて同様に確からしく起こるものとする。そのなかで、事柄 A の起こり方が r 通りであれば、$\dfrac{r}{N}$ を事柄 A の**数学的確率**という。

（注1）　数学的確率は$\dfrac{\text{事柄 }A\text{ の場合の数}}{\text{全体の場合の数}}$とも書けます。

（注2）　数学的確率の定義は厳密には問題があります。それは、確率を定義するのに「同様に確からしく起こる」というように「確からしさ」つまり「確率」を使っているからです。この循環論法の解消については §5−1〈Note〉参照。

●統計的確率と数学的確率の関係

数学的確率における「全体の起こり方が N 通りで、それらはすべて同様に確からしく起こるものとする」ということは実際に確かめることはできず、あくまでも仮定にすぎません。つまり、**数学的確率は「同様に確からしく起こる」とした仮想の数学的モデルを前提にしている**のです。このモデルが実際の確率現象をうまく説明できるのであれば、それは実際の確率現象に使える「**数学モデル**」ということになります。

実際の十円硬貨の表が出る統計的確率は、ほぼ 0.5 です（表と裏で模様が違うので本当の統計的確率は 0.5 とは異なると思われますが）。

また、表が出ることも裏が出ることも同様に確からしいとしたコインの数学的確率は 0.5 です。ということは、実際の十円硬貨の統計的確率には「表が出ることも、裏が出ることも、同様に確からしいと仮定したコイン」の数学的確率がよく似合うということになります。

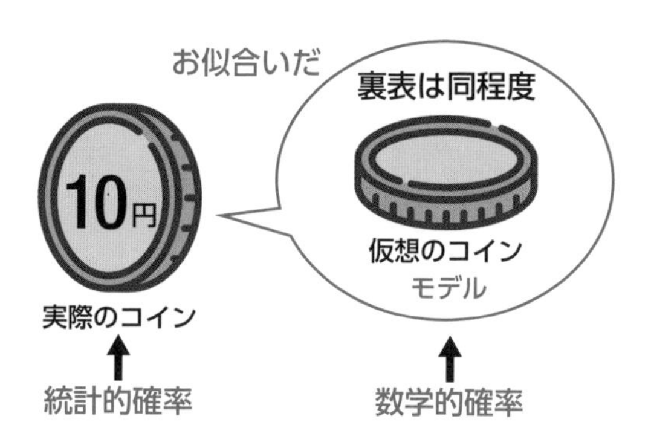

2-4 確率でよく使われる言葉と記号

確率の世界にも他の専門世界と同様、それなりの用語があります。知っておくと便利です。以下に、確率に関する最低限の用語を紹介します。

●試行・標本空間・事象

確率現象の観察や実験などを**試行**といいます。たとえば、コインを投げて、その表・裏の出方に着目する実験は試行です。

試行の結果、起こりうるすべての事柄の集まりを**標本空間**といいます。本書では、これをUと書くことにします。また、標本空間の部分集合を**事象**といいます。標本空間と一致する事象を**全事象**、要素が一つである事象を**根元事象**(こんげん)と呼びます。また、要素を一つももたない事象を**空事象**(くう)といいϕ（ファイ）で表わします。また、事象Aに対して、Aでないという事象をAの**余事象**といい$\overline{A}$と書きます。

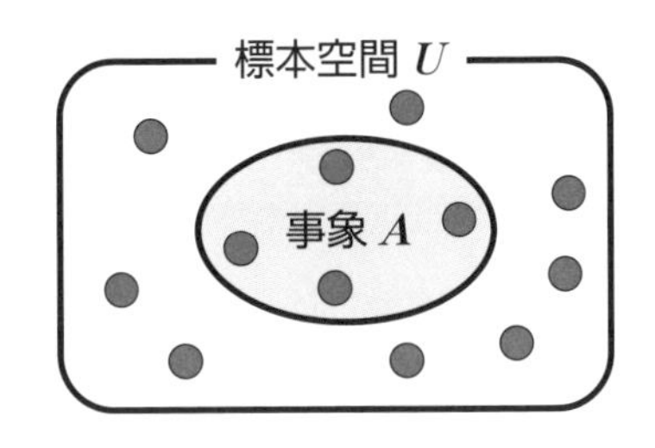

〔例〕 1枚のコインを投げて、表が出るか裏が出るかに着目する試行では標本空間と事象は次のようになります。

標本空間 ={表, 裏}

事象 ϕ = { }……空事象、{表}、{裏}……根元事象、{表, 裏}……全事象

●確率の記号にPを使う

事象Aの起こる確率（probability）を$P(A)$と書くことにします。頻繁に使われる記号です。なお、$0 \leqq P(A) \leqq 1$です。

2-5 試行の独立を式で表現

1枚のコインを投げ、1つのサイコロを振ったとき、コインは表でサイコロは1の目である確率は$\frac{1}{2}\times\frac{1}{6}=\frac{1}{12}$としていいのでしょうか。このことは「試行の独立」ということと深く関係しています。

●試行が互いに影響しなければ

ここで、1枚のコインを投げる試行をα、1つのサイコロを振る試行をβとしましょう。また、試行αと試行βを組み合わせた試行γ（ガンマ）の標本空間をUとすればUは次のように書けます。

$U=\{$(表, 1), (表, 2), …, (表, 6), (裏, 1), (裏, 2), …, (裏, 6)$\}$

α ＼ β	1	2	3	4	5	6
表	(表, 1)	(表, 2)	(表, 3)	(表, 4)	(表, 5)	(表, 6)
裏	(裏, 1)	(裏, 2)	(裏, 3)	(裏, 4)	(裏, 5)	(裏, 6)

U

ここで、標本空間Uの各根元事象の確率がどれも、「試行αの根元事象の確率×試行βの根元事象の確率」に等しいという場合を想定してみます。つまり、$\frac{1}{2}\times\frac{1}{6}=\frac{1}{12}$となる場合です。このときは、二つの試行$\alpha$と$\beta$を組み合わせた結果、ある特定の根元事象が起こりやすくなったとも起こりにくくなったとも思えません。つまり、二つの試行αとβが互いに影響せずに独立していると考えられます。

	1	2	3	4	5	6
表	$\frac{1}{12}$	$\frac{1}{12}$	$\frac{1}{12}$	$\frac{1}{12}$	$\frac{1}{12}$	$\frac{1}{12}$
裏	$\frac{1}{12}$	$\frac{1}{12}$	$\frac{1}{12}$	$\frac{1}{12}$	$\frac{1}{12}$	$\frac{1}{12}$

●試行が互いに影響すれば

もし、試行αとβを組み合わせた結果、たとえば、下表のように、コインの表とサイコロの１の目が他に比べて起こりやすくなったとしたらどうでしょうか。たとえば、標本空間Uの各根元事象の確率が下表のような場合です。このときは、Uの各根元事象の確率は「試行αの根元事象の確率×試行βの根元事象の確率」、つまり、$\frac{1}{2}\times\frac{1}{6}=\frac{1}{12}$とは言えなくなります。試行$\alpha$と試行$\beta$を組み合わせた結果、何らかの影響が生じ、コインの表とサイコロの１の目が他に比べて起こりやすくなったと考えられます。つまり、このときは二つの試行αとβは独立でないということになります。

	1	2	3	4	5	6
表	$\frac{2}{3}$	$\frac{1}{33}$	$\frac{1}{33}$	$\frac{1}{33}$	$\frac{1}{33}$	$\frac{1}{33}$
裏	$\frac{1}{33}$	$\frac{1}{33}$	$\frac{1}{33}$	$\frac{1}{33}$	$\frac{1}{33}$	$\frac{1}{33}$

●試行の独立を式で定義

以上のことを踏まえ、確率の世界では二つの試行αとβが「**独立**」であるということを次のように定義します。

> 試行αとβを組み合わせた試行の標本空間Uの各根元事象の確率がどれも、（試行αの根元事象の確率）と（試行βの根元事象の確率）の積に等しいとき、二つの試行αと試行βは**独立**であるという。

上記の定義は、確率現象で二つの試行が互いに「影響していない」、つまり、「独立」であることを数学で表現したものといえます。

●独立試行の定理

上記の独立の定義から次の「**独立試行の定理**」が導かれます。

> 試行αの任意の事象をA、試行βの任意の事象をBとする。このとき、二つの試行αとβが独立であれば、これを組み合わせた試行において、試行αの事象がA、試行βの事象がBである確率は
> $\boldsymbol{P(A)\times P(B)}$となる。

二つの試行が影響しているかどうかを数学で証明することはできません。しかし、この「独立試行の定理」は、影響しないと思われる複数の試行が組み合わされた確率現象を説明するのに有効です。

〔例〕 1つのサイコロを投げて出る目の数に着目する試行と、ジョーカーを除く52枚のトランプから1枚抽出する試行を行なうとき、これらの試行が独立であれば、サイコロが偶数で、トランプがハートである確率は

$\frac{3}{6}\times\frac{13}{52}=\frac{1}{8}$となります。

●反復試行の定理

同じ試行を何回も繰り返すことに「独立試行の定理」を用いれば、次の**反復試行の定理**を得ます。

> ある試行で事象 A が起こる確率を p とする。この試行を独立に n 回繰り返す反復試行において、事象 A が r 回起こる確率は次の式で与えられる。
>
> ${}_nC_r p^r q^{n-r}$ …① （$r=0$、1、2、3、…、n）　ただし、$q=1-p$

（注）${}_nC_r$ は2項係数と呼ばれ、この値は異なる n 個のものから r 個取り出すときの取り出し方の総数と同じです。
式で書けば ${}_nC_r=\dfrac{n(n-1)\cdots(n-r+1)}{r!}=\dfrac{n!}{(n-r)!r!}$ となります。

直積

二つの集合 $A=\{a_1, a_2, \cdots, a_m\}$、$B=\{b_1, b_2, \cdots, b_n\}$ に対して、順序の付いた組の集合（下図）を A と B の**直積**といい $\boldsymbol{A\times B}$ と表わします。

	b_1	b_2	…	b_j	…	…	b_n
a_1	(a_1, b_1)	(a_1, b_2)	…	(a_1, b_j)	…	…	(a_1, b_n)
a_2	(a_2, b_1)	(a_2, b_2)	…	(a_2, b_j)	…	…	(a_2, b_n)
…	…	…	…	…	…	…	…
…	…	…	…	…	…	…	…
a_i	(a_i, b_1)	(a_i, b_2)	…	(a_i, b_j)	…	…	(a_i, b_n)
…	…	…	…	…	…	…	…
…	…	…	…	…	…	…	…
a_m	(a_m, b_1)	(a_m, b_2)	…	(a_m, b_j)	…	…	(a_m, b_n)

A⟶（左列）　⟵B（上行）　⟵$A\times B$（表内）

〔例〕 二つの集合 A={表、裏}、$B=\{1,2,3,4,5,6\}$ のとき、

$A\times B$={(表,1), (表,2), (表,3), (表,4), (表,5), (表,6), (裏,1), (裏,2), (裏,3), (裏,4), (裏,5), (裏,6)}　となります。

2-6 確率変数で確率現象を数学の俎上に

先に、試行や事象といった確率用語を紹介しましたが、ここではもう一つ重要な用語を付け足したいと思います。それは**確率変数**です。たとえば、コインを投げて表か裏が出る確率を表現するときに、この言葉のままでは不十分なことがあります。

●確率変数とは

1枚のコインを投げたときの表・裏の確率や、ジョーカーを除く52枚のトランプから1枚取り出したときのハート、ダイヤ、スペード、クラブのそれぞれの確率をグラフで表わしてみましょう。このとき、表とか裏とか、ハートとかスペードとかを座標軸上にどのように表わせばよいでしょうか。下図のようにとってみましたが、少し違和感があります。横軸上に数ではなく、文字が表現されているからです。

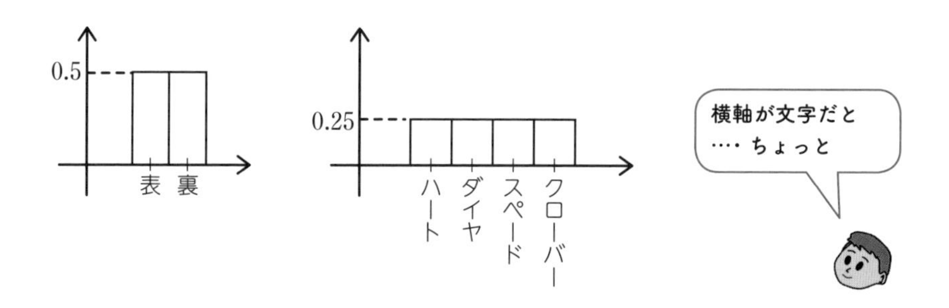

これでは、面積計算などの際に数学の道具を使うことができません。そこで、試行の結果に対して数値が決まる新たな変数を導入することにします。たとえば、コインを投げて表が出たら1、裏が出たら2という値をとる変数Xを考えます。すると、この変数はただの変化する数ではありません。Xが1や2の値をとる確率までも決まる変数です。

$X=1$ということは表が出ることだから、　その確率は1/2
$X=2$ということは裏が出ることだから、　その確率は1/2　…①

トランプの場合も同様です。ハートなら1、ダイヤなら2、スペードなら3、クローバーなら4という値をとる確率変数をYとすると、この変数もただの変化する数ではありません。Yが1や2などの値をとる確率までも決まる変数です。そのため、このような変数X、Yのことを**確率変数**と呼ぶことにします。**確率変数とは、試行の結果、値が決まる変数で、しかも、その確率が付与されている変数**ということです。

このとき、前ページのグラフは次のように書けます。

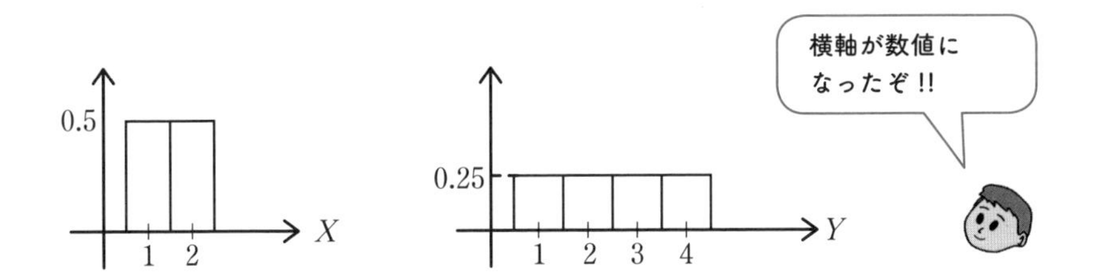

このことによって、グラフの面積計算等が可能になり、数学のいろいろな道具を統計学に利用できるようになります。

なお、①は確率（probability）の頭文字Pを用いて次のように書きます。

$$P(X=1)=0.5、P(X=2)=0.5$$

ここで、たとえば、$P(X=1)$は$X=1$である確率という意味です。同様に、先のトランプの確率変数Yについても次のように書きます。

$$P(Y=1)=\frac{13}{52}=0.25 \quad 、\quad P(Y=2)=\frac{13}{52}=0.25$$

$$P(Y=3)=\frac{13}{52}=0.25 \quad 、\quad P(Y=4)=\frac{13}{52}=0.25$$

2-7 統計学の母体となる確率分布

総量1の確率が確率変数のとる個々の値にどのように割り振られているのかを示した世界を調べてみましょう。いわゆる「分布」です。「動植物の生態分布」という表現がありますが、これと似たものに、統計学の世界では「**確率分布**」という考え方があります。この確率分布をもとに推定、検定などの推測統計学（第3、4章）が論じられることになります。

●確率分布とは

甲乙2枚のコインを投げたとき、表が出る枚数Xは0、1、2のいずれかです。また、この2枚のコインの表・裏の出方は右の4通りで、1枚のみ表が出るのは2通りあります。したがって、確率変数Xのとる値と、その確率をまとめると右のようになります。

甲＼乙	表	裏
表	(表、表)	(表、裏)
裏	(裏、表)	(裏、裏)

Xのとる値x	0	1	2
確率$P(X=x)$	$\frac{1}{4}$	$\frac{2}{4}$	$\frac{1}{4}$

この表は、**総量1の確率が確率変数の個々の値（ここでは0、1、2）にどのように分配されているか**（**確率分布**）を示しています。この表のことを**確率分布表**といいます。また、確率変数の値を横軸に、確率を縦軸にとって描いた右のグラフを**確率分布グラフ**といいます。右図は確率分布のヒストグラムです。**グラフとX軸で挟まれた部分の面積は1になります**。

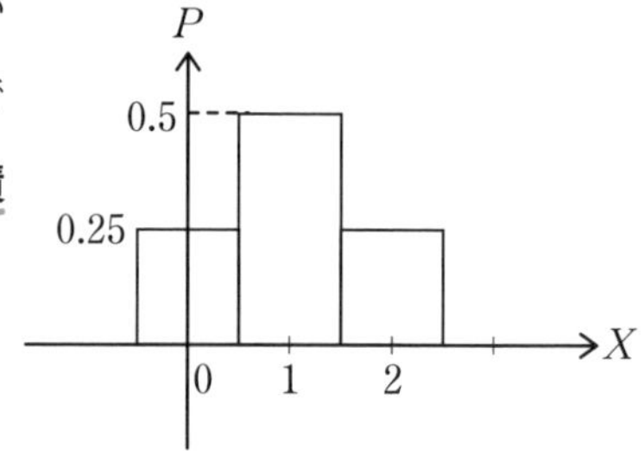

●連続変量の確率分布

2枚のコインを投げたとき、表の枚数をXとすると、これはトビトビの値をとる離散的確率変数です。これに対して身長をXとすれば、Xはいろいろな実数値をとり得る連続的確率変数です。したがって、膨大な身長データがあれば、それをもとに作成した相対度数分布グラフの階級幅を縮めることによって、確率分布曲線が得られます（§1−4)。

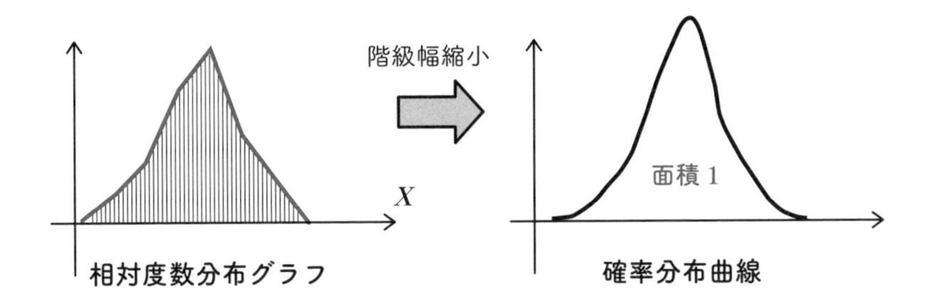

この曲線は身長Xの確率分布の様子を表わしているものと考えられます。このとき、確率変数Xがa以上b以下の値をとる確率$P(a \leqq X \leqq b)$は右図の網掛け部分の面積Sとなります。これが連続的確率変数の確率分布です。

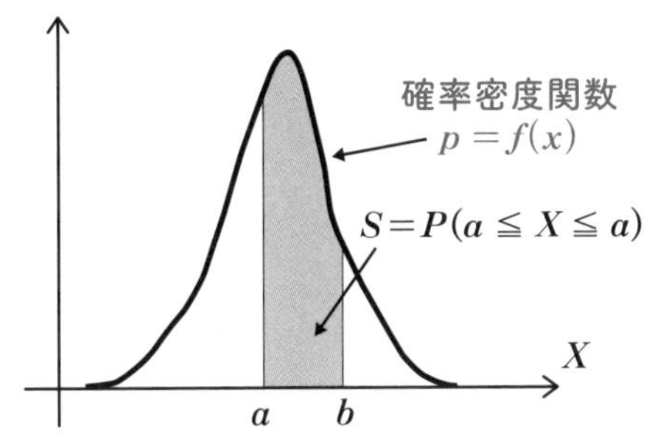

なお、連続的確率変数Xの確率分布のグラフを表わす式のことを**確率密度関数**といいます。

（注） 離散的な分布に対しては確率密度関数という表現はありません。

（注） 連続的確率変数Xの場合、Xが一つの値aをとる確率は0になります。つまり、$P(X=a)=0$です。ちょっと、不思議な感じがしますが、$X=a$ということは確率変数Xがa以上a以下の値をとる確率$P(a \leqq X \leqq a)$のことで、この場合、面積が0になってしまうからです。

2-8 確率変数の平均値と分散

確率変数は変化する変量です。したがって資料（変量）の平均値や分散を考えたように確率変数の平均値や分散が考えられます。まずは、相対度数分布表から資料（変量）の平均値$\overline{x}$を求める方法（§1−6）を復習しましょう。

$$\overline{x}=\frac{\text{総和}}{\text{総度数}}=\frac{x_1f_1+x_2f_2+x_3f_3+\cdots+x_nf_n}{N}$$

$$=x_1\frac{f_1}{N}+x_2\frac{f_2}{N}+x_3\frac{f_3}{N}+\cdots+x_n\frac{f_n}{N}$$

$$=x_1\times(x_1\text{の相対度数})+x_2\times(x_2\text{の相対度数})+x_3\times(x_3\text{の相対度数})$$

$$+\cdots+x_n\times(x_n\text{の相対度数})\quad\cdots\cdots①$$

同様に、分散は相対度数を用いて次のように書けます。

$$\text{分散}S^2=\frac{\text{偏差平方和}}{\text{総度数}}=\frac{(x_1-\overline{x})^2f_1+(x_2-\overline{x})^2f_2+\cdots+(x_n-\overline{x})^2f_n}{N}$$

$$=(x_1-\overline{x})^2\frac{f_1}{N}+(x_2-\overline{x})^2\frac{f_2}{N}+\cdots+(x_n-\overline{x})^2\frac{f_n}{N}$$

$$=(x_1-\overline{x})^2\times(x_1\text{の相対度数})+(x_2-\overline{x})^2\times(x_2\text{の相対度数})$$

$$\cdots+(x_n-\overline{x})^2\times(x_n\text{の相対度数})\quad\cdots\cdots②$$

変量	度数
x_1	f_1
x_2	f_2
x_3	f_3
…	…
x_n	f_n
総度数	N

以上のことをもとに、確率変数の平均値や分散、標準偏差を考えてみることにしましょう。

●確率変数の平均値、分散、標準偏差を表わす記号

本書では、資料（変量）の平均値は$\overline{x}$で、分散はS^2、標準偏差はSという記号で表わしました。確率変数Xの平均値、分散、標準偏差については次の記号で表わすことにします。

確率変数Xの平均値$E(X)$　……平均値を期待値ともいいます

確率変数Xの分散$V(X)$

確率変数Xの標準偏差$\sigma(X)$　$(=\sqrt{V(X)})$

なお、確率変数Xの平均値、分散、標準偏差を別の記号μ、σ^2、σを用いて「平均値μ、分散σ^2、標準偏差σ」と表わすことがあります。本書では両方の記号を適宜、併用することにします。

（注）ここでEはexpectationの頭文字、Vはvariance（分散）の頭文字です。なお、平均値（mean）のことを**期待値**（expectation）ともいいます。

●連続的確率変数の平均値、分散

確率変数Xのとる値が$x_1, x_2, x_3, \cdots, x_i, \cdots, x_n$の$n$通りで、これらの値をとる確率が$p_1, p_2, p_3, \cdots, p_i, \cdots, p_n$であるとしましょう（下表）。

X	x_1	x_2	x_3	……	x_i	……	x_n	計
P	p_1	p_2	p_3	……	p_i	……	p_n	1

資料（変量）の場合の平均値、分散の式（前ページ①、②）の相対度数を確率と見なすことによって、確率変数Xの平均値、分散、標準偏差を次のように定義することにします。ただし、$\mu=E(X)$とします。

平均値$E(X)=x_1p_1+x_2p_2+x_3p_3+\cdots+x_ip_i+\cdots+x_np_n$　……③

分散$V(X)=(x_1-\mu)^2p_1+(x_2-\mu)^2p_2+(x_3-\mu)^2p_3$
$+\cdots+(x_i-\mu)^2p_i+\cdots+(x_n-\mu)^2p_n$　……④

標準偏差$\sigma(X)=\sqrt{V(X)}$　……⑤

●連続的確率変数の平均値、分散

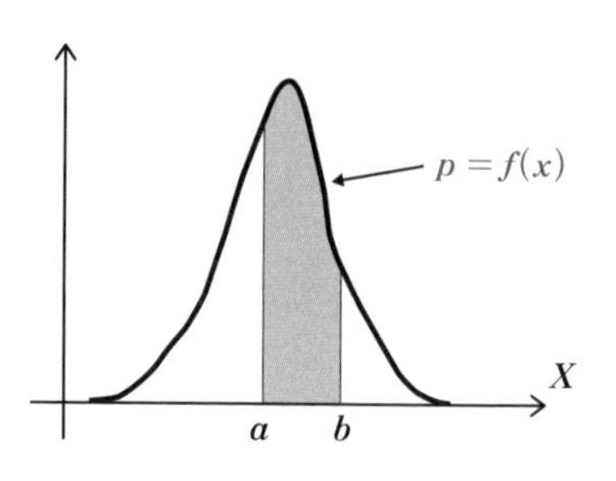

連続的な確率変数 X に対する確率分布の様子は確率密度関数で表わされます。この関数を $f(x)$ とすると、確率変数 X が a 以上 b 以下の値をとる確率 $p(a \leqq X \leqq b)$ は右図の網掛け部分の面積となります。そこで、この確率密度関数をもとに連続的確率変数 X の平均値や分散を調べてみることにしますが、考え方は離散的な確率変数の場合に帰着します。

まず、確率変数 X のとる値の範囲を n 等分に分割して、各区間の X の値を分割された各区間のたとえば中央の値で代表させます(度数分布表で階級値を考えたときと同じです)。また、区間の幅を Δx とします(下図)。このとき、X がその中央の値をとる確率はその区間における曲線によって囲まれた面積なのですが、これを $f(x_i)$ を高さとする長方形の面積 $p_i = f(x_i)\Delta x$ で近似します。こうしておいて、離散的確率変数の平均値、分散の式③、④の計算をします。

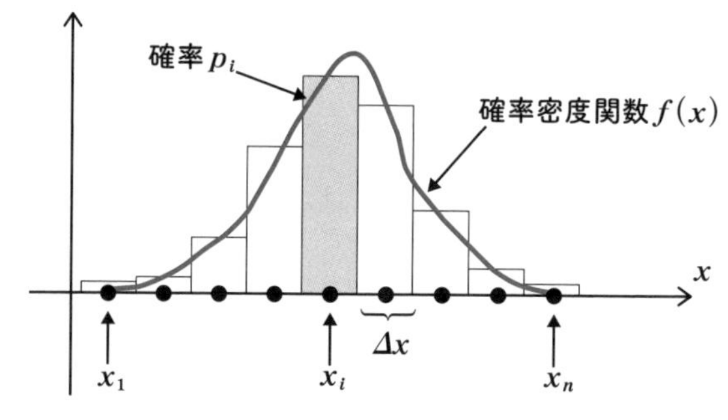

$$\mu = x_1p_1 + x_2p_2 + x_3p_3 + \cdots + x_ip_i + \cdots + x_np_n$$

$$= x_1f(x_1)\Delta x + x_2f(x_2)\Delta x + x_3f(x_3)\Delta x$$

$$+ \cdots + x_if(x_i)\Delta x + \cdots + x_nf(x_n)\Delta x \quad \cdots\cdots ⑤$$

$$\sigma^2 = (x_1-\mu)^2f(x_1)\Delta x + (x_2-\mu)^2f(x_2)\Delta x + (x_3-\mu)^2f(x_3)\Delta x$$

$$+ \cdots + (x_i-\mu)^2f(x_i)\Delta x + \cdots + (x_n-\mu)^2f(x_n)\Delta x \quad \cdots\cdots ⑥$$

ここで、さらに、**分割をドンドンドンドン細かくして計算したとき、つまり、nを限りなく大きくしたとき、式⑤、⑥が限りなく近づいて行く値があれば、それらの値を連続的確率変数　の平均値、分散と決める**ことにします。標準偏差は分散の正の平方根です。

これは、数学の**積分**の考え方（節末〈Note〉）であり、積分記号を使って次のようにまとめることができます。ただし、確率密度関数$f(x)$はα以上β以下の範囲で定義されているものとします。

確率変数Xの平均値 $\mu=\int_{\alpha}^{\beta}xf(x)dx$ ……⑦

確率変数Xの分散 $\sigma^2=\int_{\alpha}^{\beta}(x-\mu)^2f(x)dx$ ……⑧

確率変数Xの標準偏差 $\sigma=\sqrt{分散\sigma^2}$ ……⑨

以上の話がむずかしい場合は、「連続的確率変数Xの平均値や分散については式⑦、⑧、⑨の積分計算で求められる」と理解しておけば、それで十分です。それに、実際の計算はコンピュータがすべて引き受けてくれるので統計学を利用する際に積分計算そのもので悩むことはありません。

●確率変数$aX+b$の平均値、分散

確率変数Xに対し、確率変数$aX+b$の平均値、分散は次の式で求められます。このことはXの離散、連続にかかわらず成立します。

$aX+b$の平均値$=E(aX+b)=aE(X)+b$

$aX+b$の分散$=V(aX+b)=a^2V(X)$

$aX+b$の標準偏差$=\sigma(aX+b)=|a|\sigma(X)$

Note 「積分の定義」に挑戦してみる

関数$f(x)$が区間$a \leqq x \leqq b$で定義されているものとする。ここで、この区間をn等分し、各区間の境界点にx_0, x_1, x_2, …, x_nと名前を付け、次のn個の長方形の和を考える。

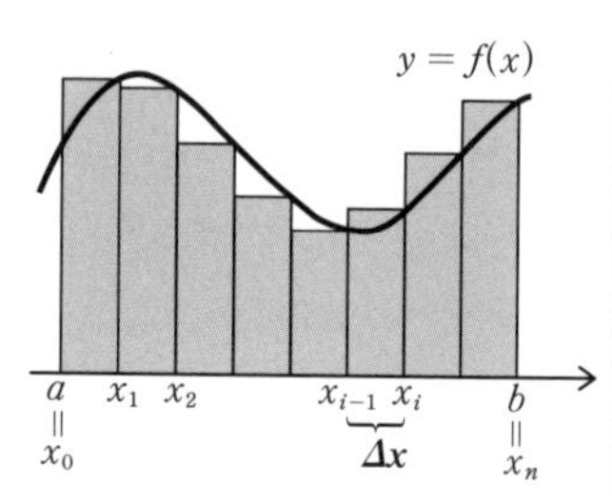

$f(x_1)\Delta x + f(x_2)\Delta x + \cdots + f(x_n)\Delta x$　（イ）

ただし、$\Delta x = (b-a)/n$

この分割を限りなく細かくしたとき、つまり、$n \to \infty$にしたとき、（イ）が一定の値に近づけば、関数$f(x)$は区間$a \leqq x \leqq b$で**積分可能**であるといい、その一定の値を記号$\int_a^b f(x)dx$で表わす。すなわち、

$$\int_a^b f(x)dx = \lim_{n\to\infty}\{f(x_1)\Delta x + f(x_2)\Delta x + \cdots + f(x_n)\Delta x\} \cdots\cdots \text{（ロ）}$$

（注）$\lim_{n\to\infty}$とは、nを限りなく大きくすることを意味します。

つまり、$\int_a^b f(x)dx$は、$f(x_i)\Delta x$ $(i=1, 2, \cdots, n)$を無限に足したときに、その和が限りなく近づく値のことなのです。

なお、（ロ）の計算は積分と微分の性質から

$$\int_a^b f(x)dx = [F(x)]_a^b = F(b) - F(a) \cdots\cdots \text{（ハ）}$$

ただし、$F'(x) = f(x)$

であることが導かれます。

（注）高校の教科書では（ハ）をもって積分の定義としています。しかし、これでは、本来の積分の意味はわかりません。また、応用も困難になります。今後のことを考えれば、ここで紹介した積分の定義は知っておいた方がいいでしょう。なお、積分のより厳密な定義は付録5リーマン積分を参照してください。p74での積分は付録5のリーマン積分においてλ_iを各小区間の中点にとった場合です。

2-9 確率変数の独立とは

統計学においては複数の確率変数を加えたり掛けたりしてできる新たな確率変数の平均値や分散を調べる必要があります。そのとき、**確率変数の独立**ということが問題になります。

●確率変数の独立

表・裏が同程度に出る1枚のコインを投げて表が出れば1、裏が出れば0の値をとる確率変数を X、どの目も同程度に出る一つのサイコロを振って出た目の数を Y とする確率変数を考えます。今、二つの試行を組み合わせたとき、つまり、コインを投げてサイコロを振ったとき、二つの確率変数 X と Y の確率分布表が下記のようになったとします。

X \ Y	1	2	3	4	5	6	計
0	1/12	1/12	1/12	1/12	1/12	1/12	1/2
1	1/12	1/12	1/12	1/12	1/12	1/12	1/2
計	1/6	1/6	1/6	1/6	1/6	1/6	1

ここで、二つの変数 X と Y がそれぞれ同時に a、b をとる確率を $P(X=a,\ Y=b)$ と書くことにすれば、上記の確率分布においては

$$P(X=0, Y=1)=P(X=0)\times P(Y=1) \quad \cdots\cdots①$$

が成立しています。X と Y が他の値の場合でも①は成立します。

このようなとき、二つの確率変数 **X と Y は独立**であるといいます。

一般に二つの確率変数 X と Y が次の等式を満たすとき、X と Y は独立であるといいます。

「$P(X=x_i, Y=y_j)=P(X=x_i)P(Y=y_j)$

$(i=1,\ 2,\ \cdots,\ m\ ;\ j=1,\ 2,\ \cdots,\ n)$」

第2章 伝統的統計学のための確率

二つの試行が独立（§2−5）であれば、この等式は成立しますので、**試行が独立であれば確率変数は独立である**となります。二つの試行が独立であるということは、直観的には試行の結果が互いに影響しないということでしたが、確率変数の場合も一方の確率変数の確率が他方に影響しないということです。

（注）「試行の独立」、「確率変数の独立」の他に「事象の独立」（§5−2）があります。

Note 同時確率分布、周辺確率、周辺分布

二つの確率変数 X と Y が同時に x_i, y_j をとる確率を p_{ij} とするとき、つまり、$P(X=x_i,\ Y=y_j)=p_{ij}$ $(i=1,\ 2,\ \cdots,\ m;j=1,\ 2,\ \cdots,\ n)$ とするとき、これを二つの確率変数 X と Y の**同時確率分布**といいます。この同時確率分布を、$m=2$、$n=3$ の場合を表で表わすと右のようになります。

X＼Y	y_1	y_2	y_3
x_1	p_{11}	p_{12}	p_{13}
x_2	p_{21}	p_{22}	p_{23}

確率変数 X と Y の同時確率分布表が与えられたとき、行と列の各々について確率を加え合わせた値をその表の脇（周辺）に書き加えてみましょう。この表で横に加えた確率の和 p_i を $X=x_i$ の**周辺確率**といいます$(i=1,\ 2)$。同様に、表を縦に加えた確率の和 q_j を $Y=y_j$ の**周辺確率**といいます$(j=1,\ 2,\ 3)$。また、X と Y の周辺確率からなる確率分布を X、Y の**周辺分布**といいます。

X＼Y	y_1	y_2	y_3	計
x_1	p_{11}	p_{12}	p_{13}	$p_{11}+p_{12}+p_{13}=p_1$
x_2	p_{21}	p_{22}	p_{23}	$p_{21}+p_{22}+p_{23}=p_2$
計	$p_{11}+p_{21}=q_1$	$p_{12}+p_{22}=q_2$	$p_{13}+p_{23}=q_3$	1

X と Y の**同時確率分布**　Y の**周辺分布**　X の**周辺分布**

2-10 和の確率変数の平均値と分散

二つの確率変数 X と Y に対して確率変数 $X+Y$ の期待値と分散を調べておきましょう。以下に、結論だけまとめておきますが、証明は「付録3」を参照してください。ここで証明にエネルギーを費やすと、統計学の本論にたどり着く前に挫折してしまうかも知れませんので。

● $X+Y$ の平均値と分散

(1)　$E(X+Y)=E(X)+E(Y)$

(2)　X と Y が独立ならば　$V(X+Y)=V(X)+V(Y)$

（注）X と Y が独立ならば　$E(XY)=E(X)E(Y)$

〔例〕 表・裏が同程度に出る1枚のコインを投げ、表が出れば1、裏が出れば0の値をとる確率変数を X、どの目も同程度に出る一つのサイコロを振って出た目の数を Y とする確率変数を考えます。このとき、確率変数 $X+Y$ の平均値と分散を求めてみましょう。

確率変数 X と Y の平均値と分散は定義より、

$$E(X)=\frac{1}{2},E(Y)=\frac{7}{2},\ V(X)=\frac{1}{4},V(Y)=\frac{35}{12}$$

よって、$E(X+Y)=E(X)+E(Y)=\frac{1}{2}+\frac{7}{2}=4$

また、コインとサイコロの試行は独立とすれば、確率変数 X と Y は独立と考えられます。よって　$V(X+Y)=V(X)+V(Y)=\frac{1}{4}+\frac{35}{12}=\frac{19}{6}$

● $aX+b$ の平均値と分散

ついでに、確率変数 X を a 倍して b を加えてできる確率変数 $aX+b$ の平均値と分散も紹介しておきましょう。ただし、a、b は定数です。

$$E(aX+b)=aE(X)+b$$

$$V(aX+b)=a^2V(X)$$

確率変数 X+Y、XY の確率分布

二つの確率変数 X と Y に対して確率変数 $X+Y$、XY はどんな確率変数なのでしょうか。簡単のために確率変数 X と Y の確率分布表が次の場合に調べてみます。

X \ Y	y_1	y_2	y_3	計
x_1	p_{11}	p_{12}	p_{13}	p_1
x_2	p_{21}	p_{22}	p_{23}	p_2
計	q_1	q_2	q_3	1

$X+Y$ は値 x_i+y_j をとる確率が p_{ij} となる確率変数となります。ただし、$x_i+y_j=x_k+y_l \quad (i,\ j)\neq(k,\ l)$ となる場合は $X+Y$ が $x_i+y_j(=x_k+y_l)$ をとる確率は $p_{ij}+p_{kl}$ となります。3 つ以上 $X+Y$ の値が等しくなる場合も同様に該当する確率を足すことになります。

XY は値 x_iy_j をとる確率が p_{ij} となる確率変数となります。ただし、$x_iy_j=x_ky_l \quad (i,\ j)\neq(k,\ l)$ となる場合は XY が $x_iy_j(=x_ky_l)$ をとる確率は $p_{ij}+p_{kl}$ となります。3 つ以上 XY の値が等しくなる場合も同様に該当する確率を足すことになります。

2-11 正規分布は確率分布の女王

統計学は確率分布をもとに確率現象を解明するので、確率分布がすごく重要です。統計学でよく使われる確率分布には正規分布、t 分布、χ^2 分布（カイ 2 乗分布）、F 分布……などいろいろあります。本書では、これらの確率分布はそれが使われる箇所で適宜紹介しますが、正規分布については非常に重要な分布なので予めここで紹介することにします。

●正規分布とは

正規分布（Normal distribution）とは、ズバリ、次の分布です。式そのものはかなりむずかしい形で表現されますが、そのグラフは実に美しい対称性のある山型となります。

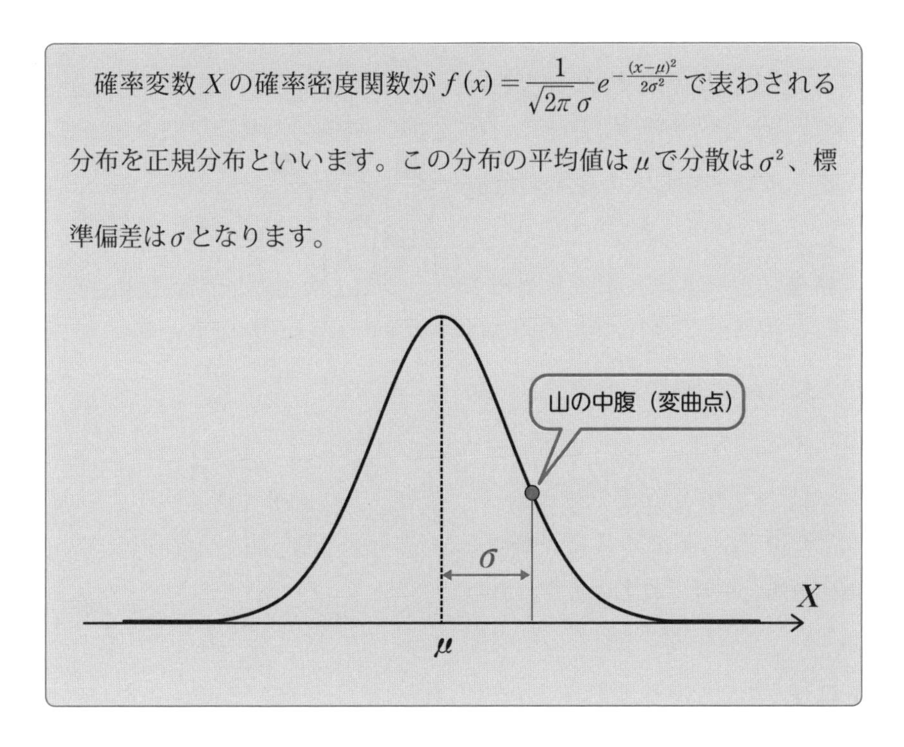

確率変数 X の確率密度関数が $f(x)=\frac{1}{\sqrt{2\pi}\,\sigma}e^{-\frac{(x-\mu)^2}{2\sigma^2}}$ で表わされる分布を正規分布といいます。この分布の平均値は μ で分散は σ^2、標準偏差は σ となります。

ここで、πは円周率3.14159……、eはネイピアの数と呼ばれる定数で2.71828……という値になります。ともに、数学では最も重要な数値です。なお、正規分布は確率密度関数の式を見ればわかるように、μとσの二つの値で特徴づけられています。したがって、この正規分布のことを簡単に記号$N(\mu\ \sigma^2)$と表わします。μはこの分布の平均値、σ^2は分散になります。この分布はガウス（独：1777−1855）が誤差の研究の際に見出した分布で、**正規分布**（**ガウス分布**）と呼ばれています。

〔例〕 ある工場で天然水μccをボトルに詰めるとします。ところが、どんな優秀な装置を使ってもピッタリμccの天然水をボトルに詰めることは困難です。実際にはμccより多かったり少なかったりまちまちです。そこで、たくさん測定して得た測定値Xの分布をグラフにしてみました。すると前ページのようになります。つまり、測定値Xは基本的にはμの周辺の値をとり、そこから大きく離れることはまれです。この分布の平均値はμですが、標準偏差σは注入装置の性能等によって決定します。

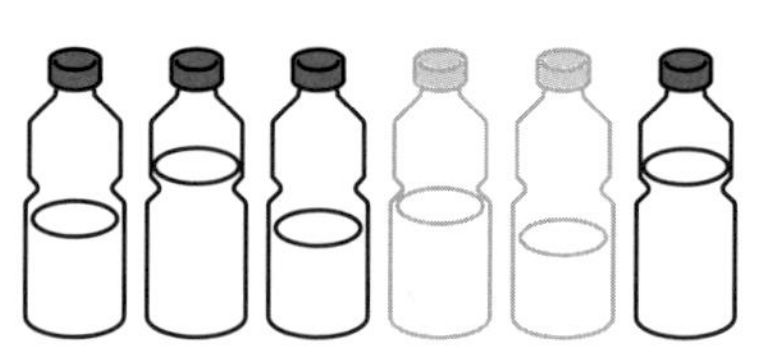

ボトルに詰めた水の量の測定値Xとμとの差、つまり、$Y=X-\mu$は**誤差**になります。すると誤差Yの分布は前ページのグラフをX軸方向に$-\mu$平行移動したグラフになります（右図）。

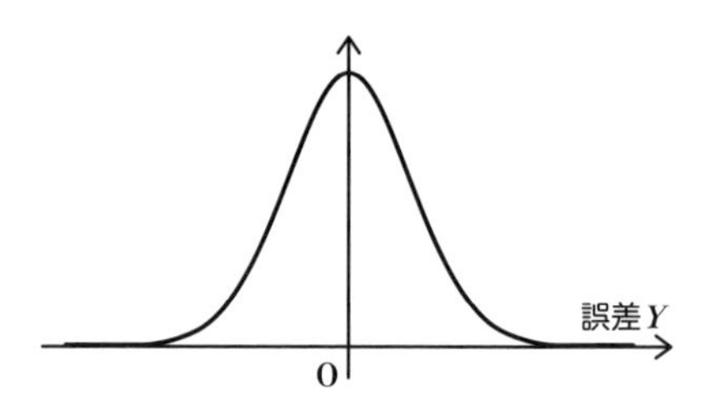

これは、誤差の分布と見なすことができます。したがって正規分布は**誤差分布**とも呼ばれています。このように、測定に関する分布は正規分布に従う傾向があります。

●標準正規分布

平均値μ、標準偏差σの正規分布に従う確率変数Xを$Z=\dfrac{X-\mu}{\sigma}$で標準化（§1－12）した確率変数Zは平均値0、標準偏差1の正規分布に従います。この正規分布を**標準正規分布**といいます。標準正規分布は先に紹介した記号を使えば$N(0,\ 1^2)$と表わされます。

●正規分布と確率

ガウスの見出したこの正規分布は統計学のいろいろなところで使われます。そこで、平均値がμで分散がσ^2、標準偏差がσである正規分布については下図におけるpからx（このxを**上側 100p％点**という）、または、xからpの値（**p値**という）を簡単に求められるようになっています。

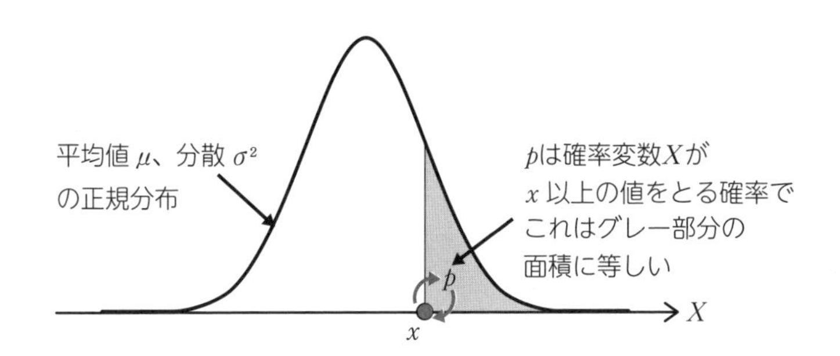

（注）確率変数Xがx以下の値をとる確率をpとすれば、このxは**下側 100p％点**といいます。

一つの方法は、平均値が0で分散が1^2の特殊な正規分布の世界に変換し、予め作成されている標準正規分布表を用いてpやxの値を求める方法です。もう一つは、コンピュータを用いる方法です。Excelなどの表計算ソフトや専用の統計解析ソフトを用いればpからxの値、xからpの値を簡単に求めることができます。本書では必要に応じてExcelを利用した方法を紹介します。

Note よく使われる正規分布の確率

統計学においては平均値μ、分散σ^2、標準偏差σの正規分布$N(\mu, \sigma^2)$における次の確率がよく使われます。

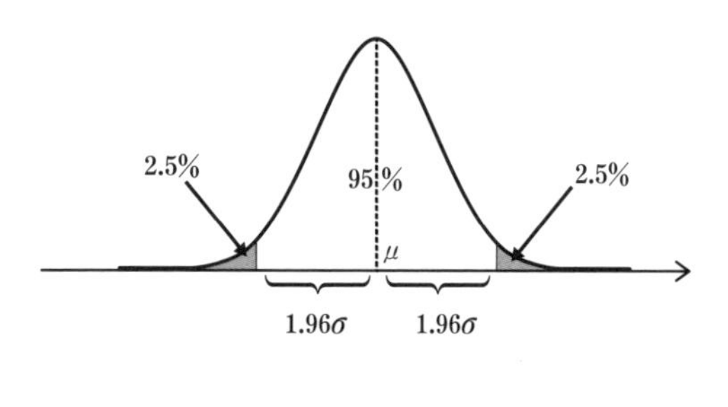

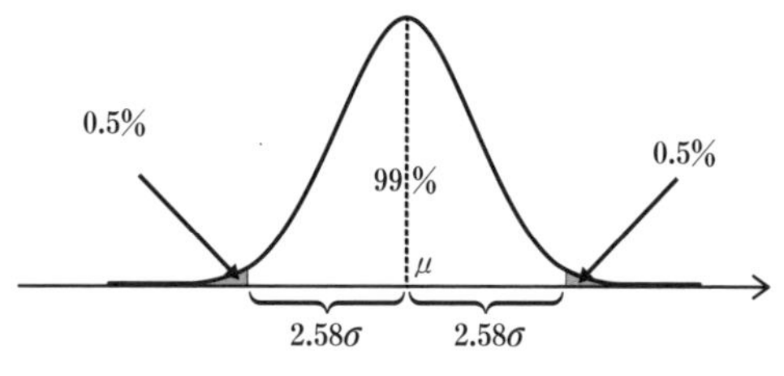

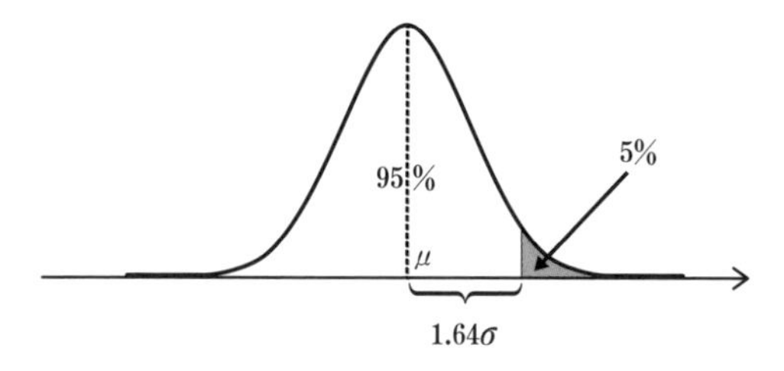

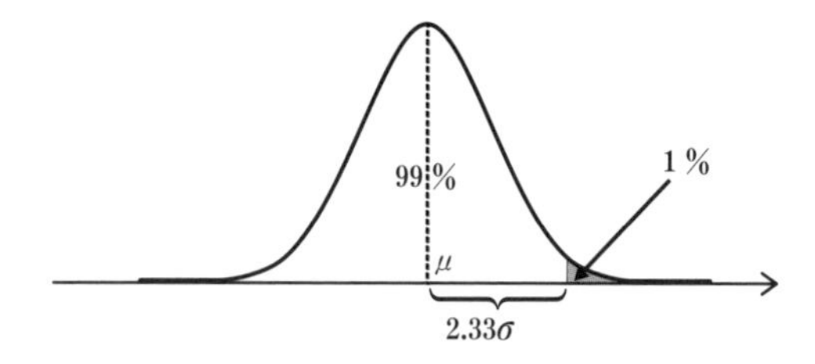

2-12 無作為抽出は推測統計学のキモ

全体から一部を取り出し、それをもとに全体の様子を探るのが推測統計学ですが、その大前提は無作為抽出です。これに関連した推測統計学の用語は日常でも使われていますが、多少、意味が違うことがあるので気をつけてください。

●母集団と標本

統計調査をする際に、調査の対象となる集団全体のことを**母集団**（population）と呼び、母集団の一部を**標本**（sample：サンプル）といいます。

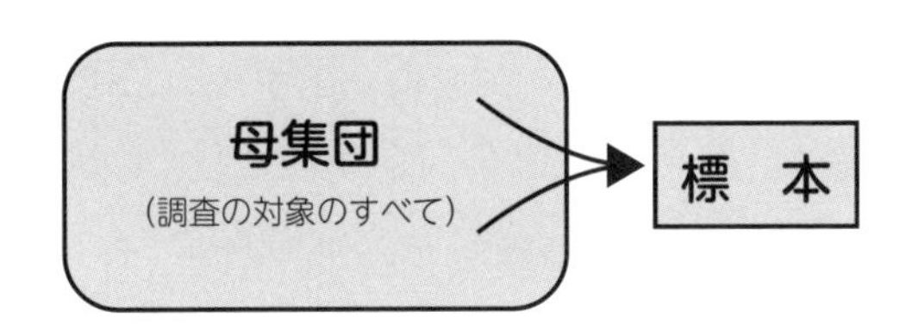

また、母集団や標本を構成する一つ一つのデータを**要素**といいます。そして、母集団に含まれる要素の個数を「母集団の大きさ」、標本に含まれる要素の個数を「標本の大きさ」といいます。

〔例〕 母集団を5つの数の集まり{1, 2, 3, 4, 5}とするとき、この母集団の大きさは5で、{1, 4}はこの母集団から抽出した大きさ2の標本です。

●標本調査

母集団の性質を知りたいとき、母集団を構成するすべての要素をくまなく調べる調査方法を**全数調査**といいます。この調査法に対し、母集団の一部を調べて母集団全体の性質を知る方法を**標本調査**といいます。母集団が大きいときにはすべてを調べ尽くすのは大変です。膨大な労力と時間がかかります。また、全数調査になじまないこともあります。そのため、標本調査が必要になります。

●無作為抽出（ランダムサンプリング）

標本調査で母集団から標本を抽出する際に大事なことがあります。それは**どの要素も等確率で選ばれる**ということです。つまり、恣意性が入ってはいけません。これが入ると確率という数学の道具が使えなくなるからです。恣意性のない、まったくでたらめな標本の取り出し方を**無作為抽出**（むさくい）（random sampling）といいます。これは、料理をつくる際に多くの人が無意識のうちに行なっています。そうです、スープや味噌汁の味を確かめるのに、よくかき混ぜてからひとすくいして味見をする方法です。全体から偏りなく一部を取り出すための生活の知恵です。

無作為抽出によって得られた標本を「無作為標本」（random sample）といいますが、通常、「**標本**」といえばこの無作為標本を意味します。推測統計学は標本が**「ランダムサンプリングされた無作為標本である」**ことを大前提にしています。無作為標本でなければ、どんな立派な統計の理論も無意味となります。

しかし、実際問題、**無作為標本を得ることは至難の業**です。そのため、正しい統計の理論を用いても導かれる結果には多少の偏りが生じてしまいます。このことを正しく理解していないと、我々は統計に振り回されることになります。さらにまずいことには、わざと偏った標本を抽出し、これをもとに自説の正当性を統計を使って主張する人々がいることです。こうなると、「世の中には嘘が三つある。それは嘘、大嘘、統計である」の世界です（§3−2）。

2-13 戻すか、戻さないか ～復元抽出・非復元抽出

たんに母集団から標本をデタラメに抽出すると言っても迷います。つまり、戻すか、戻さないか……それが問題です。

●復元抽出と非復元抽出

無作為抽出（random sampling）には二通りの方法があります。たとえば、母集団から大きさ 10 の標本を抽出する場合を考えてみましょう。一つの方法は、一つの要素を取り出してはまた戻し、また一つの要素を取り出しては戻す作業を 10 回繰り返して合計 10 個の要素を取り出す方法です。もう一つの方法は、母集団から一つずつ戻さずに合計 10 個の要素を取り出す方法です。前者は要素を復元するので**復元抽出**、後者は復元しないので**非復元抽出**と呼ばれています。

〔復元抽出法〕

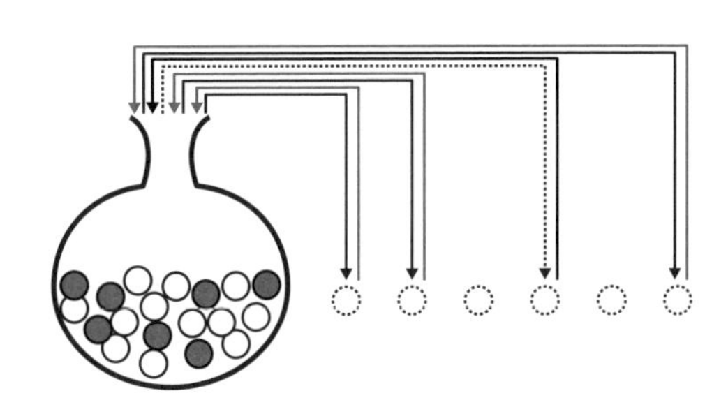

〔非復元抽出法〕

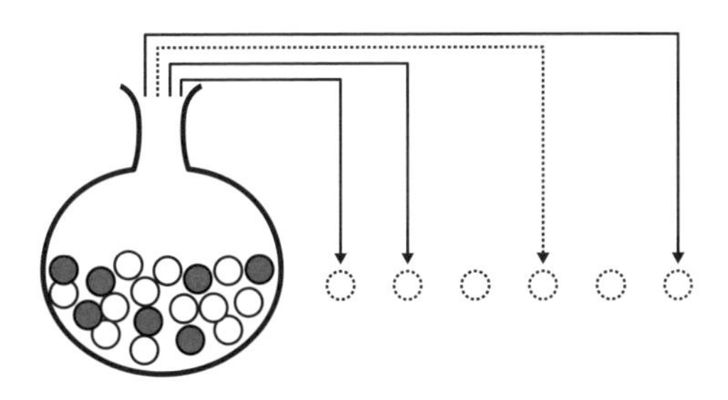

●復元抽出と非復元抽出では何が違うのか

話を簡単にするために母集団を3個の文字の集まり$\{a, b, c\}$とし、この母集団から大きさ2の標本を取り出す場合を考えてみましょう。

(1) 復元抽出の場合

このとき、大きさ2の標本の取り出し方は次の9通りあります。

1回目aの場合、2回目はa, b, cの3通り。

1回目bの場合、2回目はa, b, cの3通り。　　合計$3 \times 3 = 9$通り

1回目cの場合、2回目はa, b, cの3通り。

書き出せば次のようになります。ただし、( ) 内の左側は1回目、右側は2回目の要素です。

$(a,a), (a,b), (a,c),$

$(b,a), (b,b), (b,c),$

$(c,a), (c,b), (c,c)$

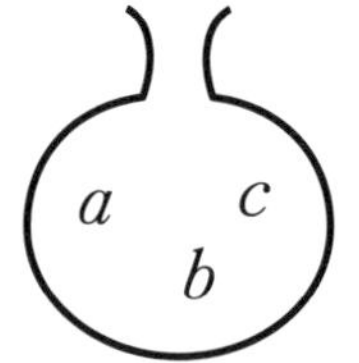

(2) 非復元抽出の場合

このとき、大きさ2の標本の取り出し方は次の3通りあります。

$\{a, b\}$, $\{a, c\}$, $\{b, c\}$

(1) と (2) を比較すると明らかに次の違いがわかります。つまり、(1) では母集団から同じ要素が複数回（最大は標本の大きさまで）取り出される可能性がありますが、(2) ではすべて異なる要素になります。

一見すると (2) の非復元抽出の方が単純に思えますが、**統計学の理論は復元抽出を前提に組み立てられています。今後、抽出と言えば復元抽出と考えてください**。ただし、母集団の大きさがある程度大きくなると復元抽出と非復元抽出の違いを考慮する必要はなくなります。なお、今後、復元、非復元いずれの場合でも取り出した標本は { } でくくって表現します。

2-14 標本から生まれるいろいろな分布 ～母集団分布と標本分布

母集団の確率分布は一通りですが、そこから取り出される標本からはいろいろな確率分布が考えられます。身長データを例にして標本から生まれる分布について調べてみましょう。

●母集団分布

日本人全体の身長データの集まりである母集団からデータを一つ抜き出し、その値を X とすれば、X は確率変数と考えられます。この確率分布を**母集団分布**といいます。

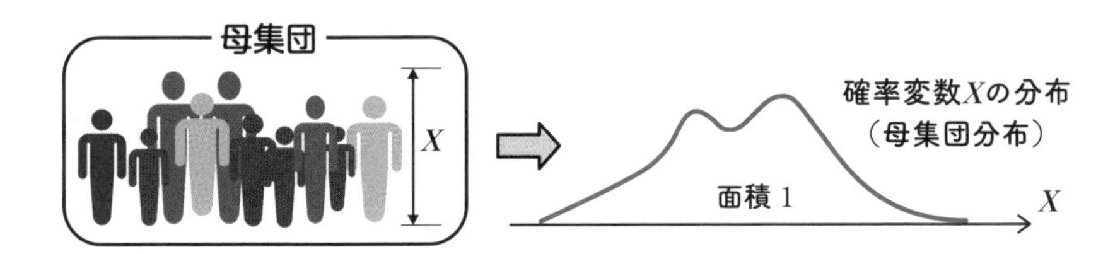

母集団分布は確率変数 X の平均値や分散などの値によって特徴づけられています。そのため、このような値のことを**母数**（**パラメーター**）といいます。とくに、母集団分布の平均値は**母平均**、母集団の分散は**母分散**と呼ばれています。

●標本分布

変量 X の母集団から復元抽出で得た大きさ n の標本を $\{X_1, X_2, \cdots, X_n\}$ としましょう。

（注） 各 X_i は母集団分布に従う確率変数で、復元抽出なので $X_1, X_2, \cdots, X_n$ は独立と考えられます。

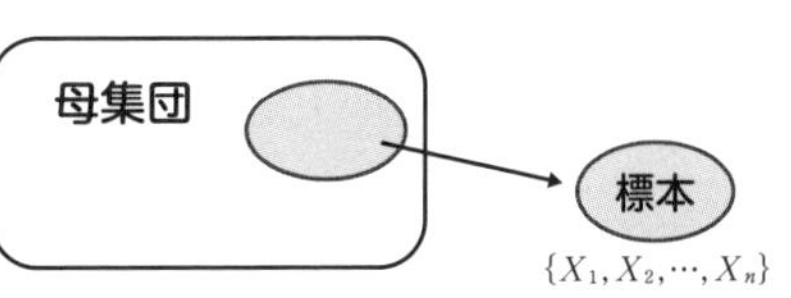

この標本から算出される統計量としては標本平均、不偏分散などがあります。

たとえば、**標本平均** $\overline{X}$、**不偏分散** s^2 は次の式で算出される統計量です。

$$\text{標本平均}\quad \overline{X}=\frac{X_1+X_2+\cdots+X_n}{n}$$

$$\text{不偏分散}\quad s^2=\frac{(X_1-\overline{X})^2+(X_2-\overline{X})^2+\cdots+(X_n-\overline{X})^2}{n-1}$$

（注）不偏分散については§3−5で紹介します。分母が n ではなく $n-1$ になっています。

これらの統計量（T としましょう）は母集団からランダムに抽出して得られる標本から算出された値です。したがって標本が異なれば統計量 T の値もそのたびに変化します。たとえば、先の母集団の場合、ここから、大きさ100の標本を取り出すたびに100人の身長の平均値、つまり、標本平均 $\overline{X}$ という統計量 T の値はコロコロ変化します。したがって、統計量 T は変量でその確率分布というものが考えられます。この分布のことを**標本分布**といいます。また、標本が異なることによって統計量 T の値がコロコロ変化する現象は**標本変動**と呼ばれています。

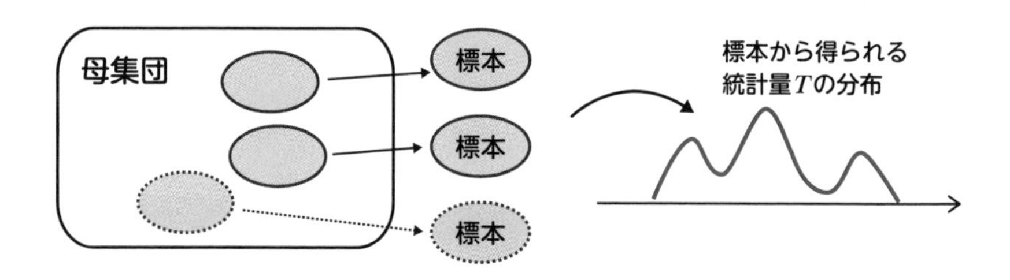

〔例〕 田中くんの会社には社員が1000人います。この1000人の身長を母集団としましょう。この母集団から大きさ3の標本を取り出し、ここでは統計量 T として、3つの身長の平均、つまり、標本平均 $\overline{X}$ に着目してみ

ます。復元抽出で3つの身長を取り出すとすれば、理論上、1000^3 通りの抽出の仕方があります。したがって 1000^3 個の標本平均が得られます。この標本平均の確率分布がまさしく標本分布なのです。

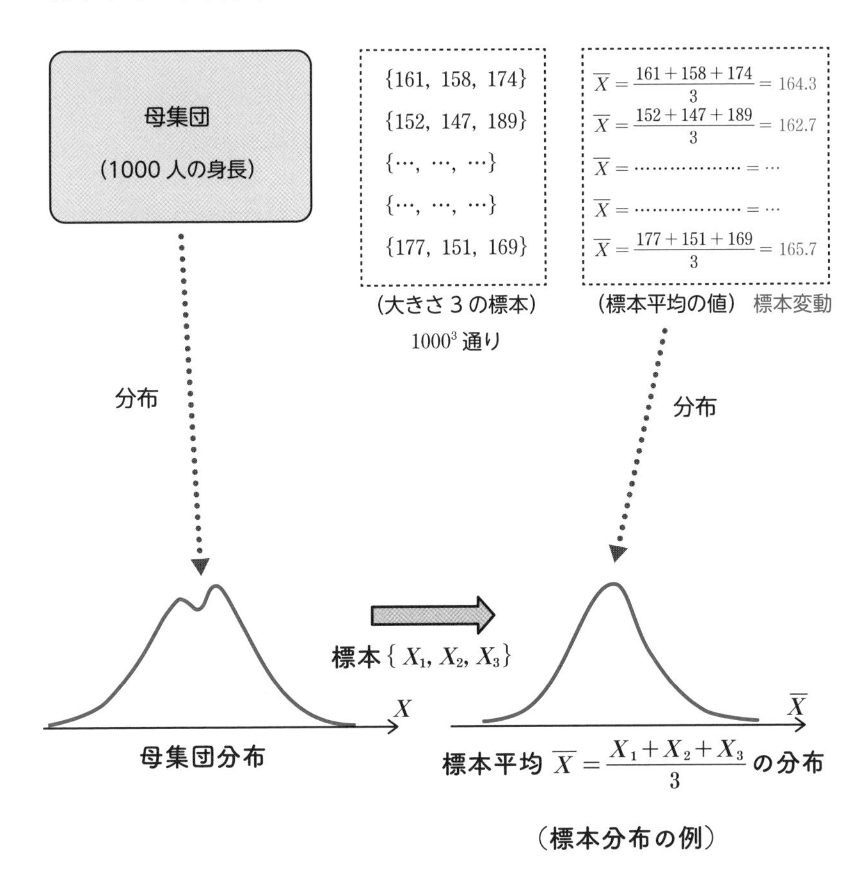

(標本分布の例)

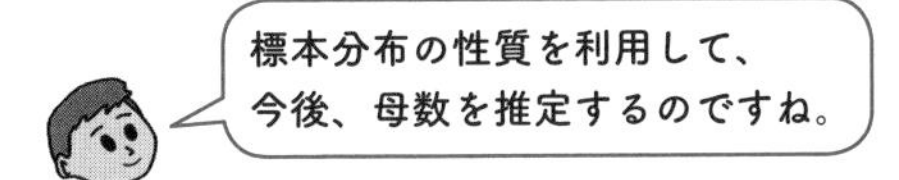

2-15 標本平均の分布は正規分布 ～中心極限定理

母集団から抽出した標本をもとにいろいろな統計量が考えられますが、その中でも標本平均は素敵な性質をもっています。とくに、下記の（2）は**中心極限定理**と呼ばれ、推測統計学では欠かせない道具です。

●標本平均の性質と中心極限定理

標本平均は以下の性質をもっています。

母平均μ、母分散σ^2の母集団から復元抽出で得た大きさnの標本を$\{X_1, X_2, \cdots, X_n\}$とし、その標本平均を$\overline{X} = \frac{X_1 + X_2 + \cdots + X_n}{n}$とする。このとき、

（1）$\overline{X}$の平均値はμ、分散は$\frac{\sigma^2}{n}$、標準偏差は$\frac{\sigma}{\sqrt{n}}$である。

（2）nの値が大きければ、母集団分布が何であっても$\overline{X}$の分布は平均値μ、分散$\frac{\sigma^2}{n}$の正規分布で近似できる（**中心極限定理**）。

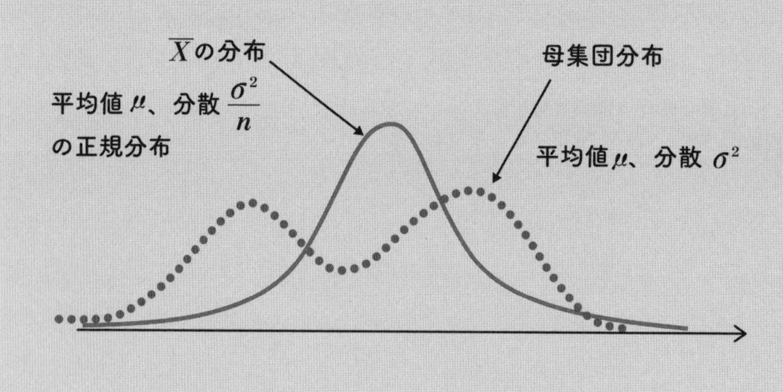

(2) の中心極限定理のすごいところは、**母集団分布がどんな分布でも標本平均の分布は正規分布で近似できる**という点です。

〔例〕 ある都市の住民の平均身長は 160（母平均）で、分散は 400（母分散）であるとします。このとき、この都市の住民からランダムに 100 人抽出して、100 人の平均体重 $\overline{X}$ を求めてみると、これは抽出するたびにいろいろな値をとります。しかし、この $\overline{X}$ の分布については、前ページの定理より次のことが成り立ちます。

(1) $\overline{X}$ の平均値は 160、分散は $\frac{400}{100}=4$、標準偏差は 2

(2) $\overline{X}$ の分布は、$n=100$ で大きいので、平均値が 160 で分散が 4 の正規分布で近似できます（中心極限定理）。

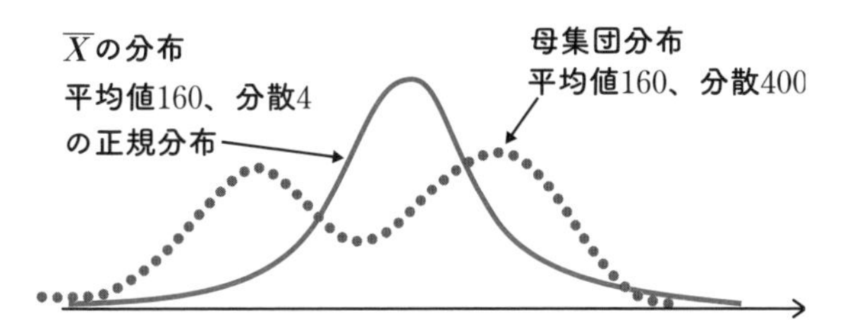

●名前の言われ

上記の**〔例〕**では、標本の大きさを 100 としましたが、右図は、n を 100、500、1000 として標本平均 $\overline{X}$ の分布をグラフにしたものです。標本の大きさ n を大きくしていくと、$\overline{X}$ の分散 $\frac{\sigma^2}{n}$ が 0 に近づいていき、$\overline{X}$ の分布は平均値 160 の周りに集中することがわかります。これが「中心極限定理」の名前の言われです。

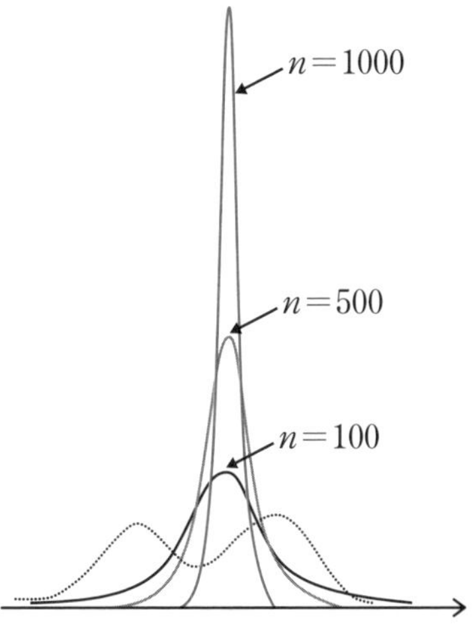

（注）右図における破線は母集団分布です。

●正規母集団の標本平均の定理

平均値がμ、分散がσ^2の**正規母集団**から復元抽出で得た大きさnの標本$\{X_1, X_2, \cdots, X_n\}$の標本平均$\overline{X} = \frac{X_1 + X_2 + \cdots + X_n}{n}$については次の性質があります。

「$\overline{X}$の分布は正規分布で、その平均値はμ、分散は$\frac{\sigma^2}{n}$、標準偏差は$\frac{\sigma}{\sqrt{n}}$である」

これは「**正規母集団の標本平均の定理**」と呼ばれています。統計学の世界では母集団を正規母集団と見なして処理することが多いので、その際、よく使われる定理です。

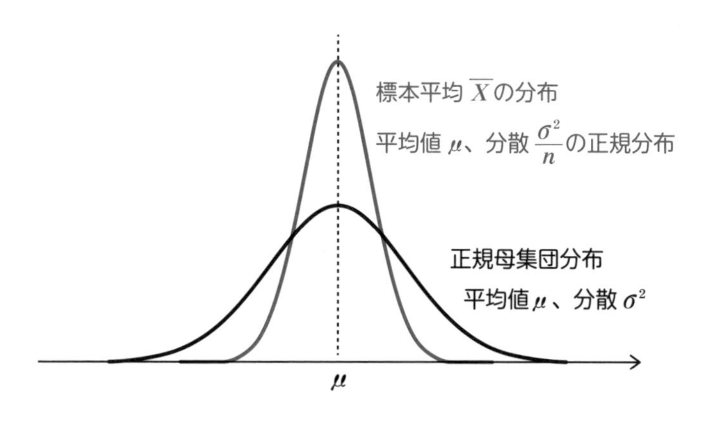

（注）母集団の確率分布が正規分布に従う母集団を正規母集団といいます。

（注）中心極限定理がこの定理と違うところは、正規母集団を前提としません。つまり、中心極限定理は母集団分布がどんな分布でも$\overline{X} = \frac{X_1 + X_2 + \cdots + X_n}{n}$の分布は$n$が大きければ（厳密な基準はありませんが、少なくとも30以上）平均値がμ、分散が$\frac{\sigma^2}{n}$、標準偏差が$\frac{\sigma}{\sqrt{n}}$の正規分布とほぼ見なせる、というものです。ただし、もとの母集団の平均値をμ、分散をσ^2、標準偏差をσとしています。

中心極限定理の成立を実感しよう

…百聞は一見にしかず

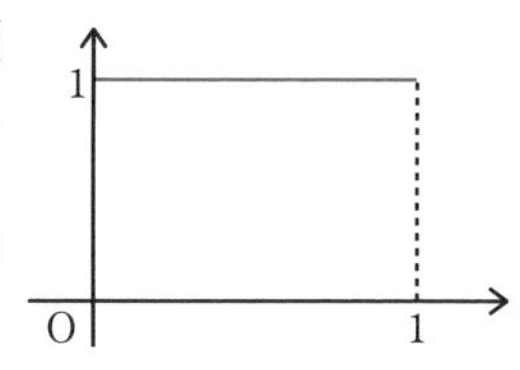

確率変数 X は 0 以上 1 以下の任意の実数値をとり、その分布は一様分布に従うとします(右図)。この母集団からランダムに大きさ n の標本 $\{X_1, X_2, \cdots, X_n\}$ を取り出したときの標本平均 $\overline{X} = \dfrac{X_1 + X_2 + \cdots + X_n}{n}$ の分布をコンピュータ・シミュレーションで見てみましょう。中心極限定理を実感できます。このことは Excel の RAND 関数（§6−6）が発生する 0 以上 1 以下の一様乱数を用いれば簡単に調べることができます。

(1) $n = 5$ である標本を 1000 回抽出したときの 1000 個の標本平均の度数分布

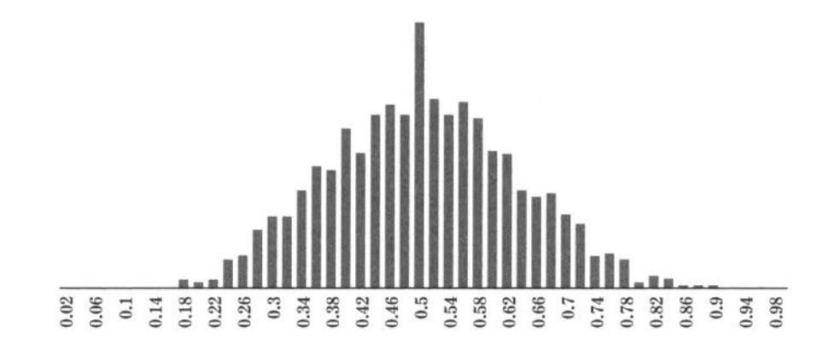

(2) $n = 30$ である標本を 1000 回抽出したときの 1000 個の標本平均の度数分布

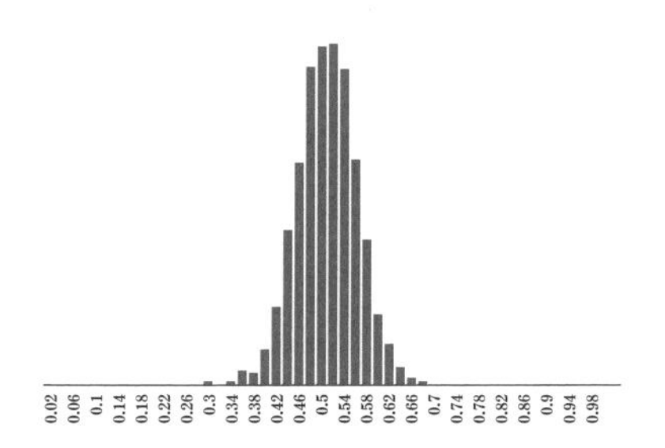

第3章

統計的推定

～一を聞いて十を知る～

味見の作法は統計的推定の極意。
…よくかき混ぜて一部をすくい取り全体を知る

3-1 統計的推定とは

母集団からランダムサンプリングした標本をもとに母平均や母分散などを確率の考えを使って見抜くことを**統計的推定**といいます。統計的推定には「点推定」と「区間推定」の二通りがあります。いずれも**無作為に抽出して得られる標本が母集団と確率の糸で結ばれている**ことから導き出される考え方です。

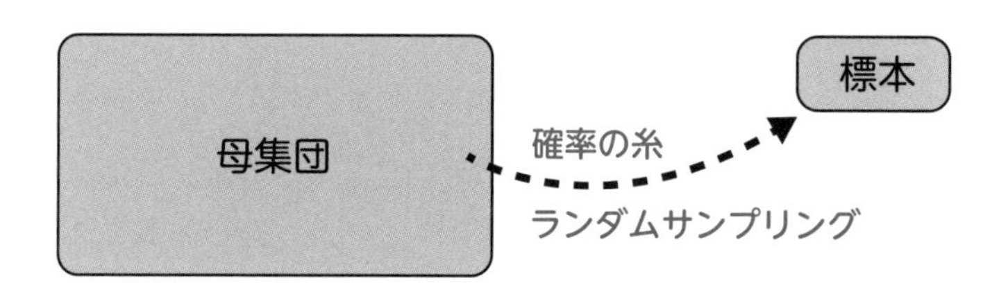

●点推定は一つの値で示す

標本をもとに「母平均は 130.5」などと母数を一つの値で推定することを**点推定**といいます。偶然に得た標本からこのように判断するのであれば、その判断の正当性を示さなければなりません。このことについては次節で解説しましょう。

●区間推定は幅をもたせる

標本をもとに「信頼度 99％で区間 125 以上 135 以下に母平均μが入っている」などと母数を幅（区間）をもたせて推定することを**区間推定**といいます。点推定のように一つの値ではありませんが、幅をもたせることで「信頼度 99％」というように、判断の信憑性まで保証することができるようになります。

3-2 一つの値で予測する点推定

母数（母集団の平均値や分散など）を、ただ一つの値で推定することを**点推定**といいます。この考え方は多くの人が日常、行なっているものです。小学生でも点推定を行なっています。「私の学校では虫歯の人は13%、だから日本の小学生の虫歯率は13%」などと。

●点推定はちょっと怖い

テレビや新聞では、世論調査の結果がよく報道されます。

> **RDDによる調査の結果、 内閣支持率51%**
> **かろうじて過半数を維持!!**
>
> （注）RDDにより3000人にたずねた結果、回答者1250人でそのうち内閣支持者は638人

このように点推定は標本から算出した標本平均や標本比率などの値をもって母平均や母比率（§3−9）の値だと推定します。しかし、点推定は、よく考えると危険です。というのは、ランダムサンプリングで抽出した標本から得られる統計量には標本変動があり、母数と一致することは稀だからです。

ピンとこなければ、次ページの実験結果をごらんください。同じ重さ・形をしている白球と黒球が無数に入っている袋から、1000個の球をデタラメ（ランダム）に取り出し、その中の白球の比率を調べて、その比率に対

応した点をグラフにプロットする実験を100回繰り返して得られたものです。ただし、この袋の中の実際の白球の存在比率は0.49とします。つまり、無数の球のうち白球が49%（50%を割っている）を占めているということです。

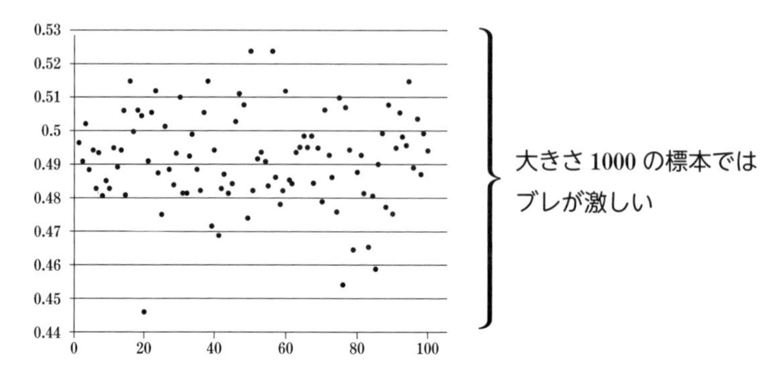

この白球を内閣支持者と見なすと、母比率は0.49、つまり、本当の支持率は0.49なのに、標本比率は変動し0.52を超えることも、逆に0.45を下回ることもあるのです。ということは、前ページの報道機関が行なった世論調査で得た標本は、たまたま50%を超えた51%の標本にすぎなかったのでは……という疑問がわきます。別の報道機関の世論調査では内閣支持率45%ということも十分あり得るのです。

したがって、テレビや新聞での先の報道では「RDDによる調査の結果、内閣支持率51%」までは許されますが「かろうじて過半数を維持!!」とは言えそうにありません。

●標本平均（標本比率）による点推定を実感しよう

このように点推定は怖いのですが、使わないというのはもったいないです。とくに、標本平均（標本比率も）については次の中心極限定理（§2−15）が成立しているからです。「母平均μ、母分散σ^2の母集団から抽出された大きさnの標本の標本平均$\overline{X}$の分布は、nの値が大きければ母集団分布が何であっても、平均値μ、分散$\dfrac{\sigma^2}{n}$の正規分布で近似できる」。

このことから、nの値が大きければ分散$\frac{\sigma^2}{n}$の値は小さくなり、標本平均$\overline{X}$の大多数は母平均（母比率）の周りに密集することになります。

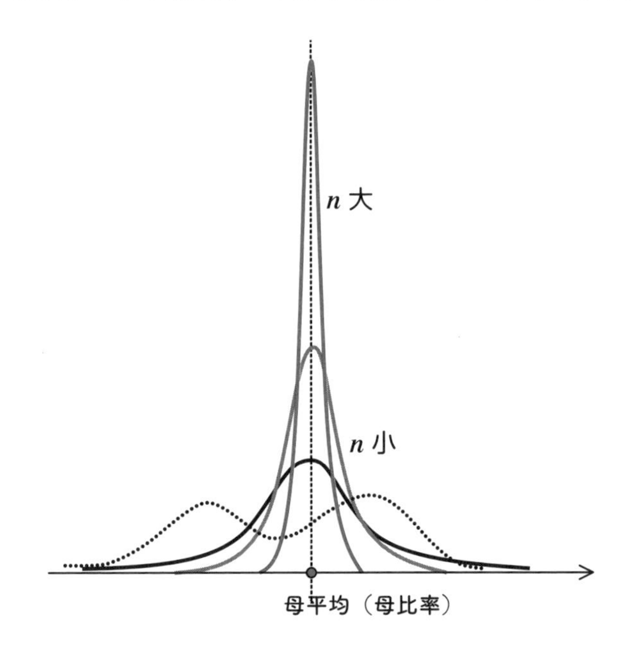

実際に、99ページの袋（白球の比率が0.49である無数の白球と黒球の入った袋）から大きさnの標本を100回抽出し、そのたびごとに白球の標本比率をプロットする実験結果を見てみましょう。

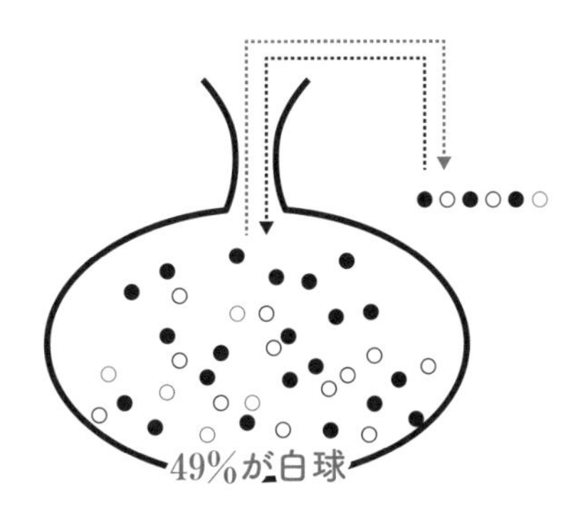

$n=100$ の場合

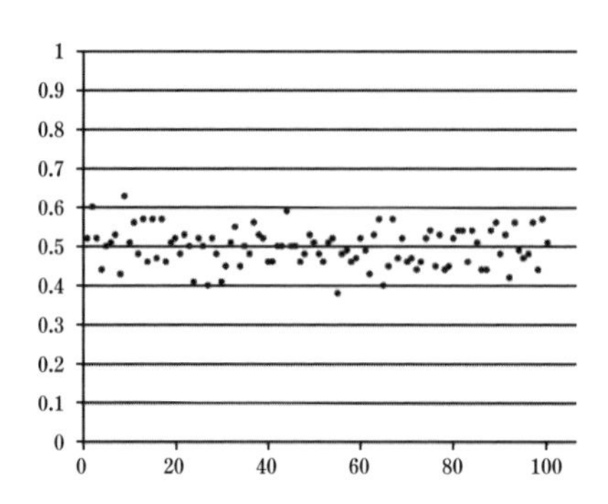

$n=1000$ の場合

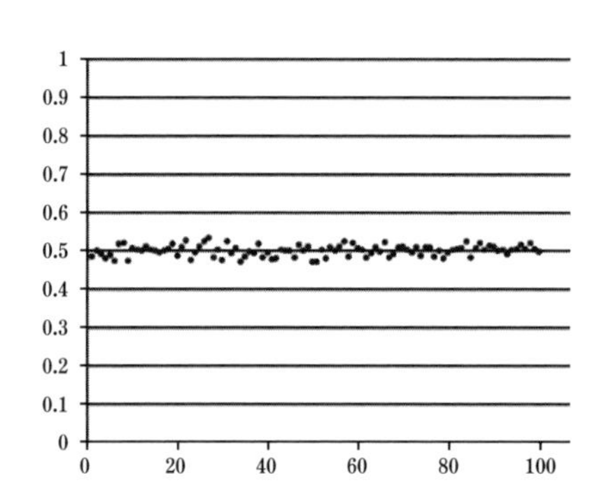

$n=10000$ の場合

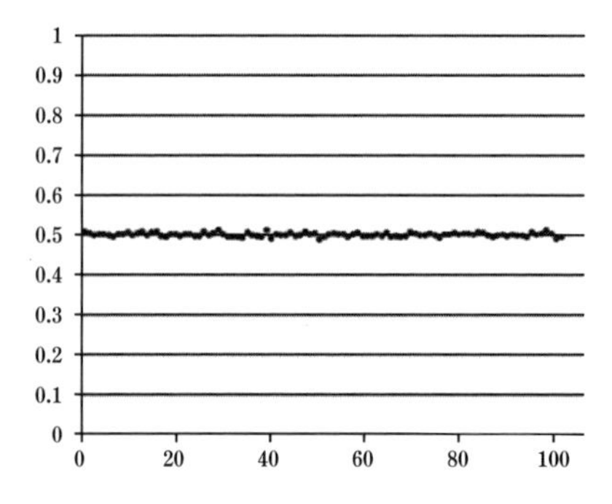

この実験より、標本平均や標本比率をもって母平均、母比率を点推定すると「n が相当大きければ**当たらずとも遠からず**」といえそうです。

●最尤推定法で先の点推定の妥当性を補強

次に「最尤（さいゆう）推定法」という方法で、点推定に挑戦してみましょう。話を簡単にするために、あるコインの表の出る確率 p を点推定してみます。

1枚のコインを5回投げて「表・表・裏・表・裏」と出たとき、コインの表の出る確率 p を求めてみましょう。

各回の表・裏の出方は次の回に影響しないと考えられますから、「表・表・裏・表・裏」と出る確率 L は次の式で求められます（§2－5参照）。

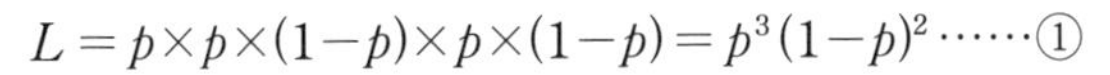

$$L = p \times p \times (1-p) \times p \times (1-p) = p^3(1-p)^2 \cdots\cdots ①$$

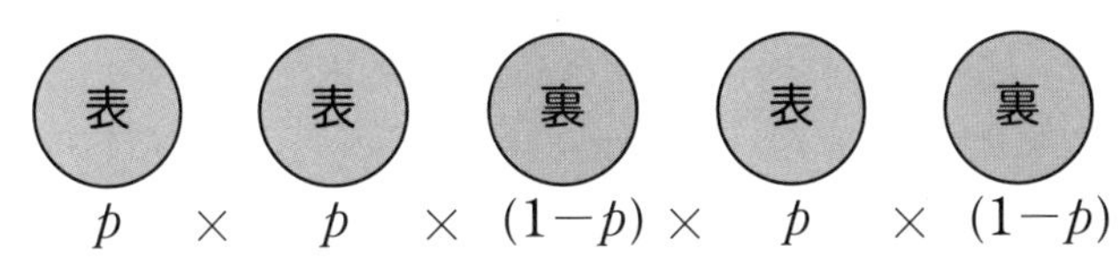

ここで、①の $L = p^3(1-p)^2$ のグラフを描くと下図のようになります。これは、コインを5回投げたとき順に「表・表・裏・表・裏」と出る確率 L は p の値によってどのように変化するのかを示したものです。すると、p が0.6のとき L が最大となり、「表・表・裏・表・裏」と出る現象が最も尤（もっと）もらしいことを示しています。このことからコインの表の出る確率 p を一つの数値で言い当てるとすれば、それは0.6となります。このような推定法を**最尤推定法**といいます。つまり、「標本から得られる確率を最大にする母数の値が推定値」と考える推定法です。また、①に相当する関数を**尤度（ゆうど）関数**といいます。この例の場合、標本が「表・表・裏・表・裏」であり標本から得られる確率が L、尤度関数が $L = p^3(1-p)^2$、母数

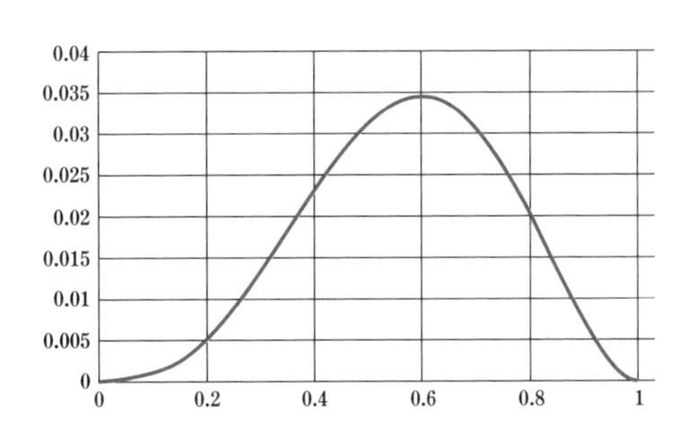

がpということになります。

なお、先のグラフから得た$p=0.6$という値は5回中3回表が出たことによる表の出た相対度数$\frac{3}{5}=0.6$と一致します。これは偶然ではありません。母比率を最尤推定法で推定するときは標本比率の値が推定値になります。また、母集団が正規分布に従えば、母平均を最尤推定法で推定するときは標本平均の値が推定値になります。

最尤推定法は、標本比率や標本平均をもとに母比率や母平均を点推定する理論的な根拠を与えてくれます。ただし、推定した値が当たっている確率を示すことはできません。

(注) $L=p^m(1-p)^n$は$p=\frac{m}{m+n}$のとき最大になります。ただし、m、nは0以上の整数、$(0 \leqq p \leqq 1)$とします。

Note 嘘、大嘘、統計

統計学から生み出される統計は数値でビシッと物事の本質を言い当てるものなので、人々の「統計」に対する信頼は絶大です。そのため、非常に残念なことですが、人をだますために統計が使われることが珍しくありません。いわゆる意図的な偽(にせ)統計です。イギリスの首相ベンジャミン・デイズレーリが次の格言を残しました。

「世の中には3つの嘘がある。ひとつは嘘、次に大嘘。そして統計である」――統計を見るたびに、キモに命じておきたい言葉です。先のディズレーリの警句とともに、**統計を見たら「誰が、なんのために、どうやってつくったのか」と問いかけする**こと(『統計はこうしてウソをつく』ジョエル・ベスト著より)も忘れないでください。

3-3 予測に幅をもたせる区間推定

一つの値をもって母数（母集団の平均値や分散など）を推定する点推定に対して、「母数は○○以上□□以下の値です」と幅、つまり、区間をもって推定する方法を**区間推定**といいます。区間推定のいいところは推定の信頼度を示せることです。

●区間推定は公式化されている

区間推定は標本分布の性質から導かれますが、その結果は公式化され、誰もが数値を代入するだけで簡単に使えるようにまとめられています。たとえば、標本をもとに母集団の平均、つまり、「母平均」を区間推定する公式を紹介すると次のようになります。

母集団から抽出した大きさ n の標本の標本平均を $\overline{X}$ とする。このとき、n がある程度大きければ、母平均 μ は次の不等式を満たす。ただし、σ は母標準偏差とする。

信頼度95％で　$\overline{X}-1.96\frac{\sigma}{\sqrt{n}} \leqq \mu \leqq \overline{X}+1.96\frac{\sigma}{\sqrt{n}}$　……①

信頼度99％で　$\overline{X}-2.58\frac{\sigma}{\sqrt{n}} \leqq \mu \leqq \overline{X}+2.58\frac{\sigma}{\sqrt{n}}$　……②

（注）母平均が未知であれば、通常、母分散も未知のはずです。したがって、この公式はあまり実用的ではありませんが、区間推定の考え方の基本になるものです。

この公式の成立理由は後にして、まずは使ってみることにしましょう。ただし、ここで使われている「**信頼度**」という意味は「推定の判断の正しさの確率」という意味です。つまり、①の場合の信頼度95%とは、①の信頼区間に母平均μが入っている確率が0.95であることを意味しています。②の場合も同様です。なお、①、②の不等式が表わす範囲を**信頼区間**といいます。

〔例〕日本の男子新生児の平均体重を知るために、日本全国から100人の新生児をランダムサンプリングして次のデータを得ました。このデータをもとに、日本の男子新生児の平均体重を推定してみましょう。ただし、日本の男子新生児の標準偏差は260グラムとします。

3141	2844	2794	2461	3229	3399	3189	3278	2535	3373
2725	3093	2988	2856	3446	2821	3208	2673	2798	2693
2894	3314	3086	2822	3257	3671	3097	2951	2830	2616
3220	2871	2976	2520	3202	3141	3087	3053	2851	2707
2729	2989	2854	3604	2693	3025	2486	2782	2852	2882
3161	2843	2684	2694	2989	3307	3340	2985	3266	2683
3052	3385	3041	2994	2936	2872	3355	3078	2836	3391
2694	3084	2887	2977	3192	2969	2665	2976	3145	3185
2975	3303	2761	2678	3065	2871	2967	2935	3162	3140
2527	2852	3607	3312	2559	2844	2879	2898	2674	3285

まずは、信頼度95%の信頼区間を求めてみましょう。

条件より$n=100$、$\sigma=260$です。また標本平均$\overline{X}$は上記のデータより$\overline{X}=2986$です。

よって、母平均μは①より

$$\text{信頼度95\%で}\quad 2986-1.96\frac{260}{\sqrt{100}} \leqq \mu \leqq 2986+1.96\frac{260}{\sqrt{100}}$$

つまり、信頼度95%で　$2935 \leqq \mu \leqq 3037$　といえます。

また、母平均　μは②より

$$\text{信頼度99\%で}\quad 2986-2.58\frac{260}{\sqrt{100}} \leqq \mu \leqq 2986+2.58\frac{260}{\sqrt{100}}$$

つまり、信頼度99%で　$2919 \leqq \mu \leqq 3053$　といえます。

どうでしょうか、区間推定の公式は使うだけならすごく簡単です。

●推定の公式を導いてみよう

それでは、ここで、先の推定の公式①、②を導いてみましょう。使う知識は「標本平均$\overline{X}$の分布はほぼ正規分布」という次の**中心極限定理**です（§2−15の再掲）。

「標本の大きさnの値が大きければ、母集団分布が何であっても標本平均$\overline{X}$の分布は平均値μ、分散$\frac{\sigma^2}{n}$の正規分布で近似できる。ただしμは母平均、σ^2は母分散とする」

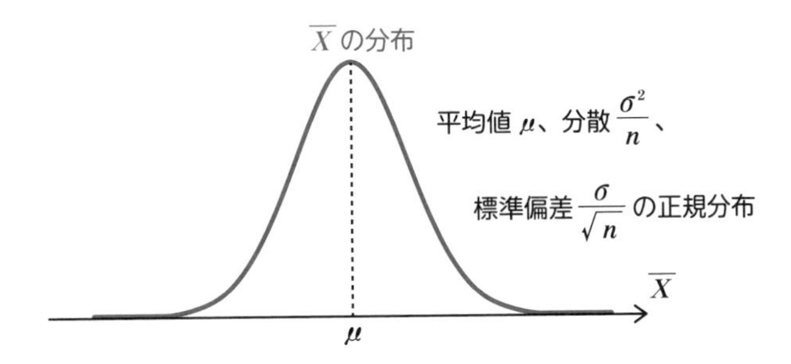

この定理により、nの値が大きければ、標本平均$\overline{X}$の分布は平均値がμで標準偏差が$\frac{\sigma}{\sqrt{n}}$の正規分布と見なすことができます。

また、正規分布に関しては次の性質があります。

「確率変数Xが、平均値がμ、標準偏差がσの正規分布に従う場合、Xの値が平均値から標準偏差の1.96倍以上離れる確率は0.05となる」（§2−11の〈Note〉、または節末〈Excel〉参照）。

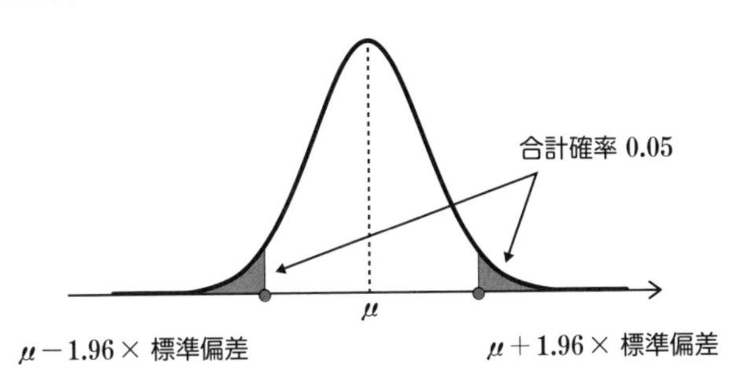

ということは、Xの値が平均値±標準偏差の1.96倍以内である確率は0.95となります（右図）。

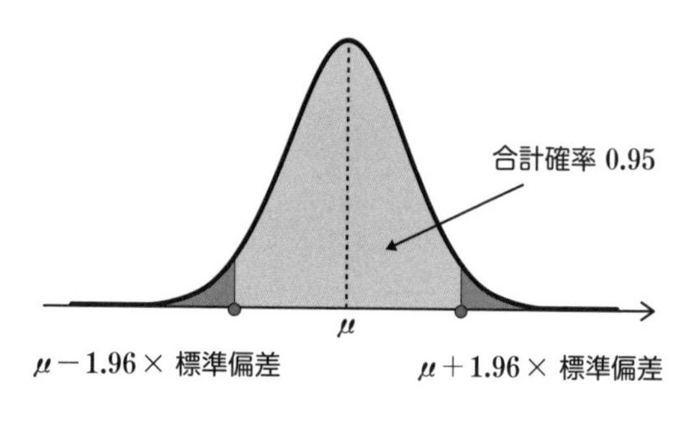

この正規分布の性質を標本平均$\overline{X}$の分布に当てはめてみましょう。

標本平均$\overline{X}$の分布は平均値がμで、標準偏差が$\frac{\sigma}{\sqrt{n}}$の正規分布で近似できるので、$\overline{X}$が次の不等式③を満たす確率は0.95ということになります。

$$\mu-1.96\frac{\sigma}{\sqrt{n}} \leqq \overline{X} \leqq \mu+1.96\frac{\sigma}{\sqrt{n}} \quad \cdots\cdots③$$

この不等式は次のように書き換えることができます。

$$\overline{X}-1.96\frac{\sigma}{\sqrt{n}} \leqq \mu \leqq \overline{X}+1.96\frac{\sigma}{\sqrt{n}} \quad \cdots\cdots④$$

ランダムサンプリングした標本平均$\overline{X}$に対し、③の不等式を満たす確率は0.95なので、③を書き換えた④の不等式を満たす確率も0.95になります。このようにして、中心極限定理と正規分布における確率から105ページの公式①が導かれたことがわかります。

同様にして、下図の正規分布の確率より公式②を導くことができます。

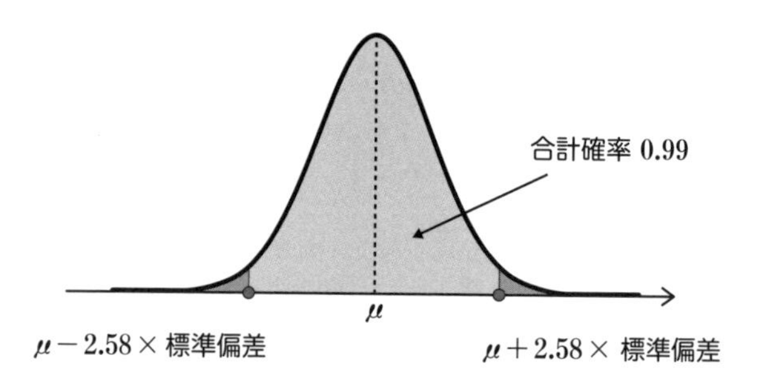

区間推定においては、自分の好きな信頼度を決めればそれに応じて信頼区間が決まります。しかし、統計学では、通常95%か99%のどちらかの信頼度が使われます。

Excel 正規分布の確率を求めるには

平均値μ、標準偏差σの正規分布において右図の確率pに対するxの値を求めるには**NORM.INV**関数を使います。

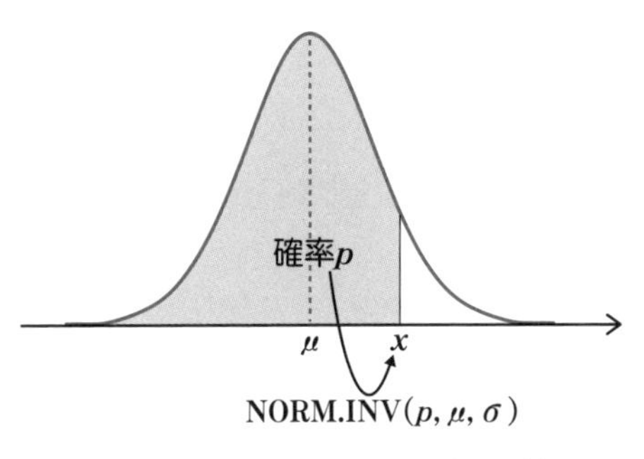

NORM.INV (p, μ, σ)

また、xの値から確率pを求めるには**NORM.DIST**関数を使います。

NORM.DIST (x, μ, σ, TRUE)

（注）先の式①の1.96は$\overline{X}$を$Z=\dfrac{\overline{X}-\mu}{\dfrac{\sigma}{\sqrt{n}}}$によって標準化した標準正規分布における確率0.975に対するzの値1.959964… ≒ 1.96に対応しています。

つまり、$1.96=\dfrac{\overline{X}-\mu}{\dfrac{\sigma}{\sqrt{n}}}$より　$\overline{X}=\mu+1.96\dfrac{\sigma}{\sqrt{n}}$となります。

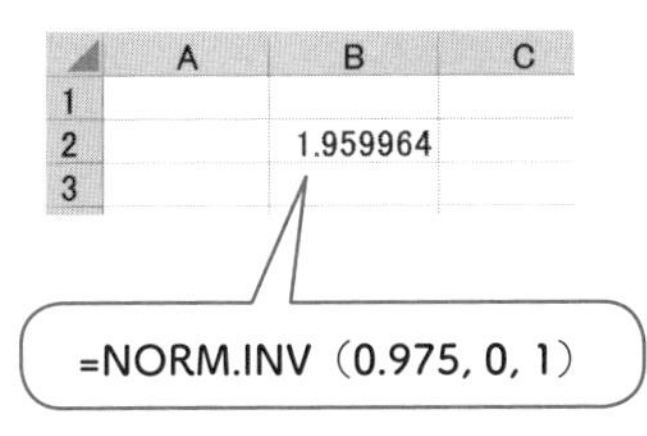

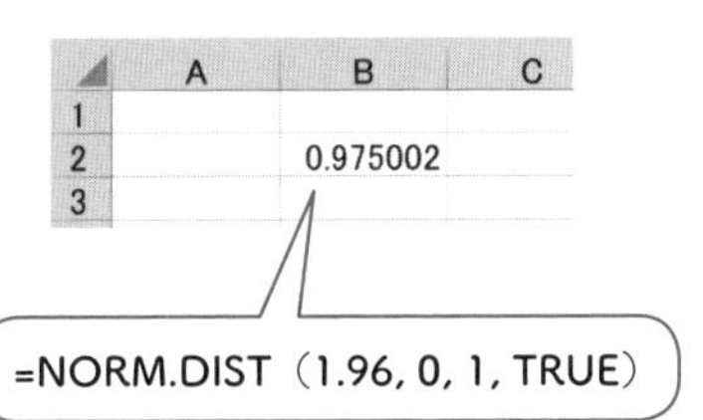

3-4 信頼度 95%の深い意味

区間推定の公式を正しく使うために信頼度と信頼区間の意味を理解しておく必要があります。

母平均μを区間推定する公式の一つに次の表現がありました（前節）。

$$\text{信頼度95\%で}\quad \overline{X}-1.96\frac{\sigma}{\sqrt{n}} \leqq \mu \leqq \overline{X}+1.96\frac{\sigma}{\sqrt{n}} \quad \cdots\cdots①$$

この例をもとに信頼度と信頼区間の意味を調べてみましょう。

●信頼区間は標本を抽出するたびに変化する

$\overline{X}$は母集団からランダムサンプリングされた大きさnの標本から求めた標本平均です。したがって、$\overline{X}$の値は標本を抽出するたびに変化します（標本変動）。

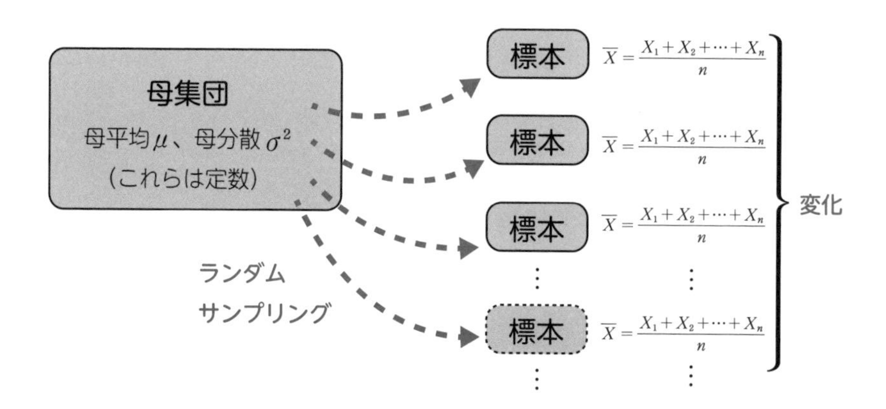

そのため、信頼区間$\overline{X}-1.96\frac{\sigma}{\sqrt{n}} \leqq \mu \leqq \overline{X}+1.96\frac{\sigma}{\sqrt{n}}$も標本を抽出するたびに両端が変化します。**信頼度 95%とは「変化する中で 95%の信頼区**

間が区間内に母平均μを含んでいる」という意味です。ここで母平均μは定まった数（定数）ですから、このことを図示すると次のようになります。

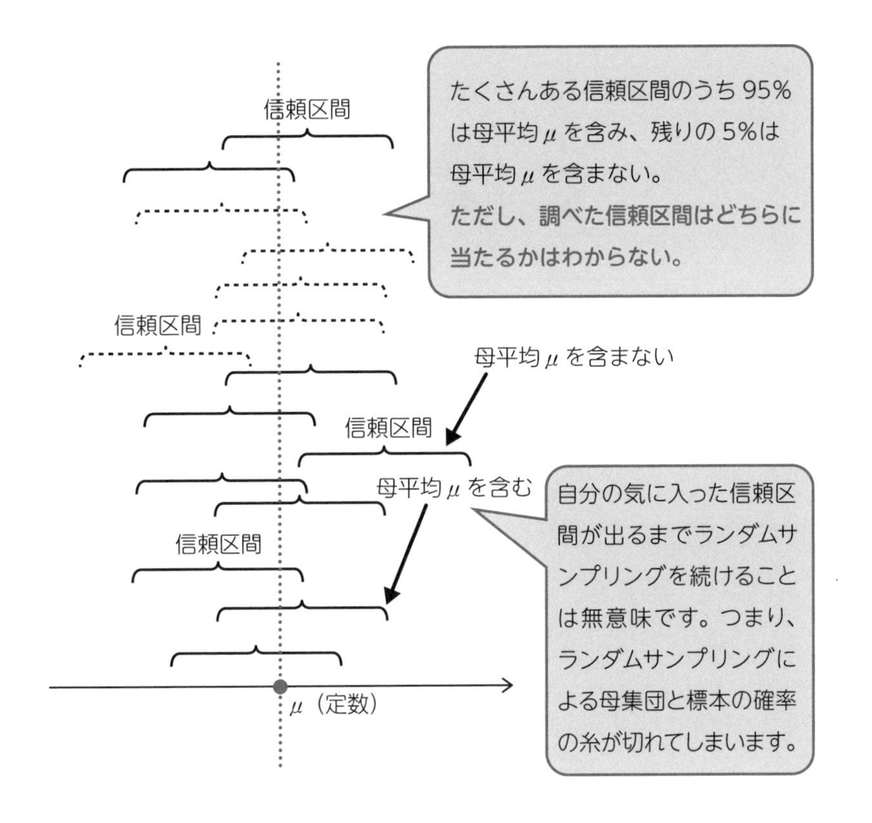

つまり、たくさんある信頼区間のうち、95%は母平均μにひっかかっていますが、残り5%の信頼区間は母平均μとは無縁であるということです。また、言葉を換えれば、不等式①が成り立つ確率が95%と言い換えることもできます。抽出した標本から得られた信頼区間が実際にどうなっているのかは抽出した本人にはわかりません。神様しかわからないことです。わかっていることは「信頼度は95%だ」ということだけです。以上のことは信頼度99%の場合も同様なことがいえます。

●信頼区間の幅と信頼度、標本の大きさの関係

信頼度95%と信頼度99%の信頼区間と区間幅を同時に図示してみました。グレーが信頼度95%の場合、ブルーが信頼度99%の場合です。

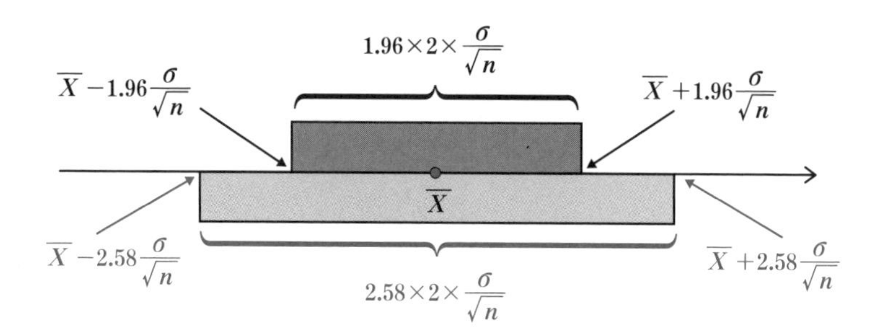

この図から次のことがわかります。

（イ）いずれの場合でも標本の大きさnを大きくしていくと信頼区間の区間幅は狭くなる

（ロ）信頼度99%の信頼区間の幅は信頼度95%の区間幅より広い

（イ）、（ロ）ともに常識的に考えれば当たり前です。（イ）の場合、信頼度を固定すれば、大きなサンプルを入手すればより緻密な推定ができるということです。また、（ロ）の場合、入手した標本をもとに（つまり、nを固定）より慎重な推定をしたければ区間幅を広くとって無難な推定にするということです。

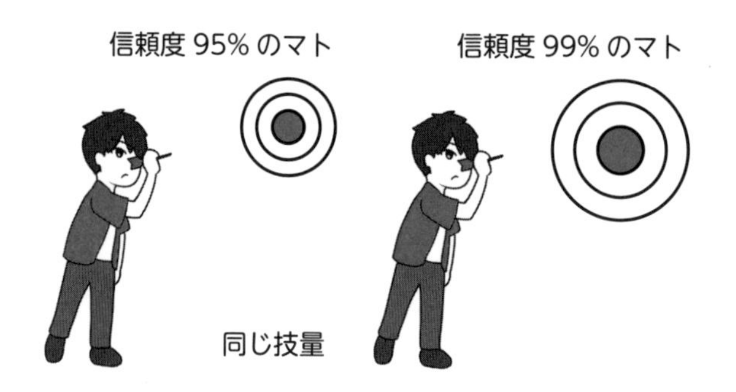

 推定に使う統計量には条件が必要

実用的な区間推定に入る前に準備として、推定量の不偏性という性質について調べておきましょう。不偏性は統計学で頻繁に使われます。

●推定量

推測統計学の目標は母集団の特徴を示す母数（母平均や母分散など）を推定することです。その母数の推定のために利用される標本から得られる統計量のことを**推定量**と呼びます。たとえば、母平均を推定するために使われる推定量としては**標本平均**、**不偏分散**などがあります。

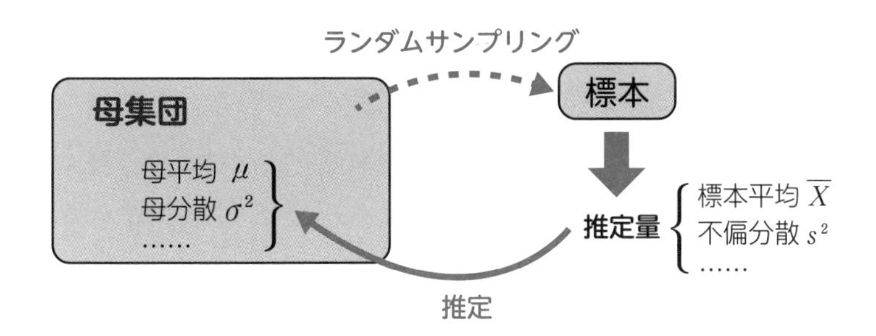

●不偏性

推定量を使って適切な推定をするためには、いくつかの条件を備えている必要があります。その中の大事な条件に「**不偏性**」があります。

たとえば、標本平均を用いて母平均を推定する場合を想定してみましょう。標本平均は抽出した標本によって値が異なります（標本変動）。それなのに、偶然入手したたった一つの標本平均を用いて母平均を見抜こうとするわけですから、標本平均に対して満たしてほしい性質があります。それは、「標本平均の平均値（期待値）は母平均に等しい」ということです。

このように、**母数の推定量の平均値が母数に一致する**という性質を**不偏性**といいます。この性質が無いと、標本からの推定値はまさに「的外れ」となる危険性があります。

ここで標本$\{X_1, X_2, \cdots, X_n\}$から得た次の三つの統計量を考えてみましょう。

$$\overline{X} = \frac{X_1 + X_2 + \cdots + X_n}{n} \quad \cdots\cdots①$$

$$s^2 = \frac{(X_1 - \overline{X})^2 + (X_2 - \overline{X})^2 + \cdots + (X_n - \overline{X})^2}{n-1} \quad \cdots\cdots②$$

$$S^2 = \frac{(X_1 - \overline{X})^2 + (X_2 - \overline{X})^2 + \cdots + (X_n - \overline{X})^2}{n} \quad \cdots\cdots③$$

これらは標本を抽出するたびに値が変化します（標本変動）。ところが、①の$\overline{X}$の平均値を調べると、これは母平均に一致します。また、分母が$n-1$である②のs^2の平均値を調べると、なんとこれも母分散に一致します。しかし、分母がnである③のS^2の平均値を調べると母分散より小さな値になってしまいます。したがって①の$\overline{X}$と②のs^2は不偏性をもっていますが、③のS^2はもっていません。それゆえ、③を**標本分散**というのに対して、②は**不偏分散**と呼ばれています。

（注）①の標本平均は不偏性をもっていますが、不偏平均とはいいません。

●不偏性を実感しよう

具体例を用いて①と②が不偏性をもつことを、また、③が不偏性をもたないことを実感しましょう。

たとえば、母集団として{1, 2, 3}を考えてみましょう。この母集団から大きさ2の標本を復元抽出で取り出して先の標本平均①、不偏分散②と標本分散③を求めてみます。

復元抽出による大きさ2の標本の可能な取り出し方の総数は$3 \times 3 = 9$

通りです。この9通りの場合について①、②、③の計算をすると、次の表を得ます。

大きさ2の標本

	標本平均（①の値）	不偏分散s^2（②の値）	標本分散S^2（③の値）
{1, 1}	1	0	0
{1, 2}	1.5	0.5	0.25
{1, 3}	2	2	1
{2, 1}	1.5	0.5	0.25
{2, 2}	2	0	0
{2, 3}	2.5	0.5	0.25
{3, 1}	2	2	1
{3, 2}	2.5	0.5	0.25
{3, 3}	3	0	0
平均値（期待値）	2	0.6666･･･	0.3333･･･

この表から標本平均や不偏分散は不偏推定量であることがわかります。

（注）母集団$\{1, 2, 3\}$の母平均μは2で母分散σ^2は0.66666……です。

$$\mu=\frac{1+2+3}{3}=2 \qquad \sigma^2=\frac{(1-2)^2+(2-2)^2+(3-2)^2}{3}=0.666666\cdots\cdots$$

「不偏性」以外に推定量に望まれる条件

推定量として好ましい条件に不偏性をあげました。このほかの好ましい条件として「一致性」と「有効性」があります。

一致性：標本の大きさを増やすと推定量が母数にかぎりなく近づくという性質を一致性といいます。この性質を満たす推定量を一致推定量といいます。

有効性：母数に対する推定量の中でその分散が最小であるものを「有効性」をもつといいます。推定量のバラツキが小さい方が推定量の値が安定していて望ましいということです。

（注）標本平均、不偏分散は不偏性、一致性、有効性のすべてを満たしている優等生です。

3-6 変数の変化の度合いが自由度

統計学では「**自由度**」という言葉がよく使われます。これは前節で紹介した不偏分散の分母が「標本の大きさ － 1」の理由とも関連しています。それにしても、「自由の度合い」などということを日々の生活で考えたことがあるでしょうか。たとえば、「表現の自由度」など……。

●自由度とは何？

自由度とは、変数が値を自由にとる度合いのことです。たとえば、3個の変数X_1, X_2, X_3があるとします。これらの間に何も制約がなければ、3つの変数は好き勝手に自由な値をとることができます。したがって、変数X_1, X_2, X_3の自由度は3だと考えられます。

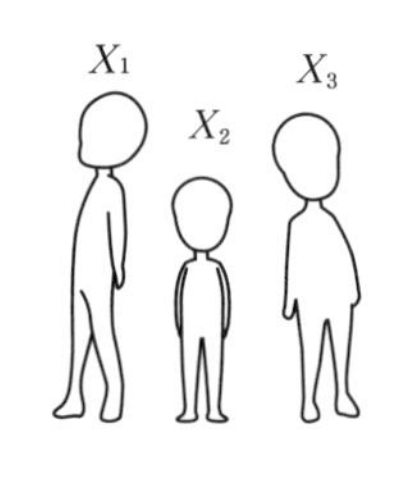

ところが、ここで「3個の変数X_1, X_2, X_3の和は5」という条件がついたら、その自由度はどうなるでしょうか。このときは、$X_1+X_2+X_3=5$だから、X_1, X_2, X_3のどれか二つが決まると残りの一つは自動的に値が決まってしまいます。したがって3個の変数X_1, X_2, X_3の自由度は3ではなく2になります。

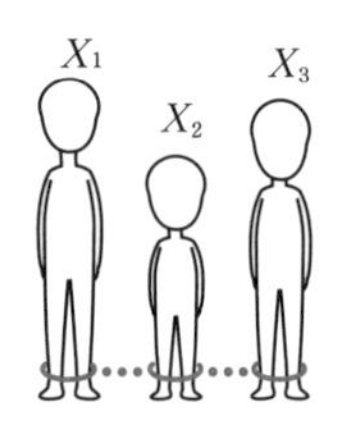

●標本平均$\overline{X}$の紛れ込んだ変数の自由度は

それでは、この考え方をn個の変数X_1, X_2, …, X_nに拡張してみましょう。これらの変数の間に何も制約がなければX_1, X_2, …, X_nは互いに好き勝手に、自由な値をとることができます。したがって、X_1, X_2, …, X_nの自由度はnだと考えられます。

それでは次に、n 個の変数 $X_1-\overline{X}$, $X_2-\overline{X}$, …, $X_n-\overline{X}$ について考えてみましょう。ただし、 $\overline{X}=\dfrac{X_1+X_2+\cdots+X_n}{n}$ ……①

①を変形すると $(X_1-\overline{X})+(X_2-\overline{X})+\cdots+(X_n-\overline{X})=0$ ……②

この式は n 個の変数 $X_1-\overline{X}$, $X_2-\overline{X}$, …, $X_n-\overline{X}$ の間には一つの縛りがあることを意味しています。したがって、

n 個の変数 $X_1-\overline{X}$, $X_2-\overline{X}$, …, $X_n-\overline{X}$ の自由度は $n-1$

と考えられます。

この考え方で次の不偏分散の式を見てみましょう。

$$s^2=\frac{(X_1-\overline{X})^2+(X_2-\overline{X})^2+\cdots+(X_n-\overline{X})^2}{n-1} \quad \cdots\cdots③$$

③の分子の各項は②を満たします。この条件②が付いたぶん、分子の $X_1-\overline{X}$, $X_2-\overline{X}$, …, $X_n-\overline{X}$ の動ける範囲は小さくなり、その結果、③の分子の値も小さくなります。その小さくなった分子を n で割ると、分散は本来の値よりも小さく求められることになります。そこで、n ではなく $n-1$ で割るのです。こうすることで、s^2 の不偏性が確保されます。

したがって推測統計学では標本から得る分散は、

$$\frac{(X_1-\overline{X})^2+(X_2-\overline{X})^2+\cdots+(X_n-\overline{X})^2}{n}$$

ではなくて③の不偏分散を用いるのです。

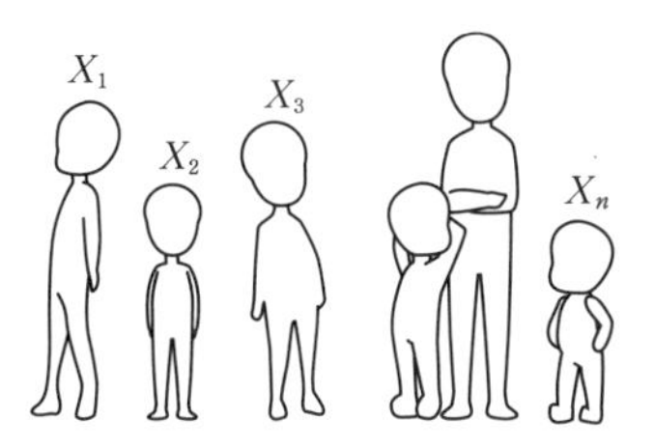

第3章 統計的推定

3-7 母平均の推定（その1） ～大標本の場合

標本の大きさ n がある程度大きいときには、母分散が未知でも母平均を推定することができます。このときは、不偏分散を母分散と見なしてしまいます。その結果、実用的な推定が可能になります。

（注）厳密な基準はありませんが、大きさが30以上であれば大きな標本と見なしています。

●不偏分散を用いて母平均を区間推定する公式

§3−3で紹介した母平均の推定の公式には母分散 σ^2（母標準偏差 σ）が使われています。

$$\text{信頼度95\%で}\quad \overline{X}-1.96\frac{\sigma}{\sqrt{n}} \leqq \mu \leqq \overline{X}+1.96\frac{\sigma}{\sqrt{n}}$$

$$\text{信頼度99\%で}\quad \overline{X}-2.58\frac{\sigma}{\sqrt{n}} \leqq \mu \leqq \overline{X}+2.58\frac{\sigma}{\sqrt{n}}$$

しかし、母平均 μ がわかっていないので、通常は、母分散 σ^2 はわかりません。したがって、母標準偏差 σ もわかりません。

ただ、**n がある程度大きければ、母標準偏差 σ の代わりに不偏分散 s^2 から求めた標準偏差 s を利用してもよい**ことがわかっています。すると、標本から得た情報のみから母平均 μ を区間推定できる実用的な公式をつくることができます（下記）。

$$\text{信頼度95\%で}\quad \overline{X}-1.96\frac{s}{\sqrt{n}} \leqq \mu \leqq \overline{X}+1.96\frac{s}{\sqrt{n}} \quad \cdots\cdots①$$

$$\text{信頼度99\%で}\quad \overline{X}-2.58\frac{s}{\sqrt{n}} \leqq \mu \leqq \overline{X}+2.58\frac{s}{\sqrt{n}} \quad \cdots\cdots②$$

ただし、母集団から抽出した大きさnの標本$\{X_1, X_2, \cdots, X_n\}$の標本平均を$\overline{X}$、$s^2=\dfrac{(X_1-\overline{X})^2+(X_2-\overline{X})^2+\cdots+(X_n-\overline{X})^2}{n-1}$、$s=\sqrt{s^2}$とします。

〔例〕 日本の男子新生児の平均体重を知るために、日本全国から100人の新生児をランダムサンプリングして次のデータを得ました。このデータをもとに日本の男子新生児の平均体重を推定してみましょう。

3141	2844	2794	2461	3229	3399	3189	3278	2535	3373
2725	3093	2988	2856	3446	2821	3208	2673	2798	2693
2894	3314	3086	2822	3257	3671	3097	2951	2830	2616
3220	2871	2976	2520	3202	3141	3087	3053	2851	2707
2729	2989	2854	3604	2693	3025	2486	2782	2852	2882
3161	2843	2684	2694	2989	3307	3340	2985	3266	2683
3052	3385	3041	2994	2936	2872	3355	3078	2836	3391
2694	3084	2887	2977	3192	2969	2665	2976	3145	3185
2975	3303	2761	2678	3065	2871	2967	2935	3162	3140
2527	2852	3607	3312	2559	2844	2879	2898	2674	3285

まずは、データから標本平均$\overline{X}$と不偏分散s^2を求めます。すると、$\overline{X}=2986$、$s^2=68556$となります（小数点以下四捨五入、以下同様）。

よって、$s=262$となります。

標本の大きさnは100とある程度大きいので、①、②を使って信頼区間を求めると次のようになります。

信頼度95％で　$2986-1.96\dfrac{262}{\sqrt{100}} \leqq \mu \leqq 2986+1.96\dfrac{262}{\sqrt{100}}$

信頼度99％で　$2986-2.58\dfrac{262}{\sqrt{100}} \leqq \mu \leqq 2986+2.58\dfrac{262}{\sqrt{100}}$

計算して整理すると、

信頼度95％で　$2935 \leqq \mu \leqq 3037$

信頼度99％で　$2918 \leqq \mu \leqq 3054$

となります。実に簡単です。

3-8 母平均の推定（その2） 〜小標本の場合

母集団が正規分布に従っていれば、母分散が未知であっても、標本の大きさの大小にかかわらず、母平均を簡単に推定することができます。前節で紹介した公式は標本の大きさ n がある程度大きいときにしか使えませんが、ここでは**小さめの標本でも使える公式**を紹介します。

● t 分布とは何か

正規分布の形に似ている分布に **t 分布**があります。これは確率密度関数が次式で定義される確率分布で、**自由度 ν （ニュー）の t 分布**と呼ばれています。

$$f_\nu(x)=k\left(1+\frac{x^2}{\nu}\right)^{-\frac{\nu+1}{2}}$$ ただし、k は ν によって値の定まる定数

（注） 正規分布 $N(\mu,\ \sigma^2)$ 確率密度関数は $f(x)=\dfrac{1}{\sqrt{2\pi}\,\sigma}e^{-\frac{(x-\mu)^2}{2\sigma^2}}$ でした（§2−11）。
正規分布、t 分布ともに確率密度関数は複雑な関数です。

上記で t 分布の確率密度関数を紹介しましたが、理解する必要はありません。

「t 分布は自由度 ν （ニュー）の値によって形が変化し、ν の値が大きくなると平均値が 0、分散が 1^2 の標準正規分布 $N(0,\ 1^2)$ に限りなく近づく」とだけ頭に入れておいてください（節末〈Note〉参照）。

● $T=\frac{\overline{X}-\mu}{\frac{s}{\sqrt{n}}}$ の分布は t 分布

正規分布に従う平均値 μ の母集団から抽出した大きさ n の標本の標本平均を $\overline{X}$、不偏分散を s^2、標準偏差を s とするとき、統計量 $T=\dfrac{\overline{X}-\mu}{\frac{s}{\sqrt{n}}}$ は

自由度 $\nu=n-1$ の t 分布に従うことがわかっています。

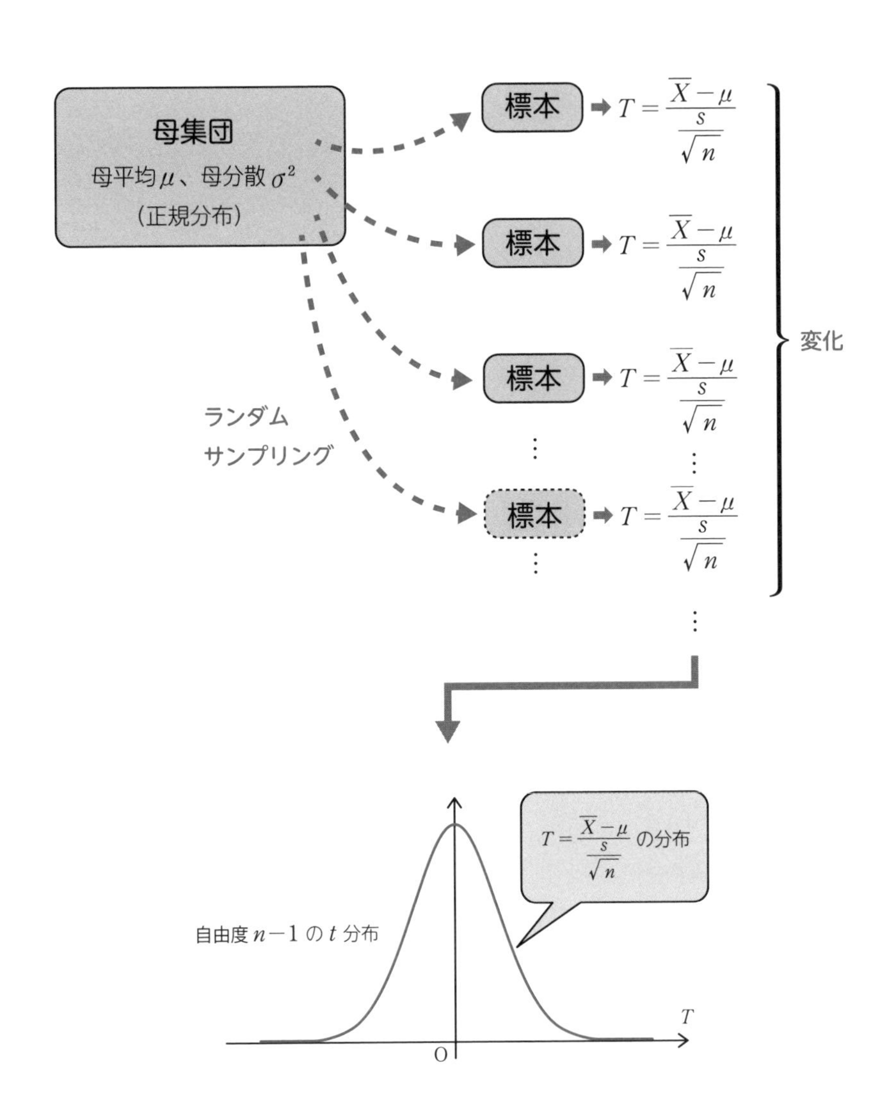

● t 分布を使って母平均を区間推定する公式

標本の大きさにかかわらず母平均を区間推定できる公式を紹介しましょう。ただし、この公式は母集団分布が正規分布のときしか使えません。

正規分布に従う平均値μの母集団から抽出した大きさnの標本の標本平均を$\overline{X}$、**不偏分散**をs^2とする。このとき、

$$信頼度\alpha で \overline{X}-t_{n-1}(1-\alpha)\frac{s}{\sqrt{n}} \leqq \mu \leqq \overline{X}+t_{n-1}(1-\alpha)\frac{s}{\sqrt{n}} \quad \cdots\cdots ①$$

ただし、ここで使われている信頼度αのαは確率そのもので、百分率(%)ではありません。たとえば、百分率で信頼度95%ということは$\alpha=0.95$を意味します。また、式①にある記号$t_{n-1}(1-\alpha)$は、自由度$n-1$のt分布の両側の確率合計が$1-\alpha$である点の右側のTの値（矢印の先）を表わします（右図）。①の具体例を見てみましょう。たとえば、$\alpha=0.95$の場合、①は次のようになります。

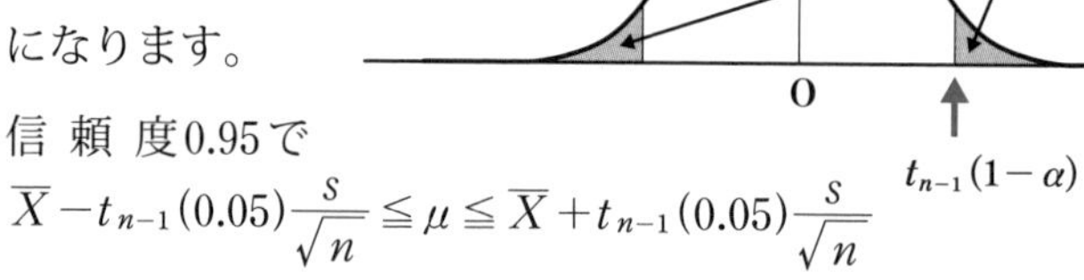

信頼度0.95で

$$\overline{X}-t_{n-1}(0.05)\frac{s}{\sqrt{n}} \leqq \mu \leqq \overline{X}+t_{n-1}(0.05)\frac{s}{\sqrt{n}}$$

ここで$t_{n-1}(0.05)$は自由度$n-1$のt分布の両側の確率合計が0.05になる右側のTの値です。

nとαが与えられれば$t_{n-1}(1-\alpha)$の値はExcelや統計解析ソフトで簡単に求めることができます（節末参照）。

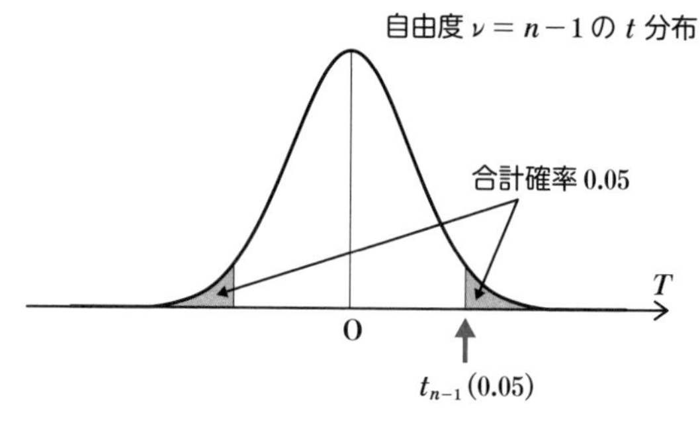

●①の成立理由

記号$t_{n-1}(1-\alpha)$はt分布の両側の確率合計が$1-\alpha$である点の右側のTの値を表わします。したがって、確率αで次の不等式が成立します（下図）。

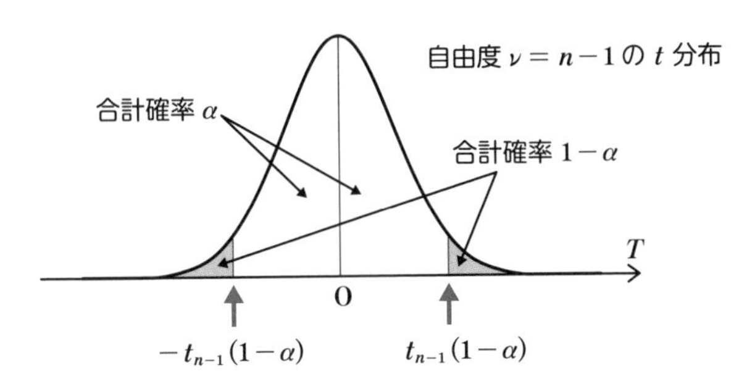

信頼度αで$-t_{n-1}(1-\alpha) \leqq T \leqq t_{n-1}(1-\alpha)$

$T=\dfrac{\overline{X}-\mu}{\dfrac{s}{\sqrt{n}}}$は自由度$\nu=n-1$の$t$分布に従います。したがって、

信頼度αで　$-t_{n-1}(1-\alpha) \leqq \dfrac{\overline{X}-\mu}{\dfrac{s}{\sqrt{n}}} \leqq t_{n-1}(1-\alpha)$　が成立します。

この不等式を変形すると、前ページの①の不等式が得られます。

〔例〕 日本の男子新生児の平均体重を知るために、日本全国から20人の新生児をランダムサンプリングして次のデータを得ました。このデータをもとに日本の男子新生児の平均体重を信頼度95％で区間推定してみましょう。ただし、日本の男子新生児の体重データは正規分布をなすとします。

2992	3369	3350	2933	2454	2645	3044	3241	3053	2791
3218	3306	2595	3051	2834	2676	3196	2837	2691	2814

まずは、データから標本平均$\overline{X}$と不偏分散s^2を求めます。すると、$\overline{X}=2955$、$s^2=73044$となります（小数点以下四捨五入、以下同様）。よって、標準偏差sは$s=270$となります。

母集団分布は正規分布であるということから、①を使って信頼度95%の推定区間を求めると次のようになります。

$$2955-t_{20-1}(1-0.95)\frac{270}{\sqrt{20}} \leqq \mu \leqq 2955+t_{20-1}(1-0.95)\frac{270}{\sqrt{20}} \quad \cdots\cdots ②$$

$t_{20-1}(1-0.95)$、つまり $t_{19}(0.05)$ は自由度19の t 分布の両側の確率合計が0.05である点の右側の T の値2.09を表わします（右図）。

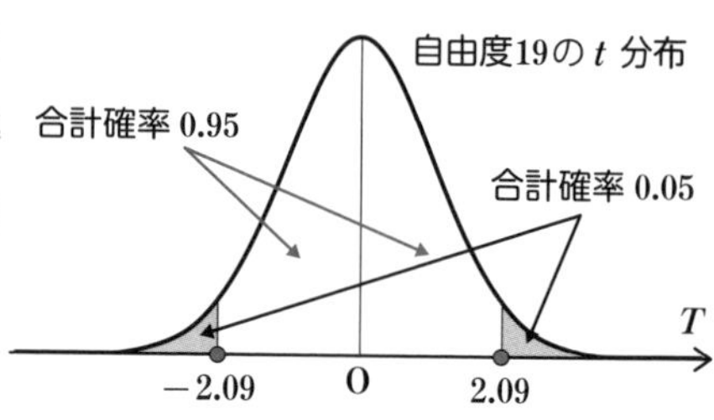

（注）この求め方は下の〈Excel〉参照。

よって、②は次の式に書き換えられます。

$$2955-2.09\frac{270}{\sqrt{20}} \leqq \mu \leqq 2955+2.09\frac{270}{\sqrt{20}}$$

計算して整理すると、「信頼度0.95で $2829 \leqq \mu \leqq 3081$」となります。

Excel　t 分布の確率を求めるには

下図の確率 p から自由度 ν の t 分布の x を求めるには **T.INV** 関数や **T.INV.2T** 関数が便利です。つまり、下図の p から x を求めるにはT.INV(1−p/2, ν)または T.INV.2T (p, ν) と入力します。

なお、x から下側 p 値を求めるには **T.DIST** 関数を利用します。

T.DIST(x, ν, TRUE)

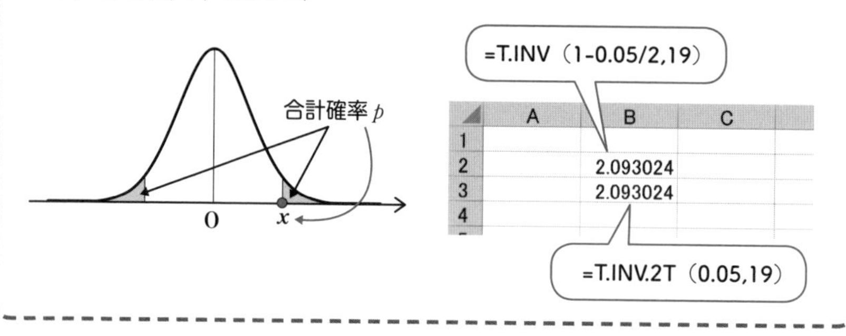

自由度が30を超すと、t分布と正規分布はほぼ同じ

t分布は自由度が大きくなるほど背が高くなっていき、その分、痩せ型になります。また、自由度が30以上になるとt分布は標準正規分布とほぼ一致します。

このことは、**t分布を用いた推定は小標本の場合に効力を発揮する**ことがわかります。実際、t分布はできるだけ小さな標本で母集団を解明するために考え出された分布なのです（§4−6の「〈Note〉スチューデントのt分布」参照）。

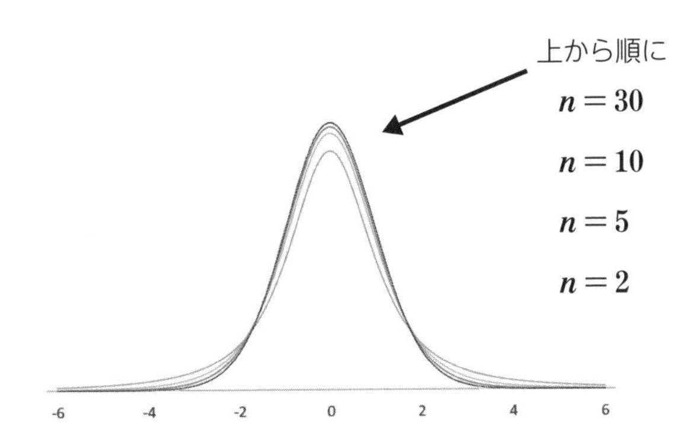

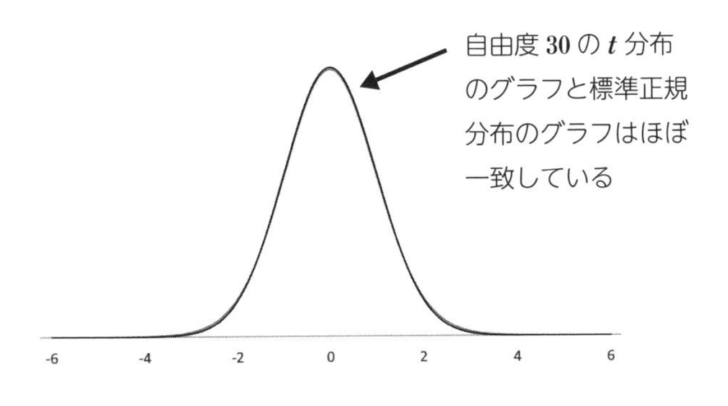

3-9 母比率の推定

母集団の中である特性をもっているものの割合をその特性の比率といいます。たとえば、日本人の中でたばこを吸う人の割合とか、ある政党を支持する割合などがこれに相当します。ここでは、母集団の比率、つまり、母比率を標本から区間推定してみましょう。

母比率の推定方法を知ると、マスコミで報道される世論調査の結果を自分で料理して楽しむことができます。他の推定ではこうはいきません。

●母比率の区間推定の公式

標本の大きさと標本比率がわかれば、簡単に母比率 R を推定することができます。それが次の公式です。

母集団から抽出した大きさ n の標本の標本比率を r とするとき、

信頼度 95％で　$r-1.96\sqrt{\dfrac{r(1-r)}{n}} \leqq R \leqq r+1.96\sqrt{\dfrac{r(1-r)}{n}}$ ……①

信頼度 99％で　$r-2.58\sqrt{\dfrac{r(1-r)}{n}} \leqq R \leqq r+2.58\sqrt{\dfrac{r(1-r)}{n}}$ ……②

ただし、この方法は標本の大きさがある程度大きくないと使えません。

●①、②の成立理由は

母集団から一つの要素を取り出したとき、ある特性をもったものであれば 1、もたないものを 0 と見なせば、母集団はたくさんの 0 と 1 の数値からなる集合$\{1, 0, 1, 1, 0, 1, 0, 0, \cdots, 1, 0\}$と考えられます。すると、母集団の中である特性をもったものの割合 R、つまり、母比率 R は

$$R=\frac{1+0+1+1+0+1+0+0+\cdots+1+0}{N}$$

となり、これは母平均μと考えられます。ただし、Nは母集団の大きさです。この母集団から得た大きさnの標本$\{0, 1, \cdots, 1\}$の標本比率rは

$$r=\frac{0+1+\cdots+1}{n}$$

となり、これは標本平均$\overline{X}$と考えられます。

そこで、中心極限定理を使って作成した母平均μを推定する下記の公式③、④（§3−7の①、②）を利用することにします。

$$\text{信頼度95\%で}\quad \overline{X}-1.96\frac{s}{\sqrt{n}}\leqq\mu\leqq\overline{X}+1.96\frac{s}{\sqrt{n}}\quad\cdots\cdots③$$

$$\text{信頼度99\%で}\quad \overline{X}-2.58\frac{s}{\sqrt{n}}\leqq\mu\leqq\overline{X}+2.58\frac{s}{\sqrt{n}}\quad\cdots\cdots④$$

この公式③、④の標本平均$\overline{X}$に標本比率rを、母平均μに母比率Rを代入します。また、標本の不偏分散から導いた標準偏差sに、標本比率rの標本から得た標準偏差$\sqrt{r(1-r)}$（注1）を代入します。すると、

$$\text{信頼度95\%で}\quad r-1.96\frac{\sqrt{r(1-r)}}{\sqrt{n}}\leqq R\leqq r+1.96\frac{\sqrt{r(1-r)}}{\sqrt{n}}$$

$$\text{信頼度99\%で}\quad r-2.58\frac{\sqrt{r(1-r)}}{\sqrt{n}}\leqq R\leqq r+2.58\frac{\sqrt{r(1-r)}}{\sqrt{n}}$$

つまり、式①、②を得ます。

（注1）標本比率がrである大きさnの標本$\{0, 1, 0, \cdots, 1\}$において、1がs個、0がt個あるとしましょう。ただし、$s+t=n$。標本比率rは標本平均と考えられるので、このとき、標本の不偏分散を計算するとnが大きいとき次のようになります。

$$\frac{(1-r)^2+\cdots+(1-r)^2+(0-r)^2+\cdots+(0-r)^2}{n-1}=\frac{s(1-r)^2+t(0-r)^2}{n-1}$$

$$=\frac{n}{n-1}\times\frac{s(1-r)^2+t(0-r)^2}{n}=\frac{n}{n-1}\left\{\frac{s}{n}(1-r)^2+\frac{n-s}{n}r^2\right\}$$

$$=\frac{n}{n-1}\{r(1-r)^2+(1-r)r^2\}=\frac{n}{n-1}r(1-r)\fallingdotseq r(1-r)\quad\cdots n\text{が大より}$$

よって、標本の標準偏差sは$\sqrt{r(1-r)}$と見なせます。これを使ったのが式①、②です。

第3章 統計的推定

（注2）式①、②は母集団がベルヌーイ分布（節末参照）をなすこと、標本分布が2項分布をなすこと、それに、2項分布が正規分布で近似できることからも導くことができます。

〔例〕 標本調査の結果、内閣支持者は1250人中638人でした。このことをもとに、実際の支持率を区間推定してみましょう。

実際の内閣支持率をRとします。条件より、標本の大きさnは1250で十分大きく、また、内閣を支持する標本比率rは$\frac{638}{1250}$です。これを公式の①に代入します。すると、信頼度95%で、

$$\frac{638}{1250}-1.96\sqrt{\frac{\frac{638}{1250}\left(1-\frac{638}{1250}\right)}{1250}} \leqq R \leqq \frac{638}{1250}+1.96\sqrt{\frac{\frac{638}{1250}\left(1-\frac{638}{1250}\right)}{1250}}$$

これを電卓などで計算すると、$0.4826\cdots \leqq R \leqq 0.5381\cdots$となります。

つまり、内閣支持率は

信頼度95%で　$48.3\% \leqq R \leqq 53.8\%$

と区間推定できます。また、nとrの値を②に代入することにより、

信頼度99%で　$47.4\% \leqq R \leqq 54.7\%$

と区間推定できます。

●標本比率の分布を実際に見てみよう

母比率Rの母集団{1, 0, 1, 1, 0, 1, 0, 0, …, 1, 0}から抽出した大きさnの標本{0, 1, …, 1}の標本比率が正規分布をなすなんて信じられない、そう思っている方に、コンピュータ・シミュレーションの結果を示しておきます。次ページのグラフは、母比率0.6の母集団から大きさ100の標本を抽出し標本比率rを求める実験を1000回行なって得た1000個の標本比率rの分布です。中心極限定理の威力を実感します。

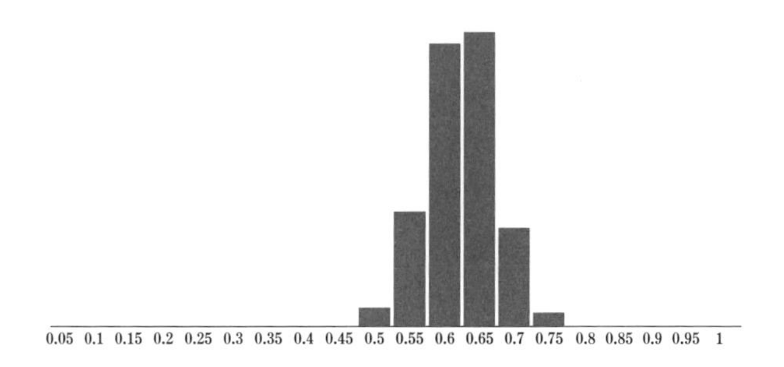

ベルヌーイ分布

ある現象が「起こるか、起こらないか」のように二者択一的な試行のことを**ベルヌーイ試行**といいます。事象が起こったとき1、起こらなかったとき0をとり、それぞれの値をとる確率がpと$q(=1-p)$である確率変数をXとするとき、この確率変数Xの分布を**ベルヌーイ分布**といいます。これは身の回りの確率現象によく見られる分布です。

Xのとる値	0	1
確率 $f(x)$	$q=1-p$	p

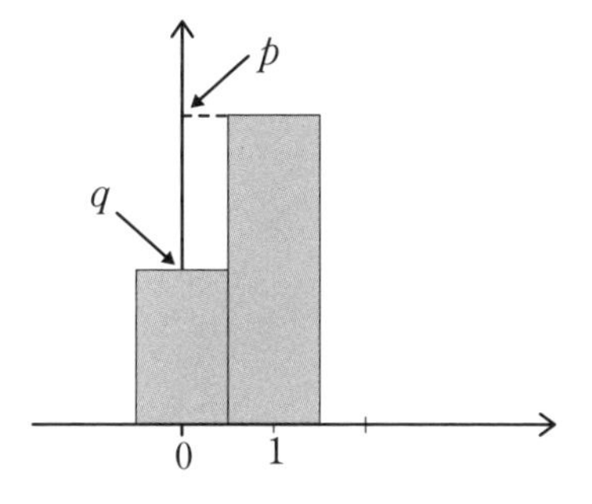

ベルヌーイ分布に従う確率変数Xの平均値$E(X)$と分散$V(X)$は次のようになります。

$E(X)=p$、分散$V(X)=pq=p(1-p)$

3-10 母分散の推定

今までは、母平均、母比率の推定を行なってきましたが、ここでは母分散の推定に挑戦してみましょう。母平均の推定には正規分布、t 分布などを利用しました。母分散の推定には χ^2（カイ2乗）**分布**という確率分布を利用することになります。

● χ^2 分布はどういう確率分布か

自由度 ν の χ^2 分布というのは、確率密度関数が次の式で定義される確率分布です。

$$f_\nu(x)=kx^{\frac{\nu}{2}-1}e^{-\frac{x}{2}} \quad (x \geqq 0)$$

ここで、k は ν によって値の定まる定数、e はネイピアの数 2.71828……です。

χ^2 分布の確率密度関数を紹介しましたが、理解する必要はありません。ただ、**自由度と呼ばれる自然数 ν の値によって、形が変化する左右が非対称な確率分布**とだけ頭に入れておけば十分です。

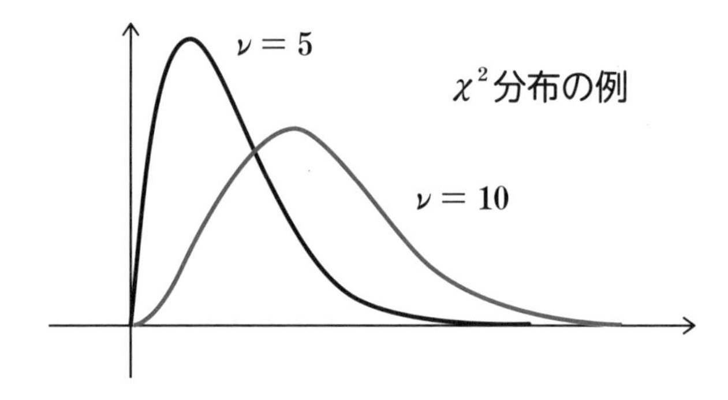

● $\frac{n-1}{\sigma^2}s^2$ の分布は自由度$\nu=n-1$のχ^2分布

正規分布に従う母分散σ^2の母集団から抽出した大きさnの標本の不偏分散をs^2とします。このとき、統計量$\frac{n-1}{\sigma^2}s^2$の値をχ^2とすれば、この統計量$\chi^2=\frac{n-1}{\sigma^2}s^2$は自由度$\nu=n-1$の$\chi^2$分布という分布に従います。

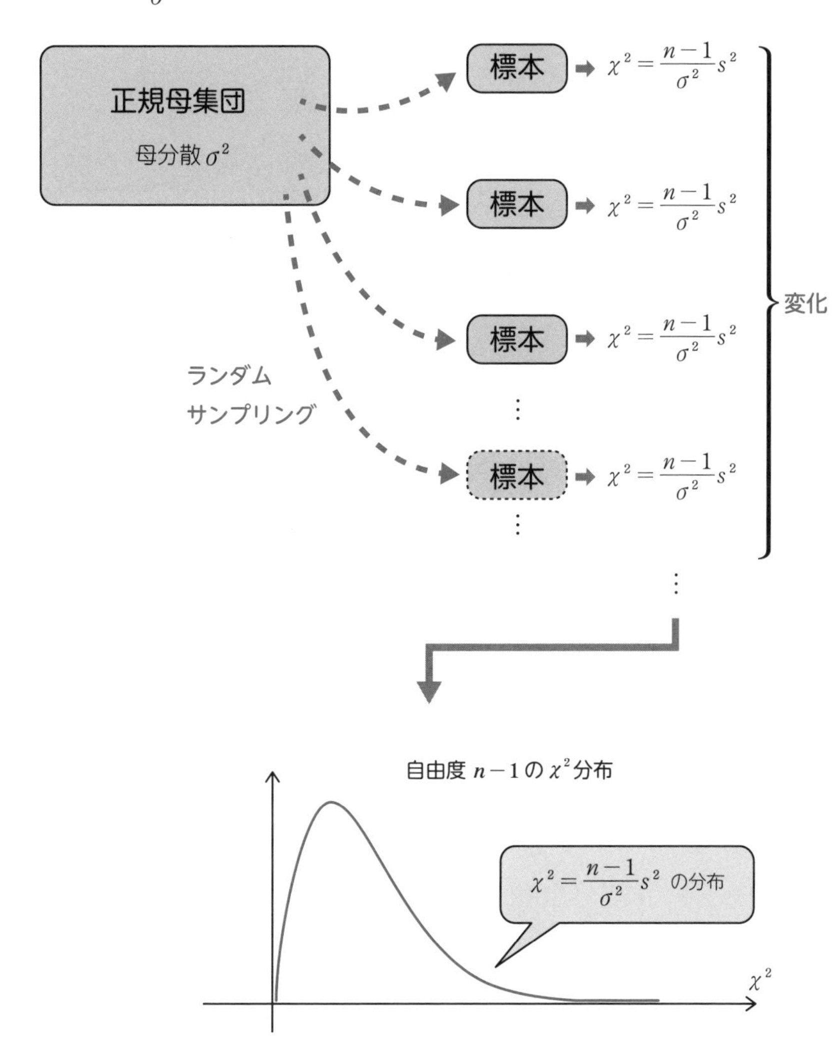

●母分散を区間推定する公式

正規分布に従う母分散σ^2の母集団から抽出した大きさnの標本の不偏分散をs^2とすると、統計量$\chi^2 = \dfrac{n-1}{\sigma^2}s^2$は自由度$\nu = n-1$の$\chi^2$分布に従います。

ここで、χ^2分布においてその左側と右側に確率が$\dfrac{1-\alpha}{2}$となるχ^2の値をそれぞれk_1, k_2とします（右図）。

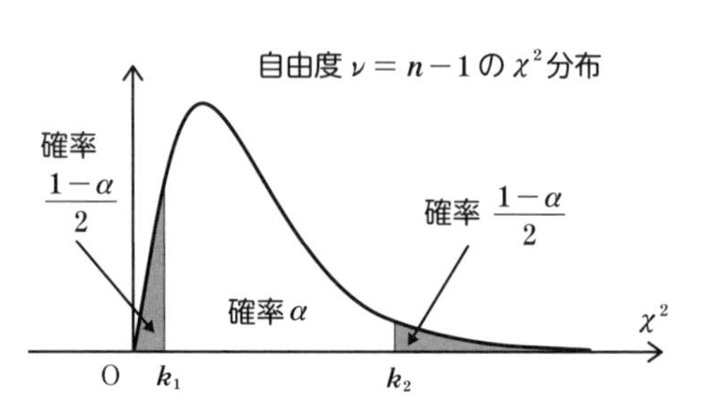

すると$\dfrac{n-1}{\sigma^2}s^2$の値がk_1以上、k_2以下である確率はα となります。不等式で書けば次のようになります。

確率αで　$k_1 \leqq \dfrac{n-1}{\sigma^2}s^2 \leqq k_2$

この不等式を変形すると　$\dfrac{(n-1)s^2}{k_2} \leqq \sigma^2 \leqq \dfrac{(n-1)s^2}{k_1}$　となります。

したがって、母分散を推定する次の公式を得ます。

> 正規分布に従う母集団から復元抽出で得た大きさnの標本の不偏分散をs^2とする。このとき、
>
> 信頼度αで　$\dfrac{(n-1)s^2}{k_2} \leqq \sigma^2 \leqq \dfrac{(n-1)s^2}{k_1}$　……①
>
> ただし、k_1、k_2は自由度$n-1$のχ^2分布（カイ２乗分布）の
>
> 下側$100\dfrac{1-\alpha}{2}$%点、上側$100\dfrac{1-\alpha}{2}$%点である。

〔例〕ある都市の住民の体重の分散σ^2を推定するために大きさ10の標本を抽出して調べたところ、不偏分散s^2が32.6でした。この都市の住民の体重の分散を信頼度95％で推定してみましょう。ただし、自由度9のχ^2分布における下側2.5％点k_1は2.70、上側2.5％点k_2は19.0です。

$\alpha=0.95$、$n=10$、自由度$\nu=9$、$k_1=2.70$、$k_2=19.0$を、前ページの推定の公式①に代入すると、

$$\text{信頼度95\%で}\quad \frac{(10-1)}{19.0}\times 32.6 \leqq \sigma^2 \leqq \frac{(10-1)}{2.70}\times 32.6$$

これを電卓等で計算すると、次の推定結果を得ます。

$$\text{信頼度95\%で}\quad 15.4 \leqq \sigma^2 \leqq 108.7$$

下側確率pに対するxを求めるには**CHISQ.INV**関数を使います。

CHISQ.INV（確率p、自由度）

上側確率pに対するxを求めるにはCHISQ.INV.RTを使います。

CHISQ.INV.RT（確率p、自由度）

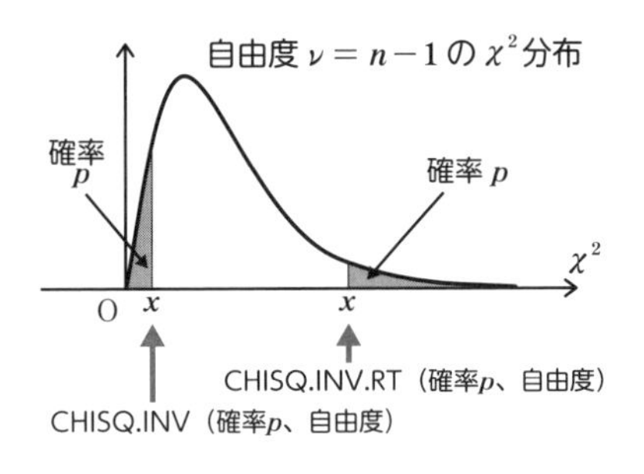

（注）xから下側p値を求めるにはCHISQ.DIST（x, 自由度 ,TRUE）

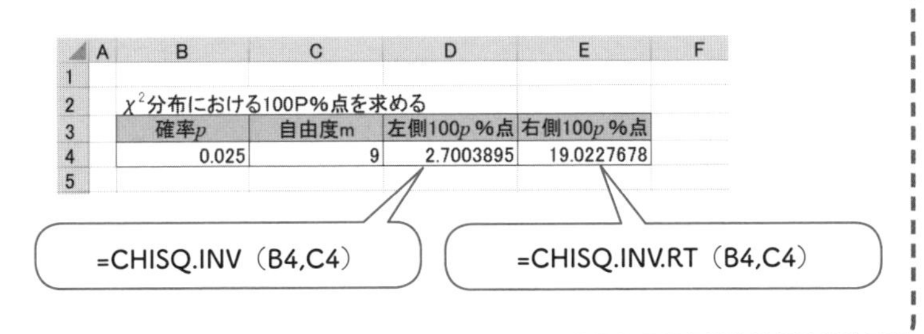

χ²分布における100P％点を求める

確率p	自由度m	左側100p％点	右側100p％点
0.025	9	2.7003895	19.0227678

第4章

統計的検定

～仮説が正しいかどうかを判定する～

4-1 統計的検定とは

これから学ぶ統計学の「検定」は自分の主張が正しいことを、確率の考え方を使って説得する論法です。考え方は極めて常識的ですが、「能力検定」、「技能検定」……などの「検定」をイメージして統計学における「検定」を理解しようとすると混乱が起きますので、検定という概念を白紙に戻してスタートしてください。

●検定の考えはきわめて常識的

統計学における検定の考え方は極めて常識的です。つまり、「ある主張のもとでは、起こりにくいことが起きたときには、その主張を否定する」ということです。ここでは「主張」と言いましたが、統計学では「**仮説**(hypothesis)」という言葉を使います。すると「**ある仮説のもとでは起こりにくいことが起きたときには、その仮説を棄てる（棄却する）**」と言い換えられます。つまり、「ある仮説が正しいとして実験や観察をしたら、その仮説のもとでは、起こりにくいこと（確率が極めて小さいこと）が起きてしまったときには、その仮説を認めない」という考え方です。

逆に、ある仮説が正しいとして実験や観察をしたら、その仮説のもとでは、起きて不思議でないこと（確率が小さくないこと）が起きたときには、その仮説は否定しません。しかし、このとき、**積極的に仮説が正しいと認めるわけではなく、棄却できるほどの理由がなかったという考え方**をします。このような考え方を**統計的検定**（略して「**検定**」）といいます。もう一度、プロローグの§0−3を参照してください。

●帰無仮説と対立仮説

検定では**検定者**（検定をする人）が「怪しいから棄てた方がよい」と思っている仮説を、無に帰したいので「**帰無仮説**（きむ）」といいます。これに対して、検定者が正しいと主張したい仮説を「**対立仮説**」といいます。たとえば、検定者が「小学生の家庭でのスマホの利用時間は増えている」と主張したいのであれば、対立仮説は「利用時間は増えている」であり、帰無仮説は「利用時間は変わらない」となります。仮説は英語でhypothesisなので、対立仮説にはH_1を、帰無仮説にはH_0という名前を付けます。「帰無仮説は無に帰したいから0」と覚えておくといいでしょう。

帰無仮説、対立仮説という言葉を使って検定の流れをまとめると次のようになります。

> ある仮説H_0について疑問をもち、それと反する仮説H_1が正しいと確信した人がいるとき、この人が自分の正しいと思う仮説H_1を第三者に認めてもらうために検定者になり、次の「検定」という手続きを踏みます。
> ①相手の主張を認め帰無仮説H_0が正しいとする。
> ②標本調査などを行ないデータを得る。
> ③データが、
> （イ）帰無仮説H_0のもとで起こりにくいことであればH_0がおかしいとして仮説H_0を**棄却**し、対立仮説H_1を採択する。
> （ロ）帰無仮説H_0のもとで起こりにくいことでなければ仮説H_0を棄却しない(棄てられない)。このとき、帰無仮説H_0を**受容する**という。

このようにして、**自分が正しいと思っている仮説（つまり対立仮説）を立証しようとするのが検定**なのです。能力検定などとは大きく違います。

4-2 仮説の採否を決める棄却域

検定では、ある仮説のもとで起こりにくい（稀な）ことが起きればその仮説を棄てるわけですが、この起こりにくいと見なす範囲について調べてみましょう。ここでは、右のコインは表が出やすいと主張したい人の立場に立って説明しましょう。

●仮説を立て棄却域を設定する

まず、次の仮説を立てます。

帰無仮説H_0：このコインは表と裏が同じ確率で出る。

対立仮説H_1：このコインは表が裏より出やすい。

この帰無仮説が正しいとしたとき、コインを30回投げると表の出る回数Xの確率分布は次のような分布になります（節末〈Note〉参照）。

X	確率
0	0.000000
1	0.000000
2	0.000000
3	0.000004
4	0.000026
5	0.000133
6	0.000553
7	0.001896
8	0.005451
9	0.013325
10	0.027982
11	0.050876
12	0.080553
13	0.111535
14	0.135435
15	0.144464

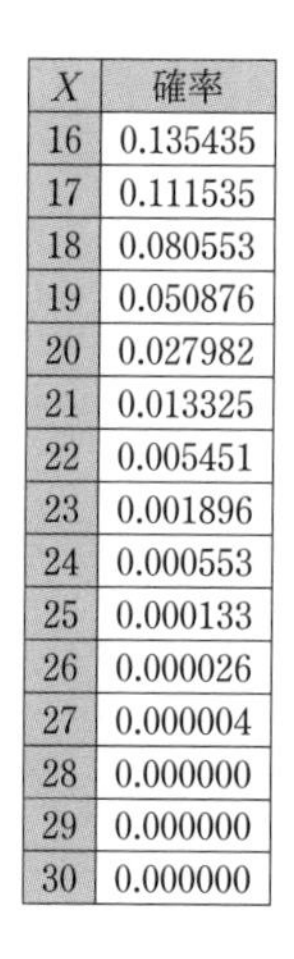

X	確率
16	0.135435
17	0.111535
18	0.080553
19	0.050876
20	0.027982
21	0.013325
22	0.005451
23	0.001896
24	0.000553
25	0.000133
26	0.000026
27	0.000004
28	0.000000
29	0.000000
30	0.000000

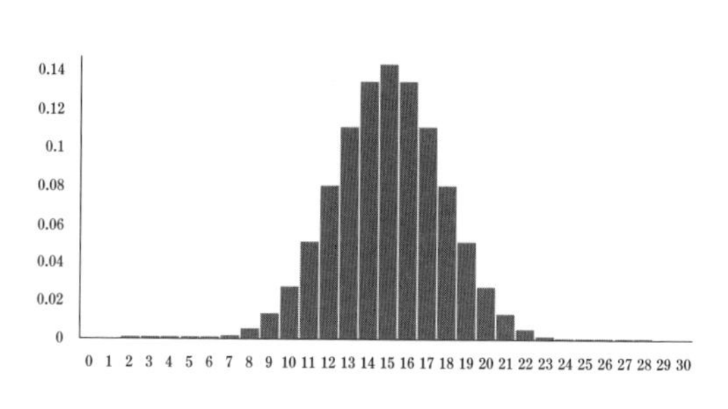

表を見ると、20回以上表の出る確率は0.05（厳密には0.049368…）ぐらいしかないことがわかります。そこで、このコインを30回投げて表が20回以上出たら帰無仮説のもとでは起こりにくいこと（稀なこと：確率

0.05）が起きたことになるので、帰無仮説は棄てることになります。この20回以上となる範囲を**棄却域**と呼んでいます。また、このときの確率0.05は「極めて稀」の基準を具体的に表現したもので**有意水準**と呼んでいます。**「その確率より小さいことが起これば、それは偶然ではなく、必然的な意味が有る」という意味**で**有意**と呼ぶのです。通常は5%または1%が採用されます。これは、常識的に「稀」と見なされる、小さくて切りのいい数値と思われるからです。

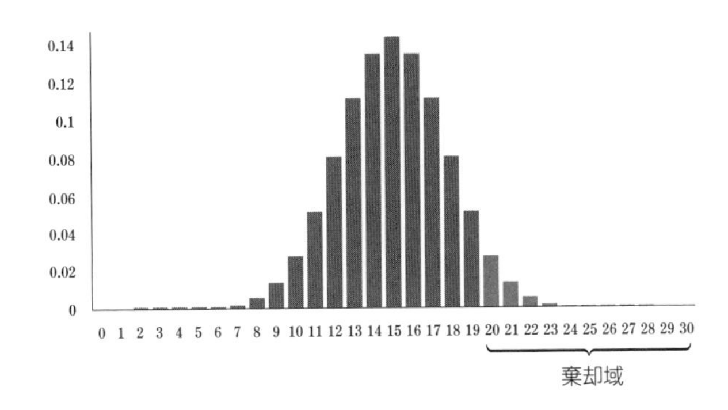

●反論対策

この検定で、もし、実験の結果「表が20回以上」出て帰無仮説を棄ててしまったら次のような反論があるかも知れません。

「帰無仮説が正しいときにも、**表が20回以上**となることが確率0.05で起きることがあるのだ。今はたまたまそれが起きたのだ」

と。正論です。そこで、「表が20回以上」出て帰無仮説を棄却するときには、但し書きを付けることにします。つまり、帰無仮説を棄却したけれど、そのことが「誤りである確率は0.05だけあります」と。この0.05は、先ほどは有意水準と言いましたが、誤りを犯す危険の度合いと考えることができるので**危険率**とも呼ばれます。そこで、「誤りである確率は0.05だけあります」を簡潔に「危険率5%」と表現することにします。

●棄却域についての疑問

確率分布を見ると「30回中、表が10回以下」となる現象も確率がほぼ0.05なので、やはり起こりにくいことです。それなのに、なぜここに棄却域（分布の左側）をとらなかったのでしょうか。

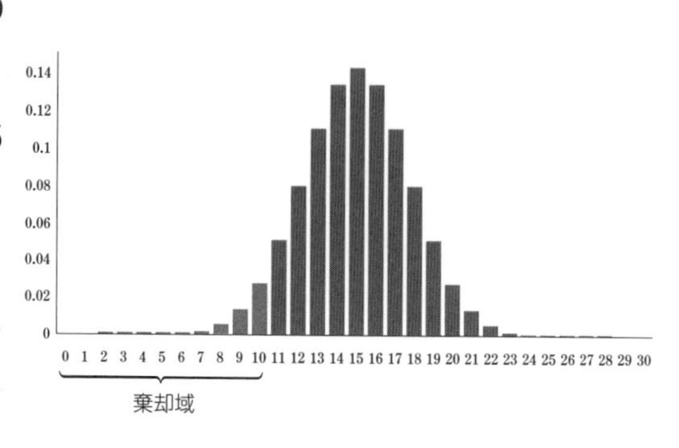

それは、**対立仮説が採択されやすいように棄却域を決めるから**、です。なぜならば、表が裏よりも出やすいことが正しいという対立仮説のもとでは、30回中、表が10回以下なんてなかなか起こりません。棄却域を10回以下にとったら正しい対立仮説の採択は絶望的になります。

このことは次の例でわかります。たとえば、実験に使うコインが、表が0.9の確率で出るものであれば X の確率分布は下のようになります。したがって、棄却域を分布の左側にとると、**対立仮説が正しいのに実験結果は棄却域にほぼ入らず、帰無仮説はほとんど確実に受容されてしまう**のです。

蛇足かも知れませんが、もし実験に使うコインが、表が0.1の確率で出るコインだったら X の確率分布は次ページのようになります。このとき対立仮説は正しくありません。したがって、棄却域を20回以上（分布の右側）にしておけば、対立仮説が採択さ

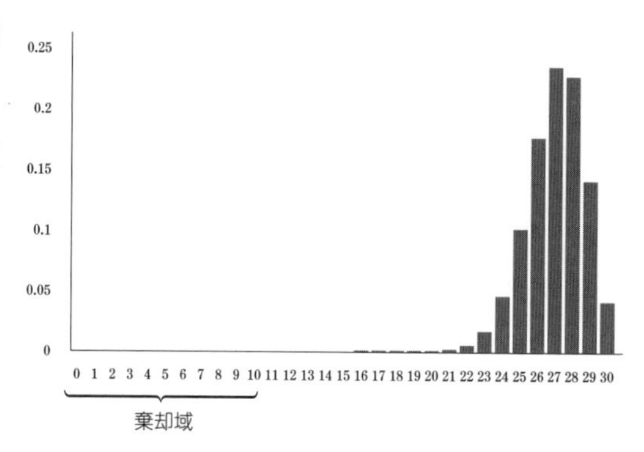

れることは、ほぼありえません。つまり正しい判断ができます。

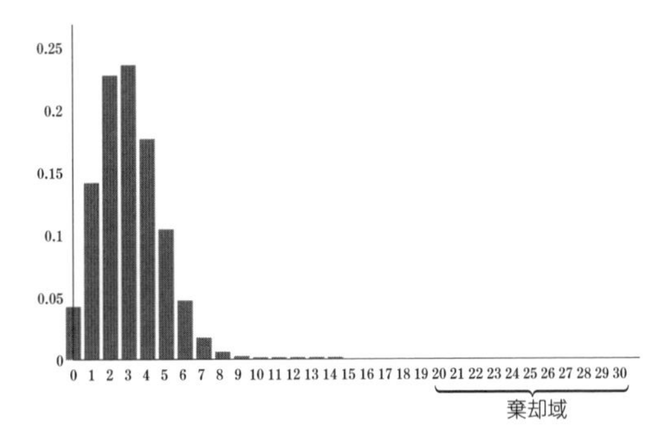

それでは、**なぜ、対立仮説が採択されやすいように棄却域をとるのでしょうか**。それは、たとえ対立仮説が採択されやすいように棄却域をとって検定作業をしても、それでも棄却できないのであれば、検定者は納得できないものの、少しは潔く自分の仮説を引っ込めることができるからです。このとき使われる「**帰無仮説を受容する**」という「受容」の言葉に、「積極的に認めたわけではない」という気持ちが込められています。

●片側検定と両側検定

棄却域の範囲については、検定者にとって有利な範囲に決めることにします。その結果、検定の対象とする母数（この場合、表の出る確率 p）について、「帰無仮説の主張する値よりも大きい」とする対立仮説の場合には、右側に棄却域をとります。これを**右片側検定**といいます。

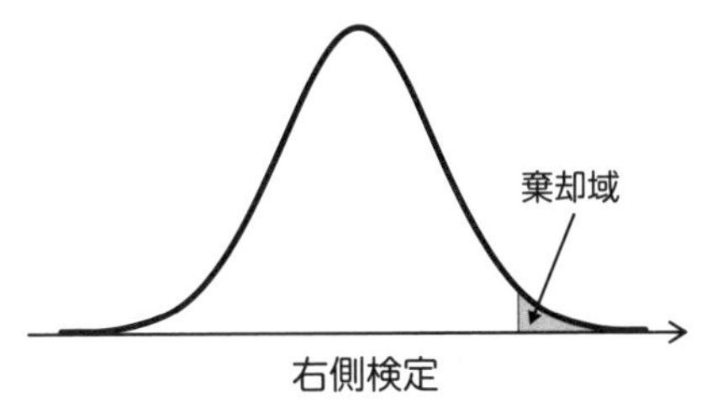

同様に、検定の対象とする母数について、「帰無仮説の主張する値よりよりも小さい」とする対立仮説の場合、左側に棄却域をとります。これを**左片側検定**といいます。

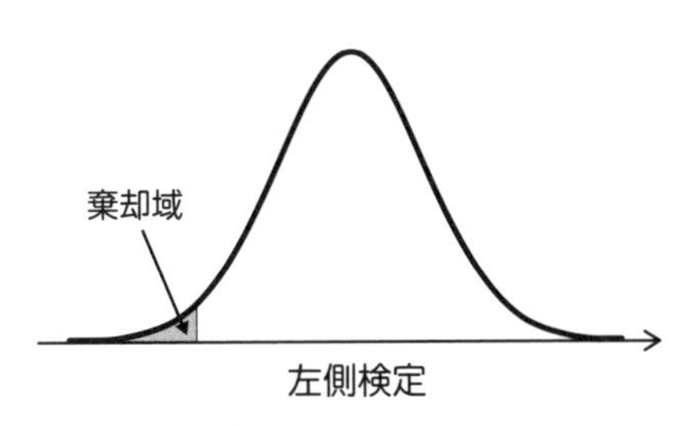

また、検定の対象とする母数につ

いて、「帰無仮説の主張する値と等しくない」とする対立仮説の場合には、両側に棄却域をとります。これを**両側検定**といいます。「等しくない」ということは「大きいか、または、小さい」ということだから右片側検定と左片側検定の折衷（せっちゅう）検定となります。

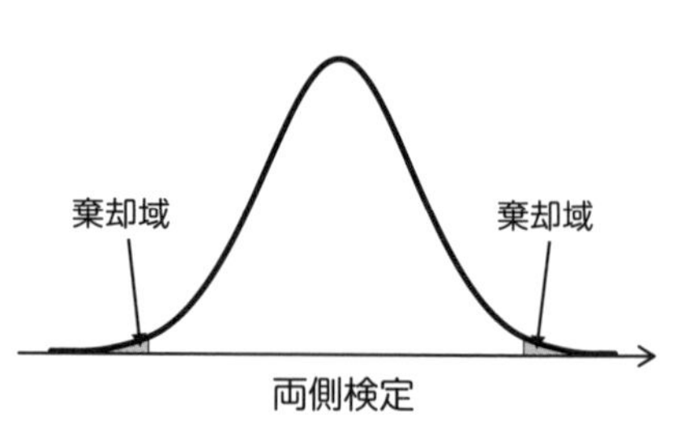

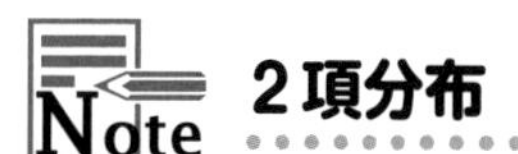

2項分布

ある試行において事象 A の起こる確率を p とし、この試行を独立に n 回繰り返したとき、事象 A の起こる回数 X とします。このとき、X の確率分布は反復試行の定理（§2−5）より下表のようになります。ただし、$q=1-p$ とします。この分布を**2項分布**（Binomial distribution）といい、n と p だけで決定するので、簡単に $B(n,\ p)$ と書きます。

X	0	1	…	x	…	n
確率	${}_nC_0p^0q^n$	${}_nC_1pq^{n-1}$	…	${}_nC_xp^xq^{n-x}$	…	${}_nC_np^nq^0$

右図は2項分布 $B(10,\ 1/6)$ をグラフで表わした例です。これは、たとえば、サイコロを10回投げて X 回、1の目が出る確率分布です。

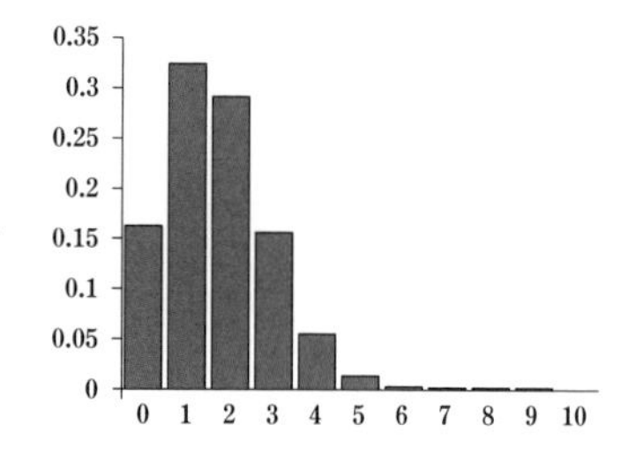

2項分布の平均値 $E(X)$ と分散 $V(X)$ は次のようになります。

$$E(X)=np,\ V(X)=npq$$

2項分布は n が大きくなると、平均値は np、分散が npq である正

規分布 $N(np,\ npq)$ で近似できます。これを2**項分布の正規近似**といいます。

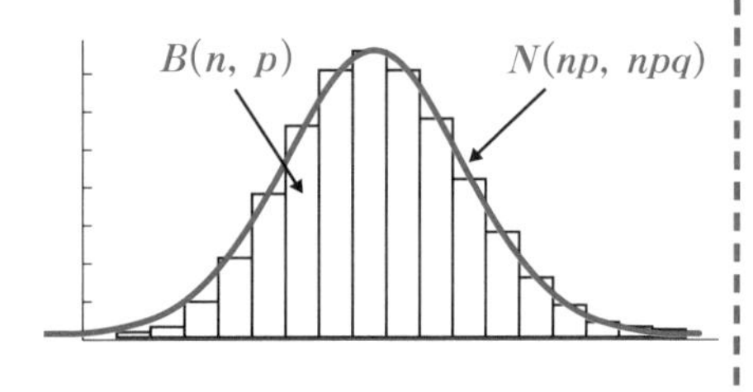

（注） 2項分布はベルヌーイ試行を独立に n 回繰り返して得られる分布と考えられます。

（注） ${}_nC_r = \dfrac{n(n-1)(n-2)\cdots(n-r+1)}{r!} = \dfrac{n!}{(n-r)!r!}$

Excel 2項分布の確率を求めるには

2項分布 $B(n,\ p_0)$ の p 値を求めるには BINOM.DIST 関数を、$100p$ %点を求めるには BINOM.INV 関数を利用します。

BINOM.DIST（x, n, p_0, TRUE）…x の左側 p 値

BINOM.INV（n, p_0, 確率 p ）…左側 $100p$ %点

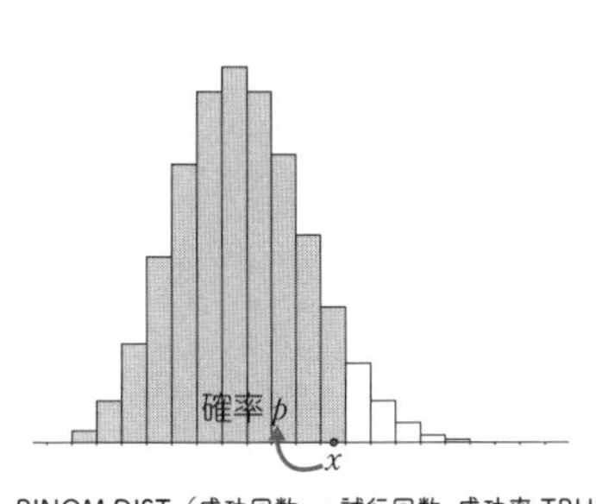

BINOM.DIST（成功回数 x, 試行回数, 成功率,TRUE）

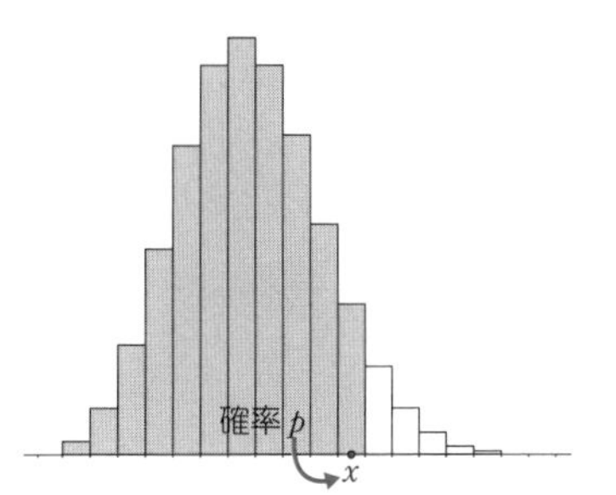

BINOM.INV（試行回数, 成功率, 確率 p）

（注） ${}_nC_x p_0{}^x q_0{}^{n-x}$ の値を求めるのであれば

BINOM.DIST（成功回数 x, 試行回数 n, 成功率 p_0 ,FALSE）…§6－5参照

第4章 統計的検定

4-3 検定における二つの誤ち

統計的推定や統計的検定のような確率的な判断では、「絶対に正しい」ということはありません。いつも判断ミスの可能性があります。

そして、検定の場合には常に二つのパターンの過ちを犯す危険性をはらんでいます。「**うっかりミス**」と「**ぼんやりミス**」です。

●第一種の誤り（過誤）

検定は帰無仮説が正しいとして実験や観察を行ない、その結果が帰無仮説のもとでは起こりにくいこと（その確率を p とする）であれば、「帰無仮説がおかしい」としてこれを棄てます。

ここで注意しなければいけないのは、「帰無仮説を棄ててしまったが、実は帰無仮説が正しい確率が p だけある」ということです。そこで、この過ちを**第一種の誤り**（**過誤**）といいます。これは、「**正しい仮説をうっかり棄ててしまう過ち**」です。前節で述べたように、この確率 p は**危険率**と呼ばれ、**有意水準**と同じになります。したがって、統計的検定において、実験や観察を行ない、その結果が棄却域に入ったとき次のように判断します。

「帰無仮説を危険率（有意水準）p で棄却する」

このことが「統計的検定は確率をともなった判断」であるといわれる理由です。

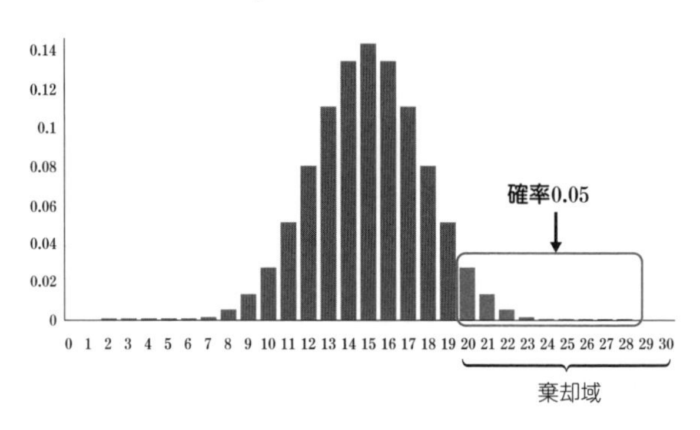

●第二種の誤り（過誤）

検定の際には第一種の誤り（過誤）に対して**第二種の誤り（過誤）**というものがあります。第一種の誤りは「帰無仮説が正しいのに、これを棄ててしまった誤り」でした。これに対して、もう一つの誤りは「帰無仮説が間違っていたのに、これを棄てなかった誤り」で、第二種の誤りと呼ばれています。つまり、「**間違っているのにぼんやりしていて棄てそこなった過ち**」です。

第二種の誤りをもう少し詳しく見てみよう

この第二種の過ちを犯す確率は、第一種の過ちを犯す確率ほど単純ではありません。そこで、次の母平均μの右側検定を例にもう少し詳しく見てみましょう

帰無仮説：$\mu = \mu_0$

対立仮説：$\mu > \mu_0$

第一種の誤りを犯す確率αは危険率（有意水準）ですから次ページの図の青い部分の確率です。これはわかりやすいのですが、第二種の

誤りを犯す確率βは図示するのは困難です。なぜならば母平均μはμ_0より大きいというだけで、μがどんな値か定まらずいろいろな場合があるからです。そこでμはμ_0より大きな定まった値として、αとβを図示してみました。

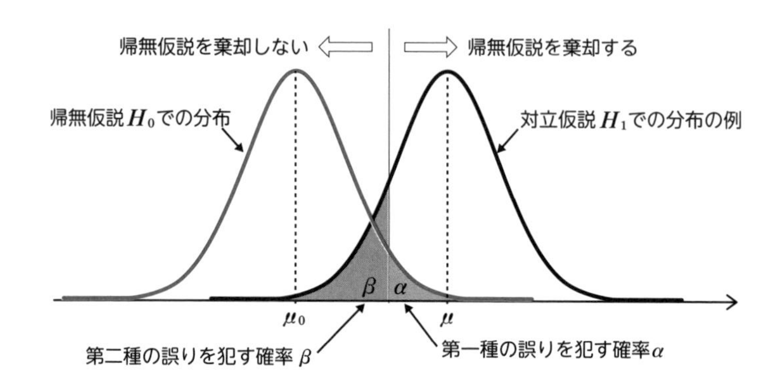

このとき、図のグレーの部分の確率が第二種の誤りを犯す確率βとなります。αを小さくすれば青い縦線が右に移動しβは大きくなり、逆にαを大きくすれば、青い縦線は左に移動しβが小さくなることがわかります。αとβはまさしく**トレードオフ**の関係なのです。つまり、両者には、「一方を立てれば他方が立たない」という関係があるのです。

これはちょうど火災報知器の精度と誤報の関係に似ています。火災報知器のセンサーの精度を上げて火災の予兆を見落とさないようにすれば、火災でない些細な熱にも反応して誤報が多くなってしまうようにです。

4-4 検定手順のマニュアル化

検定はその原理さえわかっていれば、恐れるに足らず。なぜなら、検定は手順が決まっているからです。したがって、この手順に従えば誰でも簡単に検定を行なうことができます。

●検定の手順

検定の手順は次のようにマニュアル化できます。

（ⅰ）帰無仮説と対立仮説を設定する。

（ⅱ）「帰無仮説が正しい」という前提のもとで、母集団から得た標本の統計量の分布を調べる。

（ⅲ）有意水準を決め、（ⅱ）の分布において対立仮説に有利となる棄却域を設定する。

（ⅳ）実際に標本を抽出し、統計量の値（実測値）が（ⅲ）で設定した棄却域に入るかどうかを調べる。

・棄却域に入れば帰無仮説を棄却し、対立仮説を**採択**する。

・標本が棄却域になければ、帰無仮説を**受容**する。

なお、帰無仮説が棄却されないとき、帰無仮説は受容するといいますが、今までの説明からわかるように、積極的な意味で肯定したわけではありません。「帰無仮説を棄却するには十分な理由を見い出せない」ということです。

●具体例で検定の手順を確認しよう

復習もかねて次の例で検定の手順を確認しましょう。

〔例〕 あるコインを振ってみたら、どうも「表が裏より出やすいのでは？」と思われます。そこで、「このコインは表が裏より出やすい」ということを検定で立証してみましょう。

(ⅰ) 帰無仮説と対立仮説を設定する

これは次のようになります。

帰無仮説H_0：このコインは表と裏が同じ確率で出る　…　$p=0.5$

対立仮説H_1：このコインは表が裏より出やすい　……　$p>0.5$

ただし、pは表の出る確率。

(ⅱ)「帰無仮説が正しい」という前提のもとで、母集団から得た標本の統計量の分布を調べる

表と裏が同じ確率($p=0.5$)で出るコインを、ここでは、30回投げて表の出る回数Xを統計量としましょう。このときXは確率変数でXの確率分布は次のようになります（この分布は2項分布（§4−2）です)。

X	確率
0	0.000000
1	0.000000
2	0.000000
3	0.000004
4	0.000026
5	0.000133
6	0.000553
7	0.001896
8	0.005451
9	0.013325
10	0.027982
11	0.050876
12	0.080553
13	0.111535
14	0.135435
15	0.144464

X	確率
16	0.135435
17	0.111535
18	0.080553
19	0.050876
20	0.027982
21	0.013325
22	0.005451
23	0.001896
24	0.000553
25	0.000133
26	0.000026
27	0.000004
28	0.000000
29	0.000000
30	0.000000

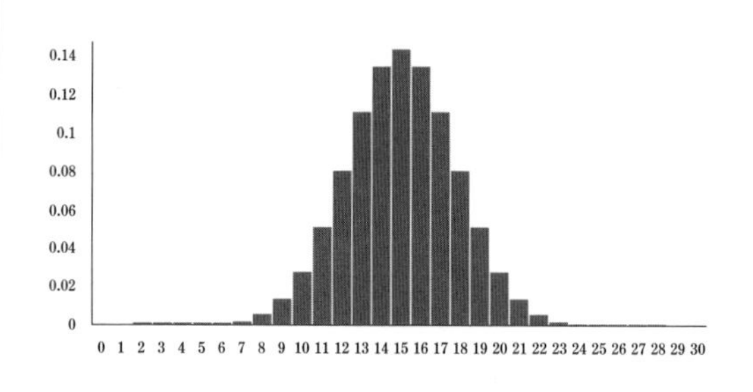

(iii) 有意水準を決め、(ii) の分布において対立仮説に有利となる棄却域を設定する

有意水準は5%か1%に設定しますが、ここでは5%とします。また、5%の棄却域を対立仮説に有利なように右側（20回以上）にとります。

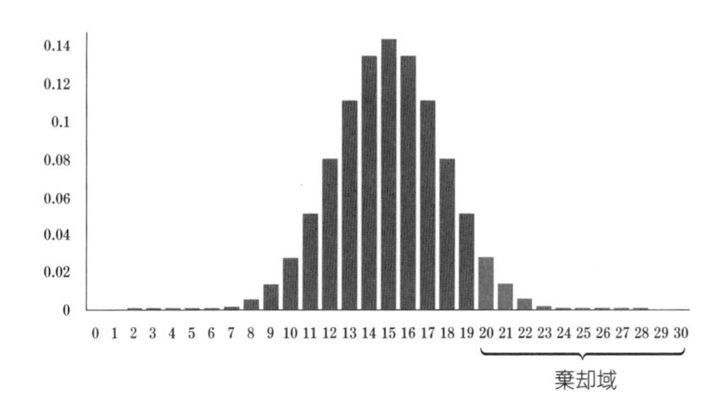

(iv) 実際に標本を抽出し、統計量の値（実測値）が (iii) で設定した棄却域に入るかどうかを調べる

実際に、コインを30回振って出た表の回数を調べます。

(イ) 表の出る回数が20回以上の場合

このときは棄却域に入るので、危険率5%で帰無仮説「表と裏が同じ確率で出る」を棄却します。つまり、対立仮説「表が裏より出やすい」を採択します。

(ロ) 表の出る回数が19回以下の場合

このときは棄却域に入りません。したがって帰無仮説「表と裏が同じ確率で出る」を棄てることはできないので、これを受容します。しかし帰無仮説が積極的に正しいと認められたわけではありません。

4-5 母平均の検定（その1） ～大標本の場合

母平均がある値から変化したかどうかを調べるのに「母平均の検定」が使われますが、その際、母分散は、通常、わかっていません。しかし、**標本の大きさがある程度大きければ、母分散が未知でも母平均の検定をすることができる**のです。なぜなら、未知である母分散については標本から求めた不偏分散で近似するからです。

なお、大きな標本の場合には、母集団分布がどんな分布であっても標本平均$\overline{X}$の分布はほぼ正規分布に従います（中心極限定理）。したがって、ここで紹介する検定は母集団分布がどんな分布でも使えます。

（注） 大きな標本とは、少なくとも大きさが30以上は必要でしょう。ただし、明確な基準があるわけではありません。

●母分散未知、母集団分布未知の場合の母平均の検定

次の具体例で実用的な検定を実感しましょう。

〔例〕 3年前の全国調査の結果、20歳男子の体重は平均値が64.4kgでした。この3年間で体重に変化が生じたと思われるので有意水準5%で検定を行なうことにします。

母分散が未知なので、大きめな標本を用いて検定してみます。

（i）帰無仮説と対立仮説を設定する

これは次のようになります。

帰無仮説：20歳男子の平均体重は変化しない

対立仮説：20歳男子の平均体重は変化した

このことを式で表現すると次のようになります。ただし、20歳男子の平均体重をμとします。

帰無仮説：$\mu = 64.4$

対立仮説：$\mu \neq 64.4$

（ii）帰無仮説が正しいという前提のもとで、母集団から得た標本の統計量の分布を調べる

標本の統計量として、ここでは、母集団から抽出した大きさ100の標本の標本平均$\overline{X}$を考えることにします。標本平均$\overline{X}$の分布は中心極限定理より、平均値が$\mu = 64.4$、分散が$\dfrac{\sigma^2}{100}$の正規分布に従います。ただし、σ^2は母分散です。

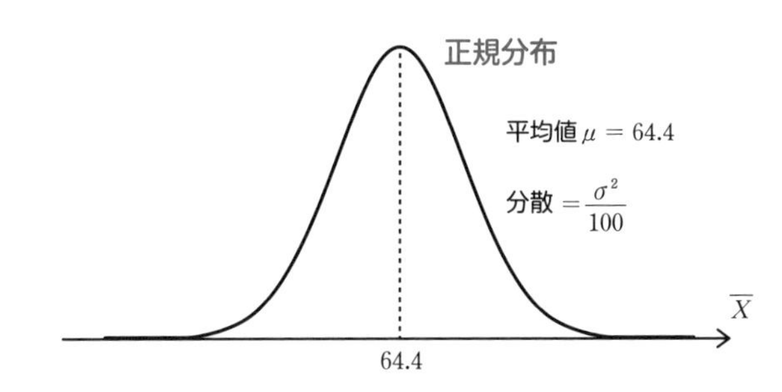

（iii）有意水準を決め、（ii）の分布において対立仮説に有利となる棄却域を設定する

対立仮説は単に変化したということなので、有意水準5%の棄却域を（ii）で得た分布の両側にとります。平均値$\mu = 64.4$、分散$\dfrac{\sigma^2}{100}$、標準偏差$\dfrac{\sigma}{10}$の場合、図の両側5%点a、bの値は次のようになります（§3−3）。

$$a = 64.4 - 1.96 \times \frac{\sigma}{10}$$

$$b = 64.4 + 1.96 \times \frac{\sigma}{10}$$

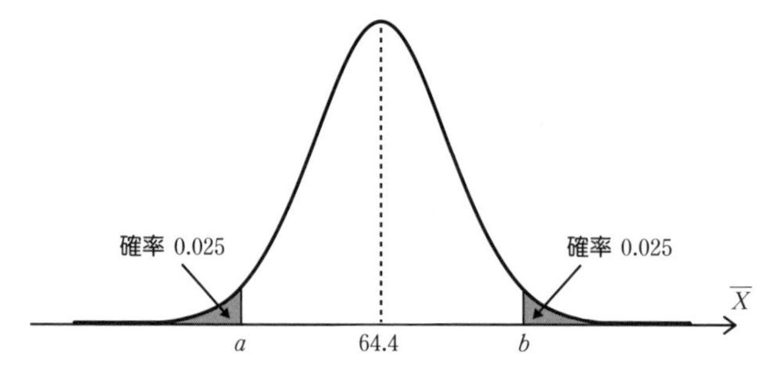

(iv) 実際に標本を抽出し、統計量の値（実測値）が（iii）で設定した棄却域に入るかどうかを調べる

いよいよ判定です。どうなることでしょうか。**公正無私の立場で大きさ 100 の標本を母集団から抽出します。つまり、ランダムサンプリングします。**すると、実際に抽出した標本の平均身長 $\overline{X}$ を調べてみたら 65.1、不偏分散 s^2 は 9.6^2、標準偏差 s は 9.6 となったとしましょう。

ここで、標本の大きさが大きいので、未知である母標準偏差 σ は標本から求めた不偏分散 s^2 より算出される標準偏差 $s=9.6$ で近似することにします。すると、両側 5%点 a、b の値は次のようになります。

$$a=64.4-1.96\times\frac{9.6}{10}=62.51\cdots \qquad b=64.4+1.96\times\frac{9.6}{10}=66.28\cdots$$

したがって、標本平均 $\overline{X}$ は 65.1 なので棄却域には入りません。よって、帰無仮説を受容することになります。

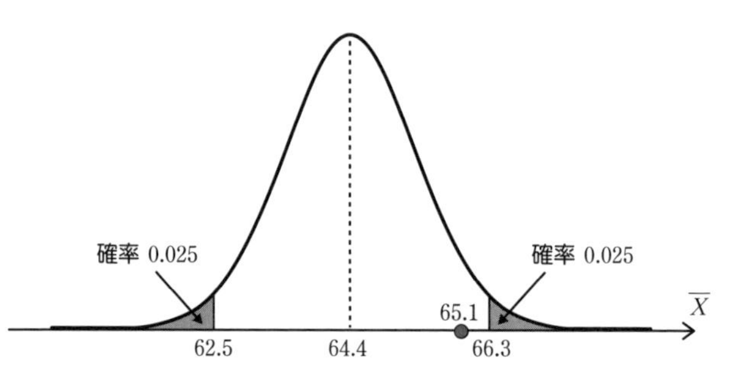

（注） 検定結果が気にくわないからと言って、自分の好みの結果が出るまで標本を抽出し続けてはいけません。（iv）で行なった、たった、1 回の標本調査の結果を受け入れることになります。このことは他の検定の場合でも同様です。

母平均の検定（その2）～小標本の場合

前節に引き続き、母分散が未知でも母平均の検定を行なうことができる検定を調べてみましょう。ただし、ここで紹介する検定は t **検定**と呼ばれているもので、**t 検定は標本の大小にかかわらず検定が可能**です。したがって、前節の検定では扱えなかった小さめの標本に対しては魅力的です。**ただし、母集団分布は正規分布に従う必要があります**。

●母分散が未知でも、正規母集団なら標本の大小によらず検定できる

次の具体例で実用的な検定を実感しましょう。

〔例〕 3年前の全国調査の結果、20歳男子の体重は平均値 μ が 64.4kg でした。この3年間で平均体重が増加したと思われるので有意水準5%で検定を行なうことにします。ただし、20歳男子の体重の分布は正規分布に従っているものとします。

母集団の分布が正規分布なので、t 分布（§3－8）を用いて小標本で検定を行なってみます。

（ⅰ）帰無仮説と対立仮説を設定する

これは次のようになります。

帰無仮説：20歳男子の平均体重は変化しない

対立仮説：20歳男子の平均体重は増えた

これらの仮説を式で表現すると次のようになります。

帰無仮説：$\mu = 64.4$

対立仮説：$\mu > 64.4$

（ⅱ）帰無仮説が正しいという前提のもとで、母集団から得た標本の統計量の分布を調べる

標本の統計量として、ここでは、母集団から抽出した大きさ20の標本

の標本平均 $\overline{X}$ を考えることにします。今回の検定では次の t 分布の性質を使います。

平均値が μ である正規母集団から大きさ n の標本 $\{X_1, X_2, \cdots, X_n\}$ を抽出し、その標本平均を $\overline{X}$、不偏分散を s^2、この不偏分散から算出される標準偏差を s とするとき、統計量 $T=\dfrac{\overline{X}-\mu}{\dfrac{s}{\sqrt{n}}}$ は自由度 $n-1$ の t 分布に従う。

（注）$\overline{X}=\dfrac{X_1+X_2+\cdots+X_n}{n}$、$s^2=\dfrac{(X_1-\overline{X})^2+(X_2-\overline{X})^2+\cdots+(X_n-\overline{X})^2}{n-1}$

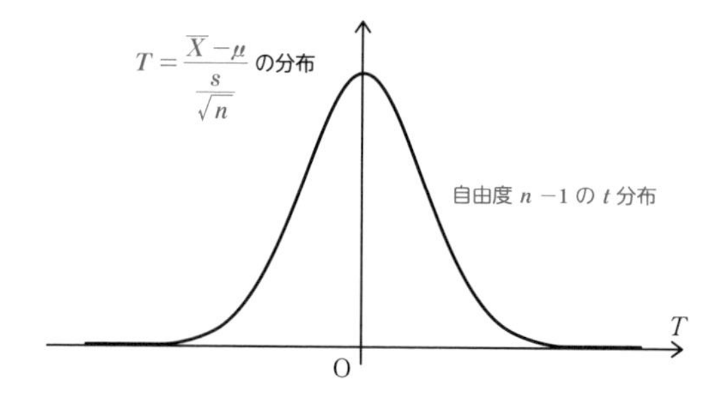

この性質より、平均値が $\mu=64.4$ である正規母集団から大きさ 20 の標本を抽出して得られる標本平均を $\overline{X}$ とすると、$T=\dfrac{\overline{X}-64.4}{\dfrac{s}{\sqrt{20}}}$ の分布は自由度 $20-1=19$ の t 分布に従います。

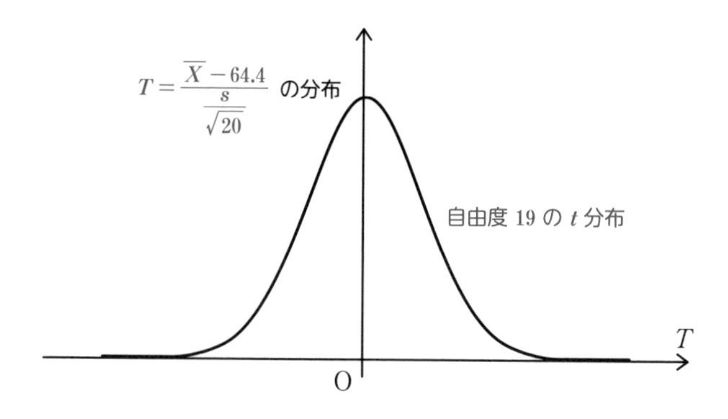

(iii) 有意水準を決め、(ii) の分布において対立仮説に有利となる棄却域を設定する

対立仮説は単に増加したということなので、有意水準5%の棄却域を(ii)で得た分布の右側にとります。すると、棄却域は$T \geqq 1.73$となります。

（注） 1.73の値はExcelなどの統計解析ソフトで求めます（§3−8参照）。

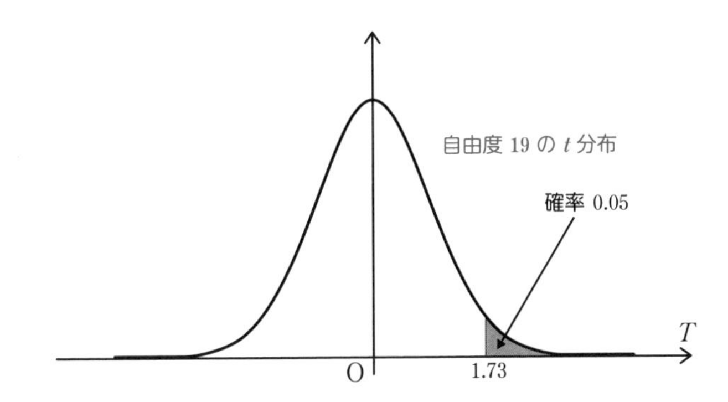

(iv) 実際に標本を抽出し、統計量の値（実測値）が (iii) で設定した棄却域に入るかどうかを調べる

いよいよ判定です。どうなることでしょうか。**公正無私の立場で大きさ20の標本を母集団から抽出します**。その結果、ここでは、標本平均$\overline{X}$は68.5、不偏分散s^2は9.2^2、標準偏差sは$s=9.2$となったとします。このとき、この標本によるTの値は、

$$T = \frac{68.5-64.4}{\dfrac{9.2}{\sqrt{20}}} = 1.99\cdots$$

この値は棄却域に入っています（次ページ図）。よって、帰無仮説「20歳男子の平均体重は変化しない」は棄却され、対立仮説「20歳男子の平均体重は増えた」が採択されます。なお、この判断が間違っている確率、つまり、危険率は5%です。

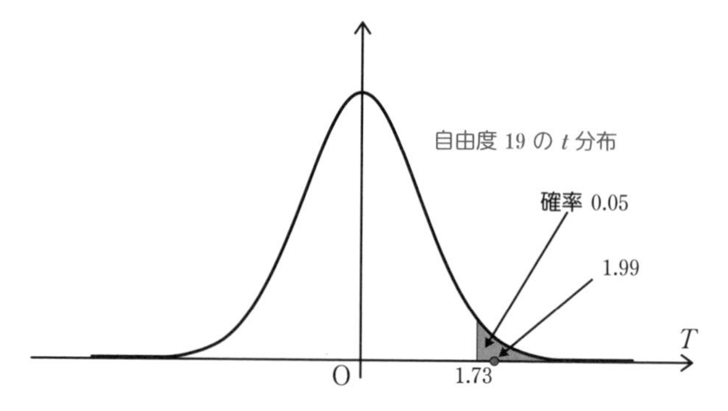

以上のように、t 分布の性質を使った検定を **t 検定**といいます。典型的な t 検定の例を紹介しましたが、この検定は小標本の場合に効力を発揮します。

（注） 小標本の明確な基準はありませんが、ほぼ 30 以下と考えられます。なお、t 検定は母集団の差の検定など、いろいろな検定に使われています。

スチューデントの t 分布

t 分布を使う検定を **t 検定**といいますが、この t 分布を発見したのはイギリス人のゴセット（1876 ～ 1937）です。彼はビール会社であるギネス醸造所の研究員でした。あの有名なギネス世界記録と関連のある会社です。

ゴセットは原材料からビールを醸造する際に、小標本による推定技術が大事なことに気づき、t 分布の発見にたどり着きました。

ゴセットの名を冠せずに「**スチューデントの t 分布**」（簡単に t 分布）という名を付けた理由は、会社が社員の論文を外部に出すことを禁止していたからだと言われています。会社と研究者の関係は昔から複雑なようです。

4-7 母比率の検定

「内閣支持率」や「離婚率」などが増えたとか減ったとか言っていますが、本当なのでしょうか。母比率に関する検定の理論で調べてみましょう。ただし、ここで紹介する母比率の検定は、ある程度、大きな標本を使う必要があります。

●大きめの標本であれば母比率を検定できる

次の具体例で、母比率の検定を実感しましょう。

〔例〕 最近の政府の動きから判断すると、内閣支持率が半年前の43.5%よりも下がったのではないかと思われます。この判断が正しいか否かを有意水準5%で検定してみましょう。

(i) 帰無仮説と対立仮説を設定する

内閣の支持率をRとすると、仮説は次のようになります。

帰無仮説：$R=0.435$

対立仮説：$R<0.435$

(ii) 帰無仮説が正しいという前提のもとで、母集団から得た標本の統計量の分布を調べる

標本の大きさnが大きければ以下のことが成立します。

> 母比率がRである母集団から大きさnの標本を抽出し、その標本比率をrとする。このとき、nがある程度大きければ、rは平均値がR、分散が$\frac{R(1-R)}{n}$の正規分布に従う。
>
> （ベルヌーイ分布（§3−9）と中心極限定理（§2−15））

標本の統計量として、ここでは、母集団から抽出した大きさ100の標本の標本比率 r を考えることにします。帰無仮説のもとでの標本比率 r は平均値が0.435、分散が $\frac{0.435(1-0.435)}{100}$ の正規分布に従います。

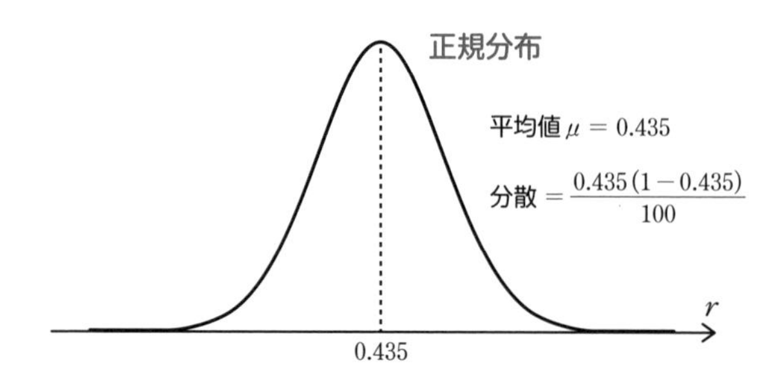

（iii）有意水準を決め、（ii）の分布において対立仮説に有利となる棄却域を設定する

対立仮説は支持率が下がったということなので、有意水準5%の棄却域を（ii）で得た分布の左側にとります。すると、棄却域は

$r \leqq 0.435-1.64\times\sqrt{\frac{0.435(1-0.435)}{100}}=0.353696\cdots$ となります。

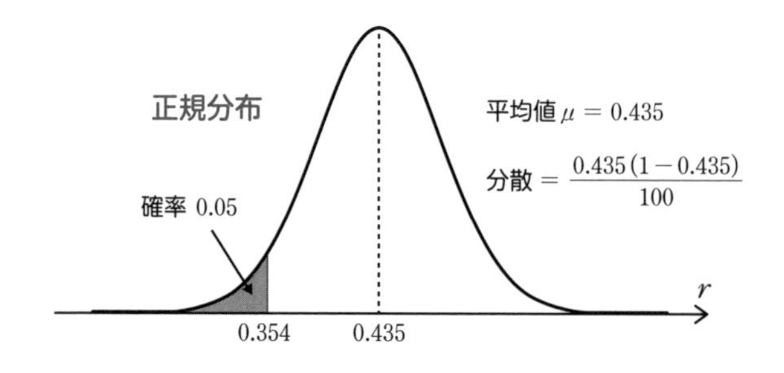

（注） 1.64の値は§2−11の〈Note〉、または、Excelなどの統計解析ソフトで求めます（§3−3参照）。

(iv) 実際に標本を抽出し、統計量の値（実測値）が（iii）で設定した棄却域に入るかどうかを調べる

いよいよ判定です。どうなることでしょうか。**公正無私の立場で大きさ100の標本を母集団から抽出します。つまり、ランダムサンプリングします。**その結果、ここでは、標準比率が $r=0.34$ となったとします。すると、この標本比率 $r=0.34$ は棄却域に入ります。ゆえに、帰無仮説は棄却され対立仮説「内閣の支持率は43.5%より下がった」が危険率5%で採択されます。

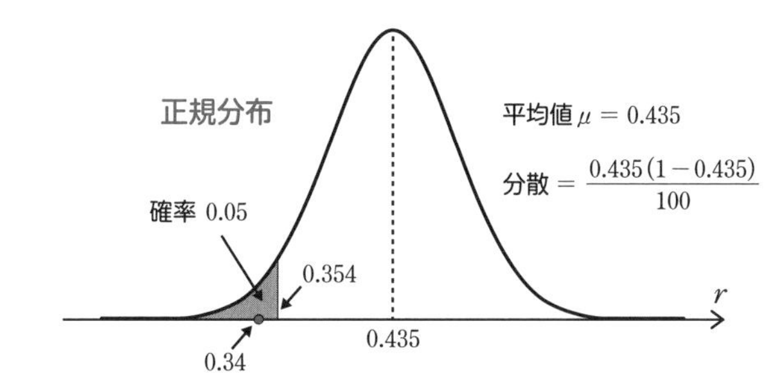

なお、有意水準1%の場合の棄却域は

$$r \leqq 0.435 - 2.33 \times \sqrt{\frac{0.435(1-0.435)}{100}} = 0.319488\cdots$$

となり、標本比率 $r=0.34$ は棄却域に入らないので、帰無仮説は受容されます。

（注） 上記2.33の値は§2－11の〈Note〉、または、Excelなどの統計解析ソフトで求めます（§3－3参照）。

4-8 母分散の検定

母集団が正規母集団であるとき、母分散がある値から変化したかどうかを調べる「母分散の検定」を調べてみましょう。そのためには、大きさ n の標本から得られる統計量 $\chi^2=\dfrac{(n-1)s^2}{\sigma^2}$ に着目します。ただし、σ^2 は母分散で s^2 は標本の不偏分散です。

●母分散も正規母集団なら検定できる

次の具体例で実用的な検定を実感しましょう。

〔例〕 工場で製造されるペットボトルの容量の分散 σ^2 は 7^2 でしたが、最近、分散が増えたように思えます。このことを有意水準5%で検定してみましょう。

(ⅰ) 帰無仮説と対立仮説を設定する

これは次のようになります。

帰無仮説：$\sigma^2=7^2$

対立仮説：$\sigma^2>7^2$

(ⅱ) 帰無仮説が正しいという前提のもとで、母集団から得た標本の統計量の分布を調べる

母分散の検定では次の性質を使います。

> 母分散が σ^2 である正規母集団から大きさ n の標本を抽出して得られる不偏分散を s^2 とする。このとき統計量 $\chi^2=\dfrac{(n-1)s^2}{\sigma^2}$ は自由度 $n-1$ の χ^2 分布に従う。

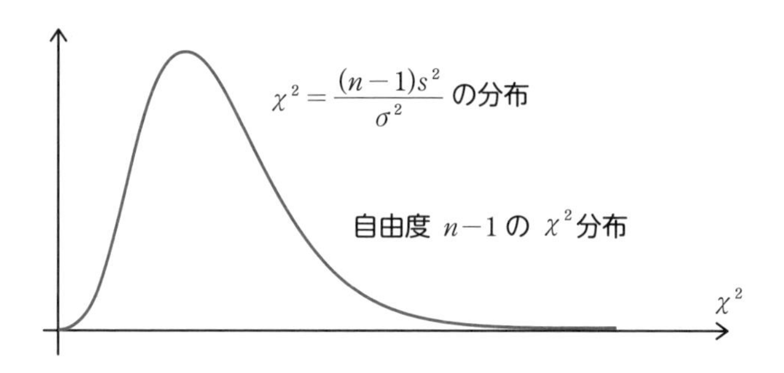

そこで、ここでは、標本の統計量として、大きさ20の標本から得られる$\chi^2=\dfrac{(20-1)s^2}{7^2}=\dfrac{19s^2}{49}$を利用することにします。この$\chi^2$は自由度19の$\chi^2$分布に従います。

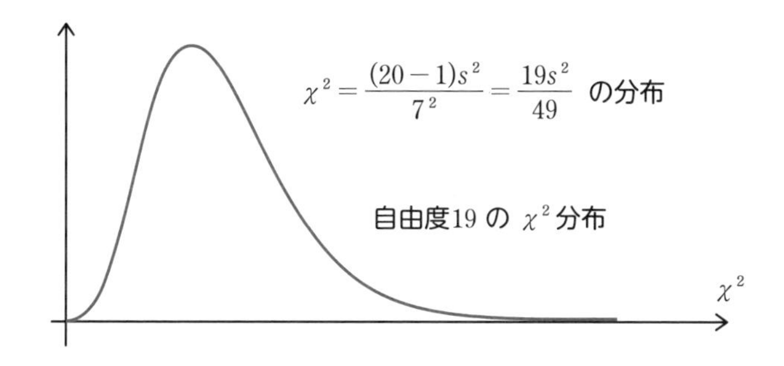

（注） 母分散σ^2が7^2となっているのは帰無仮説の仮定によります。

（iii）有意水準を決め、（ii）の分布において対立仮説に有利となる棄却域を設定する

対立仮説は単に増加したということなので、有意水準5%の棄却域を（ii）で得た分布の右側にとります。すると、棄却域は$\chi^2 \geqq 30.14$となります。

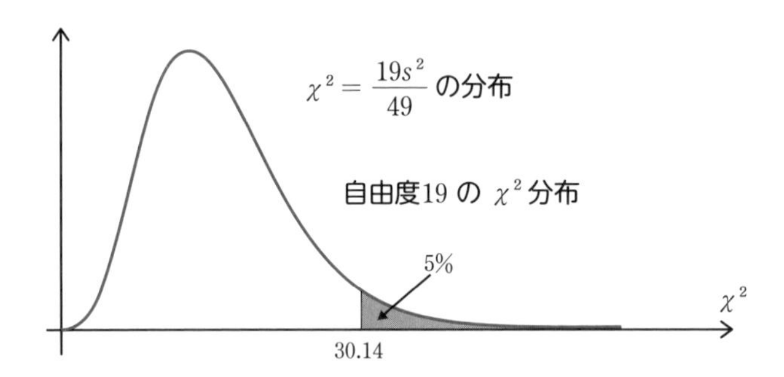

（注） 上記の 30.14 の値は Excel などの統計解析ソフトで求めます（§3−10 参照）。

（iv）実際に標本を抽出し、統計量の値（実測値）が（iii）で設定した棄却域に入るかどうかを調べる

いよいよ判定です。どうなることでしょうか。**公正無私の立場で大きさ 20 の標本を母集団から抽出します。つまり、ランダムサンプリングします**。その結果、ここでは、不偏分散 s^2 は 9.1^2 を得たとしましょう。このときの χ^2 の値は　$\chi^2=\frac{(20-1)s^2}{7^2}=\frac{19\times 9.1^2}{49}=32.11$ となります。

この値は棄却域に入っています。よって、帰無仮説「$\sigma^2=7^2$」は棄却され、対立仮説「$\sigma^2>7^2$」が採択されます。なお、この判断が間違っている確率、つまり、危険率は 5% です。

4-9 ノンパラメトリック検定

ノンパラメトリック検定とは、**母集団分布に正規分布などの特定の分布を仮定しない検定のこと**で、様々な検定方法が考え出されています。なお、今まで学んできた検定は「**ノン**」をとった単なる**パラメトリック検定**です。つまり、「母集団分布に正規分布などの特定の分布を仮定した検定」です。

●ノンパラメトリック検定は頑健

ノンパラメトリックのよいところは、どのような母集団分布から抽出されたデータであっても利用が可能なことです。この検定においてはデータの値をそのまま使いません。たとえば、データを順位（rank）や符号などに置き換えて利用します。このため、標本の中に他の観測値から飛び離れた値、つまり、異常値が含まれているような場合でも検定ができるのです。すなわち、頑健（robust：ロバスト）な検定法なのです。

しかし、このことはまた、データのもつ情報を全部使い切っていないので情報の損失にもつながります。それに、もとのデータの分布に関する情報を用いないので，パラメトリック検定に比べ検定力（検出力）が低下することがあります。

	A君	B君	C君	D君	E君	F君	G君	H君	I君	J君
身長	180	170	140	165	155	185	150	160	145	175
順位	2	4	10	5	7	1	8	6	9	3

測定値を順位に置き換えて検定する

（注）検定力とは「帰無仮説が誤っている場合に、帰無仮説を棄却する確率」のことです。

●ノンパラメトリック検定を体験してみよう

それでは、二つの母集団 A、B の平均値が等しいかどうかを「**マン・ホイットニーの U 検定**」と呼ばれるノンパラメトリック検定で検定してみましょう。

ここに、母平均が各々 μ_A, μ_B である二つの母集団 A、B から抽出した 2 つの標本 A' と B' があります。

	1	2	3	4	5	6	7	8	9	10	11	12
A'	33	53	65	57	54	54	34	71	40	50		
B'	58	40	25	49	48	55	55	45	44	47	55	39

この標本をもとに、母平均 μ_A, μ_B が等しいかどうか検定してみましょう。このときマン・ホイットニーの U 検定は標本のデータを直接使わず、これらのデータを合体して順位付けし、その順位をもとに検定します。

(i) 帰無仮説と対立仮説を設定する

帰無仮説と対立仮説を次のように設定し、有意水準 5%の両側検定とします。

帰無仮説：母平均は等しい（$\mu_A = \mu_B$）

対立仮説：母平均は等しくない（$\mu_A \neq \mu_B$）

(ii) 帰無仮説が正しいという前提のもとで、母集団から得た標本の統計量の分布を調べる

2 つの標本 A' と B' を合体した 22 個のデータを昇順に並べて順位をつけます。ただし、同順位が複数ある場合には、それらの各々に割り当てられるはずの順位の平均を付けることにします。たとえば、11 位が二つあれば二つとも 11.5 位とします。

	1	2	3	4	5	6	7	8	9	10	11	12	13	14	15	16	17	18	19	20	21	22
データ	25	33	34	39	40	40	44	45	47	48	49	50	53	54	54	55	55	55	57	58	65	71
順位	1	2	3	4	5.5	5.5	7	8	9	10	11	12	13	14.5	14.5	17	17	17	19	20	21	22

上の表で、色の付いた網掛けのデータが標本A'からのもので、網掛けのないデータが標本B'からのものです。

次に標本A'のデータに割り当てられた順位の和（表2の網掛け部分）$R_{A'}$と標本B'のデータに割り当てられた順位の和$R_{B'}$を各々求めます。

$$R_{A'}=2+3+5.5+12+13+14.5+14.5+19+21+22=126.5$$

$$R_{B'}=1+4+5.5+7+8+9+10+11+17+17+17+20=126.5$$

（注）ここでは、たまたま、$R_{A'}=R_{B'}$、一般には$R_{A'}\neq R_{B'}$である。

次に以下の$U_{A'}$、$U_{B'}$を求めます。ただし、nは標本A'の大きさ（ここでは10個)、mは標本B'の大きさ（ここでは12個）です。

$$U_{A'}=R_{A'}-\frac{n(n+1)}{2}=126.5-\frac{10\times 11}{2}=71.5$$

$$U_{B'}=R_{B'}-\frac{m(m+1)}{2}=126.5-\frac{12\times 13}{2}=48.5$$

$U_{A'}$、$U_{B'}$のいずれか一方をUとし、統計量 $z=\dfrac{U-\dfrac{nm}{2}}{\sqrt{\dfrac{nm(n+m+1)}{12}}}$

を考えます。この統計量zは帰無仮説のもとでは標準正規分布$N(0,\ 1^2)$に従うという性質があります。

（注）UとしてU_A、U_Bのどちらを用いてもzの絶対値は同じ値になる。

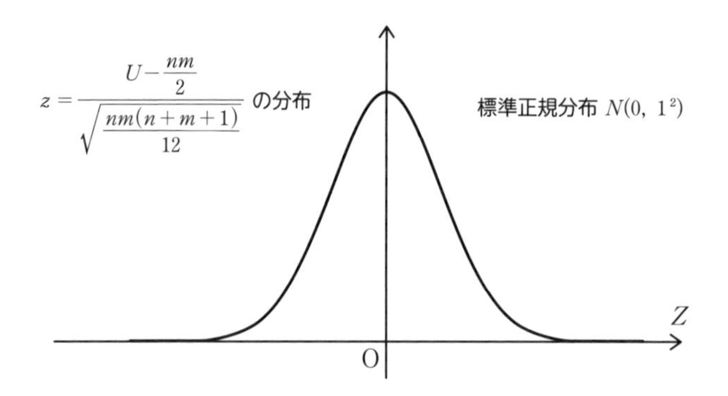

（iii）有意水準を決め、（ii）の分布において対立仮説に有利となる棄却域を設定する。

統計量zは標準正規分布$N(0,\ 1^2)$に従うので、両側5％の棄却域は

$$z \leqq -1.96 \quad \text{または} \quad z \geqq 1.96$$

となります（§2−11〈Note〉参照）。

（iv）統計量の値（実測値）が（iii）で設定した棄却域に入るかどうかを調べる。

$U = 71.5$、$n = 10$、$m = 12$としてzを求めると

$$z = 0.758$$

となります。$-1.96 < 0.758 < 1.96$　なので、これは（iii）で設定した棄却域に入りません。したがって、帰無仮説は棄却されません。

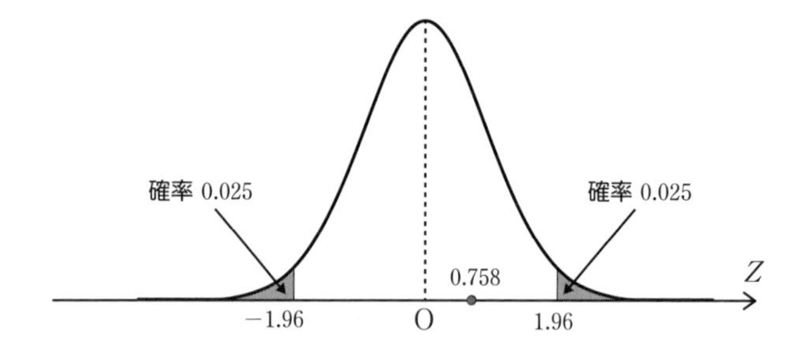

もう一歩進んで 分散分析とは

統計的検定の分野ですごく有名な**分散分析**について、基本的な考え方のみを具体例で紹介しておきましょう。このことを知っていると、今後、分散分析を学ぶ際に大いに役立ちます。

従来の販売方法 A、B に対して、花子さんは新しい販売方法 C を編み出しました。そこで、顧客の年齢、商品志向、経済力などがほぼ同じと見なせる 12 の販売地域を選定し、これを各 4 地域からなる 3 つのグループ P、Q、R に分け、この順に販売方法 A、B、C を実践しました。その後、売上を調べてみたら次の結果を得ました。

	販売方法A	販売方法B	販売方法C
グループ平均	58	61	64

（百万円）

そこで、花子さんは「販売方法 C の素晴らしさは明らかである」と言いました。すると、上司から「これは偶然、たまたまだよ」と言われました。どちらの判断が正しいのでしょうか。

結論からいうと、この 3 つのグループの平均点だけからでは、なんともいえません。それぞれの平均点の内訳を調べる必要があるからです。典型的な二つの場合を考えてみましょう。

(1) 各グループ内の売上のバラツキが大きい場合

各グループの平均点の内訳を調べてみたら下表のようになりました。

	販売方法A	販売方法B	販売方法C
販売区域	グループP	グループQ	グループR
1	53	72	61
2	49	49	69
3	72	67	52
4	58	56	74
グループ平均	58	61	64

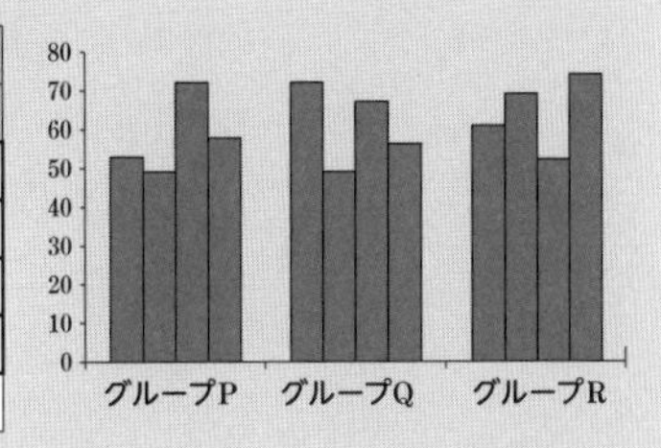

この場合、各グループ内の売上のバラツキが激しいので、販売方法Cによる売上の高さは偶然だと判断されてもおかしくありません。

(2) 各グループ内の売上のバラツキが小さい場合

各グループの売上の内訳を調べてみたら、下表のようでした。

	販売方法A	販売方法B	販売方法C
販売区域	グループP	グループQ	グループR
1	58	62	65
2	57	61	63
3	56	59	62
4	61	62	66
グループ平均	58	61	64

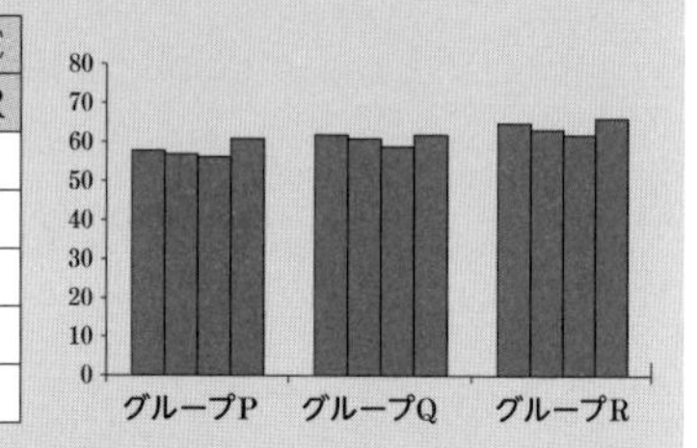

この場合、各グループ内の売上のバラツキが小さいので、販売方法Cによる売上の高さは偶然ではない、と判断できそうです。

そこで、グループ間の不偏分散s_1^2とグループ内の不偏分散s_2^2に着目し、もし、$\frac{\text{グループ間の不偏分散}\ s_1^2}{\text{グループ内の不偏分散}\ s_2^2}$が小さければ、グループ間の違いは偶然だと判断し、これが大きければグループ間の違いは偶然ではないと判断します。この検定方法が分散分析の基本哲学です。なお、この場合、不偏分散の比$\frac{s_1^2}{s_2^2}$は**F分布**という確率分布に従います。

（注）(2) の例の場合、$s_1^2 = Q_1/2 = 72/2$、$s_2^2 = Q_2/9 = 30/9$　ただし、

$$Q_1 = 4 \times \{(58-61)^2 + (61-61)^2 + (64-61)^2\} = 72$$

$$Q_2 = \{(58-58)^2 + \cdots + (61-58)^2\} + \{(62-61)^2 + \cdots + (62-61)^2\} + \{(65-64)^2 + (66-64)^2\} = 30$$

なお、Q_1はグループ間変動、Q_2はグループ内変動でQ_1、Q_2の自由度はそれぞれ (3−1)=2 と (4−1) × 3=9 となります。

第5章

ベイズの確率論

～経験をもとに判断する～

「2度あることは3度ある」
この考えを認めてあげる確率論

5-1 ベイズ理論の土台は「条件付き確率」

最近、統計学の中でも人気があるのがベイズ理論で、高校で学ぶ「**条件付き確率**」がその土台になっています。その「条件付き確率」から簡単に導かれる「ベイズの定理」を様々に解釈することで、ベイズ確率論やベイズ統計学といったベイズ理論がつくられています。伝統的統計学では「ベイズの定理」は使われていません。

そこで、まずは、ベイズの定理のもとになる条件付き確率を調べてみましょう。

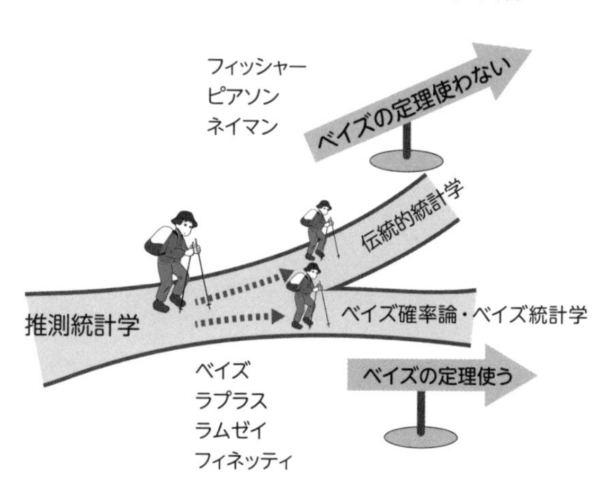

●確率に条件を付けたら

そもそも「条件付き確率」とは何でしょうか。まずは、次の例で考えてみましょう。

〔例〕ジョーカー1枚を含む合計53枚のトランプがあります。ここから1枚取り出したときに、それはハートでした。このとき、そのカードが絵札である確率はどのくらいでしょうか。

〔解〕引いたカードがハートだったので、確率を考える世界はジョーカーを含む53枚のカードから、ハートの13枚のカードに絞られます。この中にある絵札は3枚です。したがって、ハートであることがわかっているときに、それが絵札である確率は $\frac{3}{13}$ と考えるのが妥当ではないでしょうか。

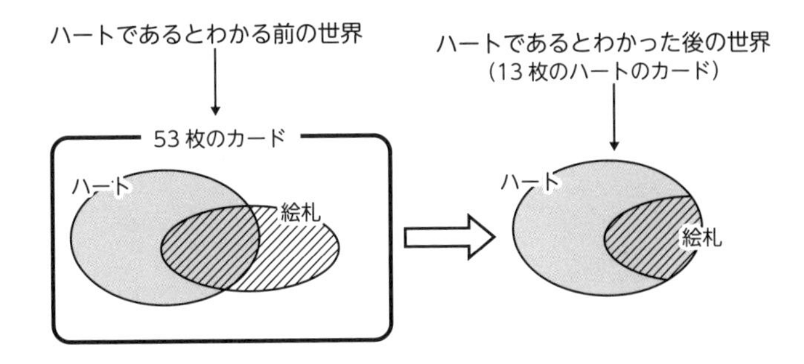

もし、ハートであることがわかっていなければ、ジョーカー 1 枚を含む合計 53 枚のトランプから 1 枚取り出したときに、それが絵札（ハートとは限らない）である確率は $\frac{12}{53}$ となります。これは $\frac{3}{13}$ とは異なる値です。条件が付くと確率は変わり得るのです。

●「条件付き確率」の定義

ハートであることがわかっているときに絵札である確率を

P(絵札／ハート)

と書くことにしましょう。すると、P(絵札／ハート) $= \frac{3}{13}$ と考えられます。数学的確率の定義 (§2−3) より、これは次のように変形できます。

$$P(\text{絵札}/\text{ハート}) = \frac{3}{13} = \frac{\frac{3}{53}}{\frac{13}{53}} = \frac{P(\text{絵札} \cap \text{ハート})}{P(\text{ハート})}$$

このようなことを踏まえて、「条件付き確率」というものを次のように定義し、確率の世界に新たな道具を追加します。

標本空間Uの二つの事象をA、Bとするとき、$\dfrac{P(A\cap B)}{P(A)}$を「事象Aが起きたときに、事象Bが起こる**条件付き確率**」といい、$P(B/A)$と書く。つまり、$P(B/A)=\dfrac{P(A\cap B)}{P(A)}$と定義する。ただし、$A\neq\phi$とする。

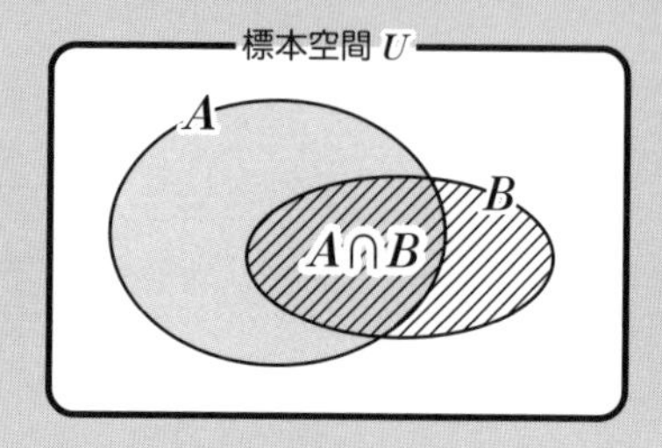

（注）専門書では条件付き確率を縦線を用いて$P(B|A)$と書くが、本書ではAが分母のイメージになるように斜線を使って$P(B/A)$と表現している。

条件付き確率$P(B/A)$は事象Aを新たな標本空間としたときに事象Bの起こる確率と考えられます。

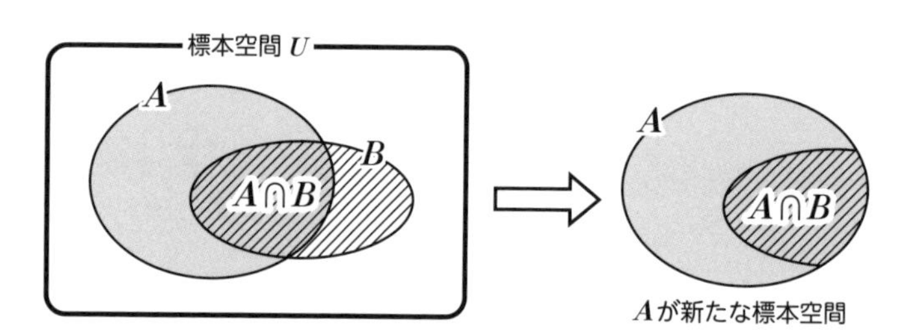

（注）日本の高校の教科書では$P(B/A)$のことを$P_A(B)$と表記しています。

数学的確率の限界とコルモゴロフによる確率の公理的定義

数学的確率(§2−3)の定義の際に使われた「根元(こんげん)事象が同様に確からしく起こる」ことは確かめようもありません。また、確率を定義するのに「同様に確からしく起こる」を使うことはトートロジー(同語反復)です。そのため、数学的確率のこの曖昧さを除去したのがコルモゴロフ(露:1903〜1987)の考え出した次の公理的定義です。むずかしいので眺めるだけで十分です。

標本空間Uが与えられているとき、その各々の事象A、Bに対して次の条件を満たす数$P(A)$を対応させる。

(1) $P(A) \geqq 0$

(2) $P(U)=1$

(3) $A \cap B = \phi$ であれば $P(A \cup B)=P(A)+P(B)$

このとき、**$P(A)$を事象Aの確率という。**

この(1)(2)(3)の3つを決めておくだけで、確率のいろいろな性質が導き出されます。

例 $P(\phi)=0$、$P(\overline{A})=1-P(A)$、$0 \leqq P(A) \leqq 1$

$P(A \cup B)=P(A)+P(B)-P(A \cap B)$ ……………………

この確率の公理的定義に、条件付き確率の定義

$P(B/A)=\dfrac{P(A \cap B)}{P(A)}$を加えた確率論がベイズ理論の根幹をなします。なお、数学的確率はこの公理的確率の特別な場合となります。つまり、標本空間の各根元事象に同じ値(根元事象がn個であれば$\dfrac{1}{n}$)を与えた場合なのです。伝統的統計学はランダムサンプリングを前提としているので数学的確率でカバーされます。

もう一歩進んで 主成分分析とは

たくさんの変数があるとき、それらを集約できれば助かります。たとえば、10の変数を1個か2個の変数で語ることができれば資料を明快に説明できます。具体例をもとに「主成分分析」の考え方を紹介しましょう。

ここに、20人の受験生の数学 (x)、理科 (y)、社会 (u)、英語 (v)、国語 (w) の5つの変量からなる得点データがあるとしましょう（下表）。ここで重みを付けた5つの変量の総和 z を考えてみましょう。

$z=ax+by+cu+dv+ew$ ただし、$a^2+b^2+c^2+d^2+e^2=1$

この**総合 z の分散が最大になるような a、b、c、d、e を求めて、もとの資料を分析する**のが**主成分分析**です。このとき、z は次のようになります。

（例）$z=0.49x+0.17y+0.20u+0.83v+0.07w$ ……①

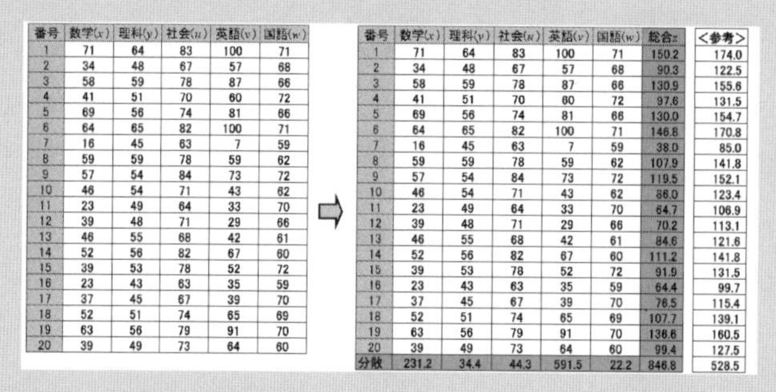

番号	数学(x)	理科(y)	社会(u)	英語(v)	国語(w)
1	71	64	83	100	71
2	34	48	67	57	68
3	58	59	78	87	66
4	41	51	70	60	72
5	69	56	74	81	66
6	64	65	82	100	71
7	16	45	63	7	59
8	59	59	78	59	62
9	57	54	84	73	72
10	46	54	71	43	62
11	23	49	64	33	70
12	39	48	71	29	66
13	46	55	68	42	61
14	52	56	82	67	60
15	39	53	78	52	72
16	23	43	63	35	59
17	37	45	67	39	70
18	52	51	74	65	69
19	63	56	79	91	70
20	39	49	73	64	60

⇨

番号	数学(x)	理科(y)	社会(u)	英語(v)	国語(w)	総合z	<参考>
1	71	64	83	100	71	150.2	174.0
2	34	48	67	57	68	90.3	122.5
3	58	59	78	87	66	130.9	155.6
4	41	51	70	60	72	97.6	131.5
5	69	56	74	81	66	130.0	154.7
6	64	65	82	100	71	146.8	170.8
7	16	45	63	7	59	38.0	85.0
8	59	59	78	59	62	107.9	141.8
9	57	54	84	73	72	119.5	152.1
10	46	54	71	43	62	86.0	123.4
11	23	49	64	33	70	64.7	106.9
12	39	48	71	29	66	70.2	113.1
13	46	55	68	42	61	84.6	121.6
14	52	56	82	67	60	111.2	141.8
15	39	53	78	52	72	91.9	131.5
16	23	43	63	35	59	64.4	99.7
17	37	45	67	39	70	76.5	115.4
18	52	51	74	65	69	107.7	139.1
19	63	56	79	91	70	136.6	160.5
20	39	49	73	64	60	99.4	127.5
分散	231.2	34.4	44.3	591.5	22.2	846.8	528.5

上の式①の各変量の係数 a, b, c, d, e はいずれも正の値ですから、新変量 z は各変量の数値を総合的に加え合わせたものなので「総合学力」とネーミングできます。英語 (v) の係数が最大ですから分散の大きい英語が総合学力において大きな役割を果たします。右側の参考は a, b, c, d, e をすべて等しく $1/\sqrt{5}$ ととった場合で、単純な合計点の考えに相当します。

5-2 条件付き確率を変形した「乗法定理」

事象 A が起きたときに事象 B が起こる**条件付き確率**を $P(B/A)$ と書き、$P(B/A)=\dfrac{P(A\cap B)}{P(A)}$ と定義しました（§5−1)。この定義式を少し変形したのが確率の乗法定理です。

…定義をちょっと変形させたものを「定理」というには少し心苦しいのですが。

●確率の乗法定理

条件付き確率 $P(B/A)=\dfrac{P(A\cap B)}{P(A)}$ の両辺に $P(A)$ を掛けて左辺と右辺を交換すると次式を得ます。これを**確率の乗法定理**といいます。

$$P(A\cap B)=P(A)P(B/A)$$

〔例〕 5 本中 3 本の当たりくじの入った袋がある。この袋から a 君、b 君の順にくじを引くとき、二人がともに当たる確率を求めてみよう。ただし、引いたくじはもとに戻さない。

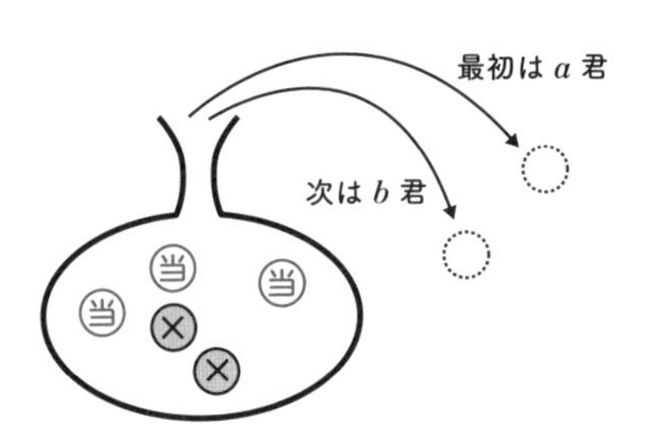

〔解〕 a 君が当たるという事象を A とし、b 君が当たるという事象を B とします。最初に引く a 君の当たる確率は $\dfrac{3}{5}$ です。このとき、残りくじは当たりくじ 2 本、外れくじ 2 本で構成されています。よって、A、B ともに起こる確率は $P(A\cap B)=P(A)P(B/A)=\dfrac{3}{5}\times\dfrac{2}{4}=\dfrac{3}{10}$ となります。

Note 事象の独立

§2−5では「試行の独立」を、§2−9では「確率変数の独立」を紹介しました。ここでは、「事象の独立」を紹介します。これは確率の乗法定理と関連していますからここで紹介しますが、この段階では読み飛ばしても支障はありません。

(1)「事象の独立」の定義

事象 A が起きたときに事象 B が起こる条件付き確率 $P(B/A)$ が事象 B の起こる確率 $P(B)$ に等しいとき、つまり、$P(B/A)=P(B)$ のとき二つの**事象 A と B は独立**であると定義します。

（注）独立でないときは「**従属**である」といいます。

証明は省きますが、事象 A と B が独立であれば

$$P(B/A)=P(B/\overline{A})$$

が成立します。これは、事象 A が起きても起きなくても事象 B の起こる確率は変わらないことを意味します。そのため、影響しないと思われる確率現象の世界を解明するときに、この独立の定義式は役に立ちます。

(2) 独立事象の乗法定理

事象 A と B が独立であれば定義より次の式が成立します。

$$P(B/A)=P(B) \quad \cdots\cdots①$$

また、条件付き確率の定義より $P(B/A)=\dfrac{P(A\cap B)}{P(A)}$ ……②

したがって、①、②より $\dfrac{P(A\cap B)}{P(A)}=P(B)$ ……③

この両辺に$P(A)$を掛けると$P(A \cap B) = P(A)P(B)$　……④

となります。よって次のことがいえます。

> 事象AとBが独立であれば $P(A \cap B) = P(A)P(B)$
>
> ただし、$A \neq \phi,\ B \neq \phi$

これを「**独立事象の乗法定理**」といいます。

(3) 事象の独立とベン図

$P(B/A) = P(B)$のとき二つの事象AとBは独立であると定義しましたが、このことは「事象Aにおける事象Bの占める割合と事象Bの標本空間全体に占める割合とが等しい」ことを意味しています。

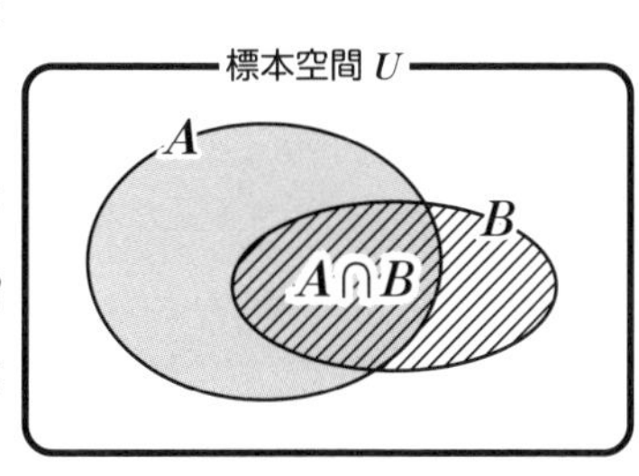

ただし、ベン図における面積は確率の大きさを表わしているとします（上右図）。このことをさらにわかりやすく表示するためにベン図における事象を矩形（くけい）で表わしてみましょう。下左は独立ですが、下右は独立ではありません。

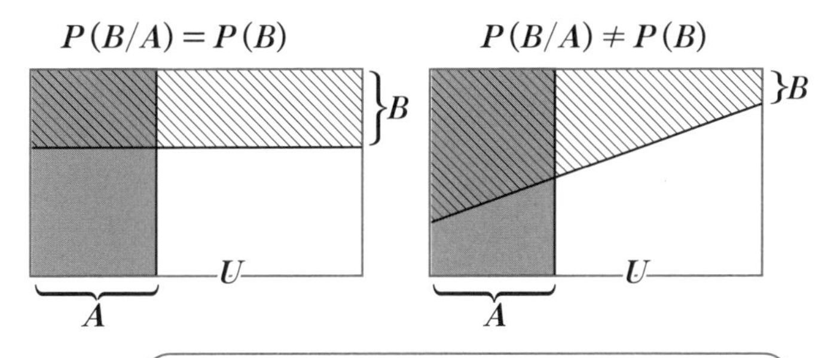

独立か独立でないとか、影響するとかしないとか、そういうことは、存在比率が保たれるかどうかということなんだ!!

5-3 「ベイズの定理」の誕生

現在人気の**ベイズ統計学**は、さぞかしむずかしい統計学だろうと思われがちです。ところが、この統計学は「条件付き確率」から簡単に導き出される**「ベイズの定理」をただ一つのよりどころにしている**のです。まずは、「条件付き確率」から「ベイズの定理」を導いてみましょう。

●ベイズの定理とは

事象Dが起きたことを前提にしたときに事象Hの起こる条件付き確率は

$$P(H/D)=\frac{P(H\cap D)}{P(D)} \quad \cdots\cdots ①$$

と定義されました(ただし、§5−1におけるBをHに、AをDに書き換えています)。

ここで、確率の乗法定理(§5−2)より次の式が成立します。

$$P(H\cap D)=P(H)P(D/H) \quad \cdots\cdots ②$$

②を①に代入すると

$$P(H/D)=\frac{P(H\cap D)}{P(D)}=\frac{P(H)P(D/H)}{P(D)}=\frac{P(D/H)}{P(D)}P(H)$$

つまり、

$$P(H/D)=\frac{P(D/H)}{P(D)}P(H) \quad \cdots\cdots ③$$

この③を**ベイズの定理**といいます。すべてのベイズ理論はこの定理、つまり、単純な式③から導き出されます。

●ベイズの定理に関する用語を覚えておこう

ベイズの理論ではベイズの定理 $P(H/D)=\dfrac{P(D/H)}{P(D)}P(H)$ における事象 H と事象 D を様々に解釈し、問題を解明していきます。たとえば、事象 H を原因や仮定（Hypothesis）、事象 D を結果や経験、**データ**（Data）などと解釈します。したがって、左辺の $P(H/D)$ は「結果 D を得たときに、原因が H である確率（**事後確率**）」を表わしていると解釈します。これに対して、右辺の $P(H)$ は「結果 D を得る前に、原因が H である確率（**事前確率**）」を表わしていると解釈します。

また、確率 $P(D/H)$ は**尤度**（ゆうど）と呼ばれています。原因が H であるときに結果 D が起こる「尤も（もっとも）らしい度合い」という意味です。ベイズの定理の右辺の分母 $P(D)$ は**周辺尤度**と呼ばれています。

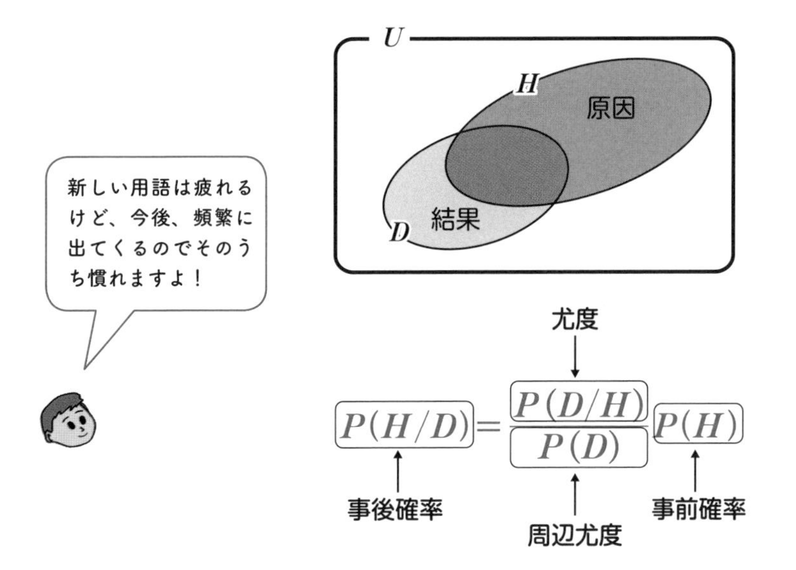

●因果関係を逆に見る

我々は、通常、「原因Hが存在し、その結果Dが生じる」と考えます。しかし、ベイズの定理を用いると、この逆、つまり、「結果Dが生じたとき、原因Hは何か」を考えることができます。

これを確率で表現すると、通常は$P(D/H)$、つまり「原因がHであるときにDという結果が起こる確率」を問題にしていましたが、ベイズの定理により、その逆の確率$P(H/D)$、つまり、「結果がDであるときに原因がHである確率」を考えることができます。このとき、$P(H/D)$と$P(D/H)$では確率の視点が逆になっています。つまり、これらは互いに**逆確率**なのです。

たとえば、表が$\frac{1}{2}$の確率で出るコイン（これが原因H）を1回投げて表（これが結果D）が出る確率$P(D/H)$は$\frac{1}{2}$ですが、ベイズの定理を用いるとコインを1回投げて表が出た（結果D）ときに、このコインの表の出る（これが原因H）確率$P(H/D)$を求めることが可能になります（§6−3）。つまり、たった1回の経験（データ）をもとに確率を判断できるのです。これは統計的確率（§2−2）とそれを理論的に保証する数学的確率（§2−3）では不可能なことです。実にスゴイことです。

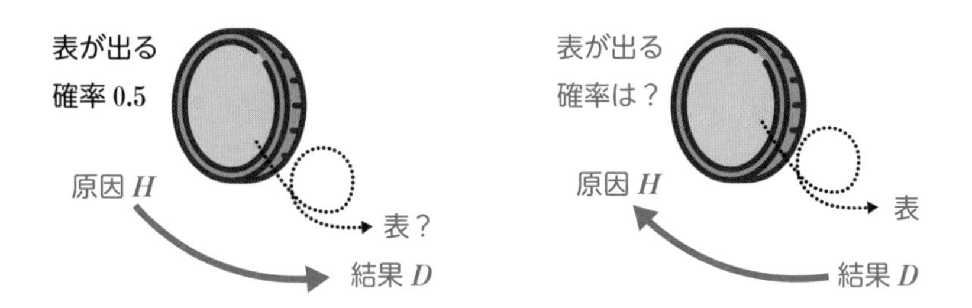

（注）ここでは事象Hを原因、事象Dを結果と解釈しましたが、事象Hを**仮説**、事象Dを**データ**と解釈したり、その他、状況に応じて事象H、事象Dを適当に解釈して使うことになります。

それでは、有名な具体例を用いてベイズの定理を用いた逆確率の世界を体験してみましょう。

〔例〕日本人がある病気に罹っている割合は2%である。その病気に罹っているかどうかを調べることができる検査薬があり、これを使うと、次の反応が出る。

(1) 病気である人は95%の確率で陽性反応

(2) 病気でない人は6%の確率で陽性反応

太郎君がこの検査薬で調べたところ、陽性反応が出ました。(1) から「僕はほぼ確実に病気なんだ」と悲嘆にくれているのですが、太郎君が実際にこの病気に罹っている可能性はどのくらいか。

〔解〕事象Hを病気に罹っている人、事象Dを陽性反応が出た人としましょう。すると、太郎君が実際に病気である確率は、陽性反応が出た（結果）ときにその人が病気（原因）である確率、つまり、$P(H/D)$となります。

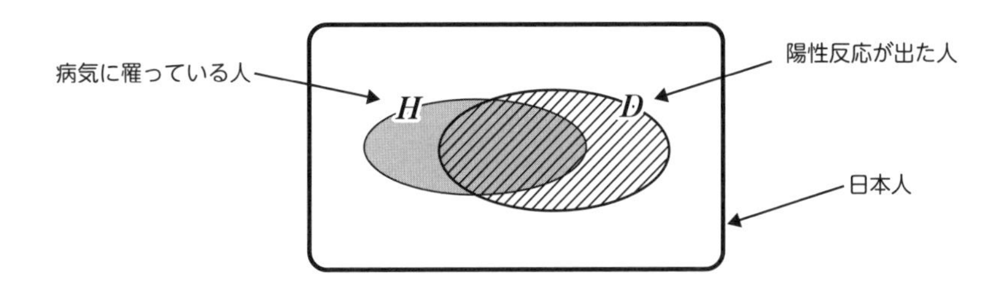

この確率はベイズの定理 $P(H/D)=\dfrac{P(D/H)}{P(D)}P(H)$ ……③を使えば求めることができます。条件より、$P(H)=0.02$、$P(D/H)=0.95$です。また、陽性反応が出る場合は「病気に罹っていて陽性反応」と「病気でな

いのに陽性反応」の二つの場合があり、これらは排反です。つまり、一方が起これば他方は起こりません。したがって、加法定理より、

$$P(D)=P(H\cap D)+P(\overline{H}\cap D)=P(H)P(D/H)+P(\overline{H})P(D/\overline{H})$$
$$=0.02\times0.95+0.98\times0.06=0.0778$$

よって、ベイズの定理③より

$$P(H/D)=\frac{P(D/H)}{P(D)}P(H)=\frac{0.95}{0.0778}\times0.02=0.244$$

この値は陽性反応が出たときに、その原因が病気である確率と考えられます。これを知った太郎君、ひとまずは安心したとのこと。人は（1）の確率（**尤度** §3−2）に目を奪われ、事前確率 $P(H)=0.02$ に疎（うと）くなりがちです。

（注）現代人気の行動経済学では、このことを「**基準率の無視**」と呼んでいます。

小学生でもわかるようにベン図で解明

なお、この例題をベン図で見ると下図のようになります。ただし、日本人全体を 10000 人としてみました。

すると、陽性反応の人で、本当に病気の人の割合は

$$\frac{190}{190+588}=\frac{190}{778}=0.244$$

となります。これはベイズの定理を用いた確率と一致します。

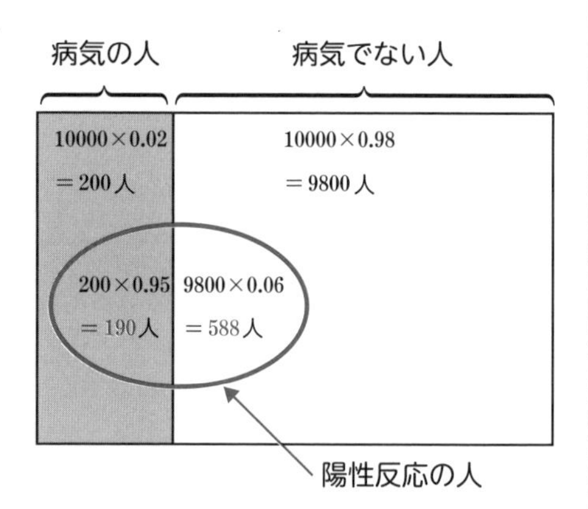

5-4 周辺尤度に「全確率の定理」

ベイズの定理 $P(H/D)=\dfrac{P(D/H)}{P(D)}P(H)$ における右辺の分母の$P(D)$は周辺尤度と呼ばれますが、この$P(D)$の計算には全確率の定理というものがよく使われます。名前ほど大それた定理ではありませんが、紹介しておきましょう。

●全確率の定理

排反事象の加法定理と乗法定理から導かれる次の定理を**全確率の定理**といいます。

標本空間Uが排反事象$H_1, H_2, \cdots, H_n$で構成されているとき、任意の事象Dに対して次の式が成立する。

$$P(D)=P(D\cap H_1)+P(D\cap H_2)+\cdots+P(D\cap H_n)$$
$$=P(H_1)P(D/H_1)+P(H_2)P(D/H_2)+\cdots+P(H_n)P(D/H_n)$$

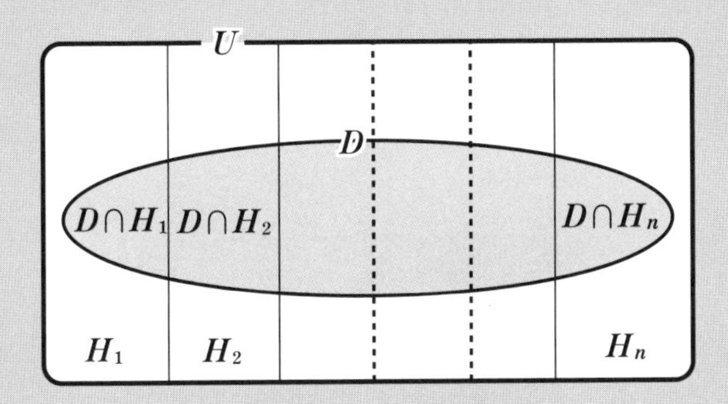

ただし、$U=H_1\cup H_2\cup\cdots\cup H_n$, $H_i\cap H_j=\phi\,(i\neq j)$

成立理由は簡単です。

$$D=(D\cap H_1)\cup(D\cap H_2)\cup\cdots\cup(D\cap H_n)$$

ここで、$(D\cap H_i)$と$(D\cap H_j)$は排反です。ただし、$i\neq j$

したがって、排反事象の加法定理より

$$P(D)=P(D\cap H_1)+P(D\cap H_2)+\cdots+P(D\cap H_n)$$

よって、乗法定理（§5−2）より

$$P(D)=P(H_1)P(D/H_1)+P(H_2)P(D/H_2)+\cdots+P(H_n)P(D/H_n)$$

〔例〕 100本の中に10本の「当たり」くじがある。最初にAさんが引き、次にBさんが引くとき、Bさんが当たる確率を求めてみましょう。ただし、最初に引くAさんが引いたくじはもとに戻さないとします。

〔解〕 Aさんが当たりくじを引く事象を同じ記号Aで、Bさんが当たりくじを引く事象を同じ記号Bと表わすことにしましょう（下図）。

すると、$U=A\cup\overline{A}$ でA と$\overline{A}$ は排反となります。

よって、全確率の定理より

$$P(B)=P(B\cap A)+P(B\cap\overline{A})=P(A)P(B/A)+P(\overline{A})P(B/\overline{A})$$
$$=\frac{10}{100}\times\frac{9}{99}+\frac{90}{100}\times\frac{10}{99}$$
$$=\frac{10}{100}$$

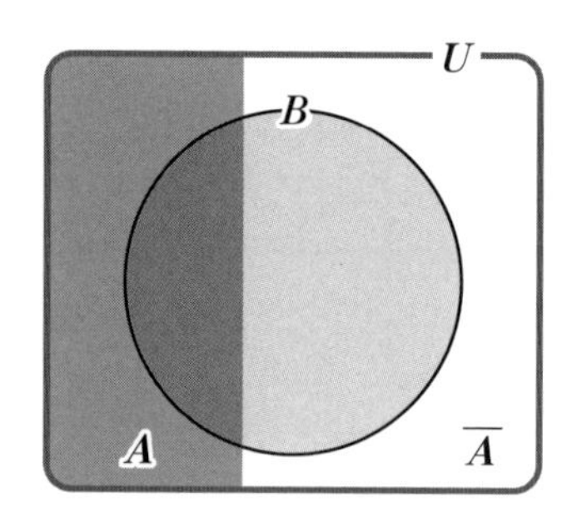

5-5 使いやすい「ベイズの展開公式」

ベイズの定理 $P(H/D)=\dfrac{P(D/H)}{P(D)}P(H)$ ……① で事象 H を原因、事象 D をデータ（結果）と解釈して使うとき、原因は H か H でないか（つまり $\overline{H}$ ）の二通りしか表現されていません。ところが、確率現象で考えられる原因はもっとたくさんあるはずです。そこで、ベイズの定理を複数の原因に対応できるように変形してみることにしましょう。

ベイズの定理は §5−3 では下左図をもとに解説しました。しかし、この図は下右図と同等です。ただし、$H_1=H,\ H_2=\overline{H}$ としました。

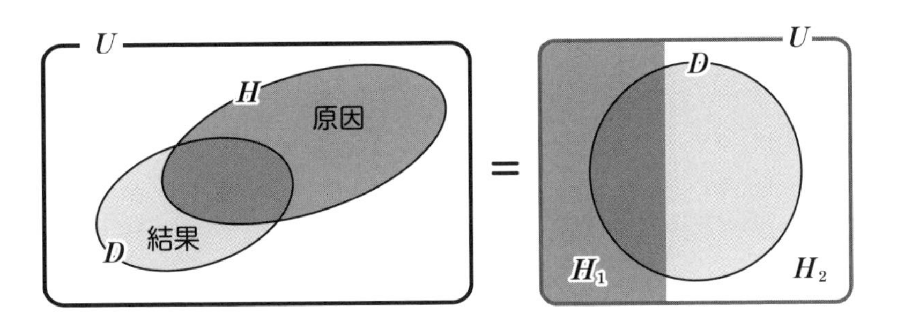

すると、このときベイズの定理①は事象 H_1 に着目すれば次のように表現できます。

$$P(H_1/D)=\frac{P(D/H_1)}{P(D)}P(H_1)$$

ここで、全確率の定理（§5−4）より

$$P(D)=P(D/H_1)P(H_1)+P(D/H_2)P(H_2)$$

同様に事象 H_2 に着目すればベイズの定理①は次のように表現できます。

$$P(H_2/D)=\frac{P(D/H_2)}{P(D)}P(H_2)$$

$$P(D)=P(D/H_1)P(H_1)+P(D/H_2)P(H_2)$$

以上のことを踏まえ、ベイズの定理を3個以上の原因に対応できるような表現にしてみましょう。

●ベイズの展開公式

原因Hをn個にしたらベイズの定理は次のように表現できます。これを本書ではベイズの定理①に対してベイズの展開公式と呼ぶことにします。周辺尤度$P(D)$が原因ごとに分割された表現になっているからです。

〈ベイズの展開公式〉

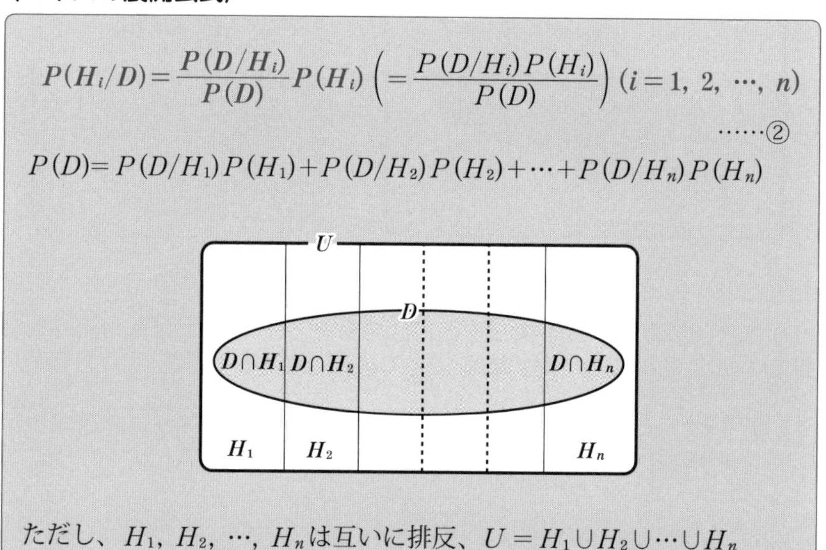

$$P(H_i/D)=\frac{P(D/H_i)}{P(D)}P(H_i)\left(=\frac{P(D/H_i)P(H_i)}{P(D)}\right)\ (i=1,\ 2,\ \cdots,\ n) \quad \cdots\cdots②$$

$$P(D)=P(D/H_1)P(H_1)+P(D/H_2)P(H_2)+\cdots+P(D/H_n)P(H_n)$$

ただし、$H_1,\ H_2,\ \cdots,\ H_n$は互いに排反、$U=H_1\cup H_2\cup\cdots\cup H_n$

上記において、事後確率$P(H_i/D)$はデータDを得たとき原因がH_iである確率を、事前確率$P(H_i)$は原因H_iが成立する確率を、尤度$P(D/H_i)$は原因H_iからデータDが生起される確率（尤度）を表わします。また、周辺尤度$P(D)$はデータDが原因$H_1,\ H_2,\ \cdots,\ H_n$のどれかから得られる確率の総和を表わしています。

以上で、複数の原因に対してベイズの定理を応用する準備ができました。

〔例〕 A、B、C の 3 国の携帯電話利用者について調べたところ、A 国の場合 60%、B 国の場合 30%、C 国の場合 10%が Q 社の携帯電話を利用していました。この 3 国から携帯電話利用者 1 人を無作為に選んだところ、その人は Q 社の携帯電話を使っていました。その利用者が A 国の人である確率を求めてみましょう。ただし、各国の携帯電話利用者数の比は 1：2：3 とします。

〔解〕 問題の意味を理解するには図を書いてみるといいでしょう。たとえば、こんな図が描けます。

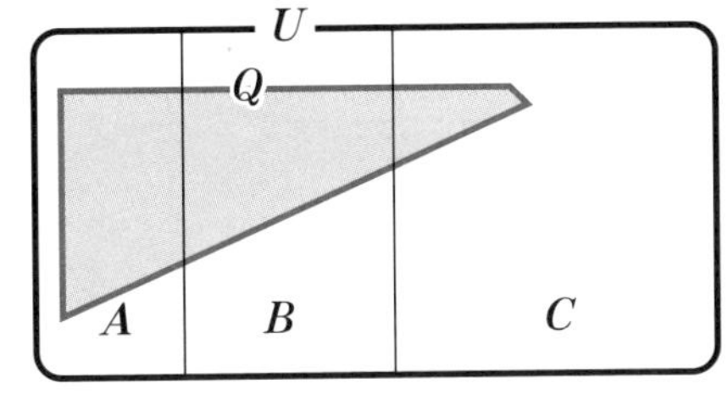

ベイズの展開公式②において $n=3$ で、H_1, H_2, H_3 がそれぞれ A、B、C となり D が Q の場合に相当します。

題意から次のことが成り立ちます。

$$P(Q/A)=0.6、P(Q/B)=0.3、P(Q/C)=0.1$$

$$P(A)=\frac{1}{6}、P(B)=\frac{2}{6}、P(C)=\frac{3}{6}$$

$$\begin{aligned}P(Q)&=P(A\cap Q)+P(B\cap Q)+P(C\cap Q)\\&=P(Q/A)P(A)+P(Q/B)P(B)+P(Q/C)P(C)\end{aligned}$$

よって、$P(A/Q)=\dfrac{P(Q/A)}{P(Q)}P(A)$

$$=\frac{0.6}{0.6\times\frac{1}{6}+0.3\times\frac{2}{6}+0.1\times\frac{3}{6}}\times\frac{1}{6}=\frac{2}{5}=0.4$$

第5章 ベイズの確率論

●ベイズの展開公式は基本的には条件付き確率

ベイズの展開公式②は次のように書けます。

$$P(H_i/D)=\frac{P(D/H_i)P(H_i)}{P(D)}=\frac{P(D\cap H_i)}{P(D)}$$

$$=\frac{P(D\cap H_i)}{P(D\cap H_1)+P(D\cap H_2)+\cdots+P(D\cap H_i)+\cdots+P(D\cap H_n)}$$

$$(i=1,\ 2,\ \cdots,\ n)$$

これはデータ D における原因 H_i が占める割合なのです。したがって、ベイズの展開公式を使って混乱したときは、このこと、つまり、「$P(H_i/D)$ はデータ D における原因 H_i が占める割合のことだ」を思い起こすといいでしょう。

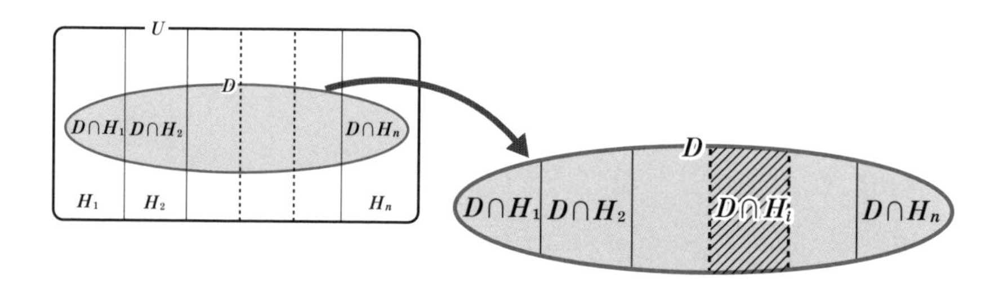

すると、先の〔例題〕の解答は次のようになります。

$$P(A/Q)=\frac{P(Q\cap A)}{P(Q\cap A)+P(Q\cap B)+P(Q\cap C)}$$

$$=\frac{P(Q/A)P(A)}{P(Q/A)P(A)+P(Q/B)P(B)+P(Q/C)P(C)}$$

$$=\frac{0.6\times\frac{1}{6}}{0.6\times\frac{1}{6}+0.3\times\frac{2}{6}+0.1\times\frac{3}{6}}=0.4$$

5-6 「理由不十分の原則」で柔軟に対処

従来の確率の考えで確率現象を解明しようとすると、条件が不足していて解明が困難なことが多々あります。ベイズの確率論では、こんな時にも、不足の条件を補って確率現象の解明を試みます。そのとき使われるのが**理由不十分の原則**というものです。

以下に、理由不十分の原則という考え方を紹介しますが、この考え方は曖昧だということで、長い間、ベイズ理論は人々に受け入れてもらえませんでした。しかし、この曖昧性、不厳密性が柔軟性に転じ、「経験」や「常識」をとり込んだ処理をベイズ理論は可能にしていくのです。

●理由不十分の原則

理由不十分の原則はベイズの定理において事前確率 $P(H)$ が不明の時には、これを**「同等の精神」で適当に設定してしまおう**という考え方です。まずは、ベイズ確率論においてよく使われる「壺の問題」を例にして、この考え方を紹介しましょう。

〔例〕 外からは区別がつかない2種類の壺 α と壺 β がある。壺 α には青玉2個と白玉1個が、壺 β には青玉1個と白玉2個がそれぞれ入っている（下左図）。ここに、壺 α か、壺 β か、区別のつかない壺が一つある（下右図）。この壺から1個取り出したら青玉であった。この情報から、この壺が α である確率を求めてみよう。

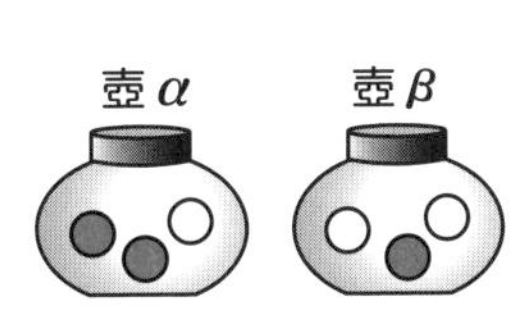

〔解〕 この壺はαかβのいずれかです。したがって壺から1個取り出したら青玉であるとき、壺の原因Hとしては次の二つが考えられます。

原因H_1：壺αから玉が取り出される

原因H_2：壺βから玉が取り出される

壺から1個の玉を取り出したとき、結果Dは青玉か白玉の二通りである。

結果B：取り出した玉が青玉

結果W：取り出した玉が白玉

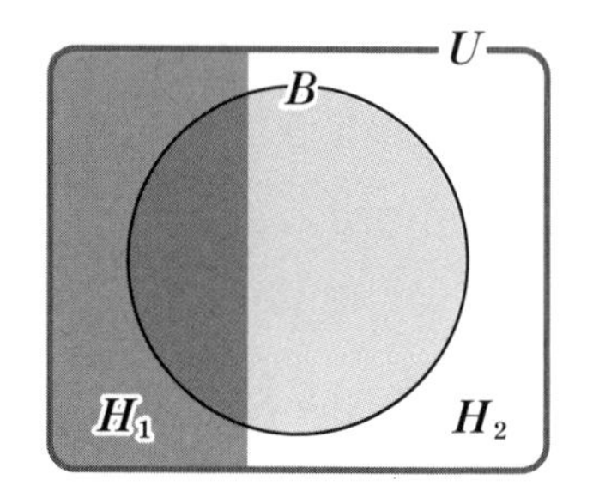

今回は、取り出した玉が青玉でしたから、この状況をベン図で描くと右図のようになります。

取り出した玉が青玉Bであったことから、次のベイズの展開公式を用いて事後確率$P(H_1/B)$を求めてみましょう。

$$P(H_1/B)=\frac{P(B/H_1)}{P(B)}P(H_1)$$

$$P(B)=P(B/H_1)P(H_1)+P(B/H_2)P(H_2)$$

この$P(H_1/B)$の値が1個の玉を取り出して青玉であるときに、それが事象H_1、つまり、壺αから取り出された確率と考えられます。ここで、与えられた条件から、ベイズの展開公式における$P(B/H_1)$の値、つまり、尤度がわかります。

$$P(B/H_1)=\frac{2}{3}$$ ……①（壺αは3個中2個が青玉より）

困ったことに、壺αの存在確率$P(H_1)$、壺βの存在確率$P(H_2)$については題意からは求めることができません。したがって、従来の確率論では、この例題は「条件不足で解答不能」ということになります。

しかし、ベイズ理論においては、特別な考え方をして解答を可能にしてしまいます。それは「**情報がないのだから、とりあえず壺αと壺βの存在**

確率は等しいと考える」というものです。このような考え方を**理由不十分の原則**といいます。わからないときには、「とりあえず適当な確率を仮定」しておいて、その後、**データを得るたびに、確率を現実に合うように更新していく**ことになります。そこで、この理由不十分の原則に従い、確率 $P(H_1)$、$P(H_2)$を次のように置いてみます。

$$P(H_1) = P(H_2) = \frac{1}{2} \quad \cdots\cdots ②$$

これで、周辺尤度 $P(B)$が求まります。

$$P(B) = P(B/H_1)P(H_1) + P(B/H_2)P(H_2) = \frac{2}{3} \times \frac{1}{2} + \frac{1}{3} \times \frac{1}{2}$$

よって、事後確率は、

$$P(H_1/B) = \frac{P(B/H_1)P(H_1)}{P(B)} = \frac{\frac{2}{3} \times \frac{1}{2}}{\frac{2}{3} \times \frac{1}{2} + \frac{1}{3} \times \frac{1}{2}} = \frac{2}{3} \quad \cdots\cdots ③$$

となります。つまり、この「壺から1個取り出したら青玉」という情報から、この壺が α である確率は $\frac{2}{3}$ と考えられます。

同様にして、この壺が β である確率は、

$$P(H_2/B) = \frac{P(B/H_2)P(H_2)}{P(B)} = \frac{\frac{1}{3} \times \frac{1}{2}}{\frac{2}{3} \times \frac{1}{2} + \frac{1}{3} \times \frac{1}{2}} = \frac{1}{3}$$

となります。つまり、この壺から1個取り出したら青玉という情報からこの壺が壺 β である確率は $\frac{1}{3}$ と考えることができるのです。

ホップステップジャンプ

ベイズ理論の計算の流れは、多くの場合、次の3つのステップから構成されています。事後確率を求める際には参考にするといいでしょう。

(i) 確率現象を数学のまな板にのせ(モデル化)、尤度を算出

(ii) 事前確率を設定する

(iii) ベイズの公式を用いて事後確率を算出する

こうして得られた事後確率を用いて、様々な確率計算をするのがベイズ理論のシナリオです。

先の例題では (i) に相当するのが、190ページの式①です。壺αには青玉2個と白玉1個があるので、これらの3つは同様に確からしく取り出されるとして$P(B/H_1)=\dfrac{2}{3}$と考えたわけです。

(ii) に相当するのが式②です。ここでは、理由不十分の原則によって、事前確率を$P(H_1)=P(H_2)=\dfrac{1}{2}$と設定したのです。

(iii) に相当するのが式③です。ここでは、ベイズの展開公式を用いて事後確率$P(H_1/B)=\dfrac{2}{3}$を導いています。

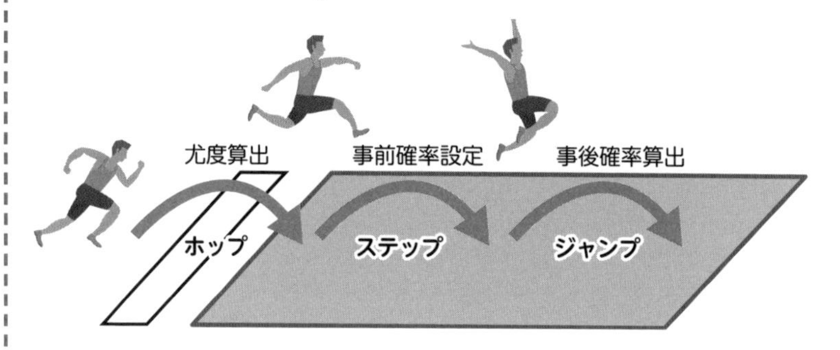

5-7 経験するたびに「ベイズ更新」

ベイズ理論では、理由不十分の原則をもとに、とりあえず適当な確率を仮定して暫定(ざんてい)的な問題の解明を図ります。その後は、**データを得るたびに、確率を現実に合うように更新し精度を高めていきます**。

ここでは、データを得るたびに確率を見直していくという、ベイズ特有の更新作業について調べてみましょう。

●ベイズ更新

データを得るたびに確率をどのように更新していくのか、前節をアレンジした次の壺の問題を例にして調べてみましょう。

〔例〕 外からは区別がつかない 2 種類の壺αと壺βがある。壺αには青玉 2 個と白玉 1 個が、壺βには青玉 1 個と白玉 2 個がそれぞれ入っている（下左図）。ここに、壺αか壺βかの区別がつかない壺が一つある（下右図）。この壺から玉を 1 個取り出してはもとに戻すという操作を 3 回行なった。すると、順に青・青・白の玉が出た。この情報からこの壺がαである確率を求めてみよう。

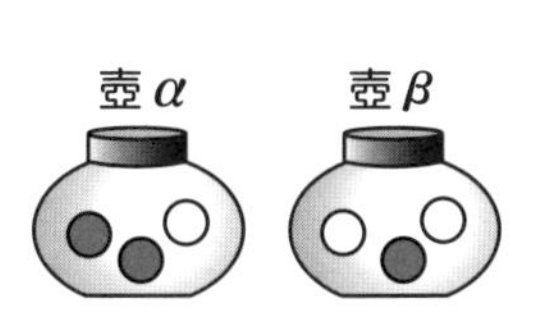

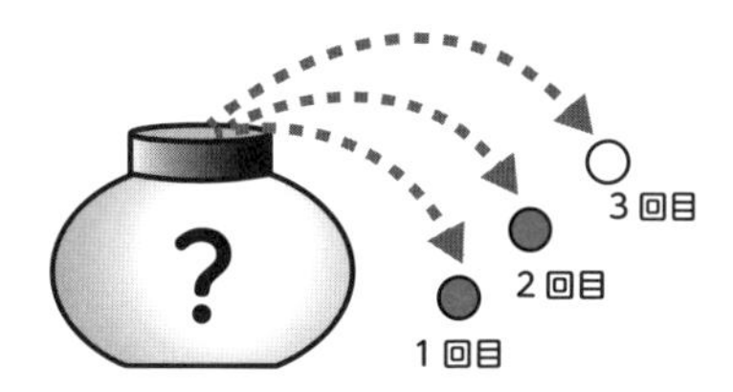

〔**解**〕前節と同様に、まずは、事象を設定しましょう。

壺から1個取り出して玉の色を調べるわけですが、そのときどちらの壺から取り出されるかによって次の二つの原因 H が考えられます。

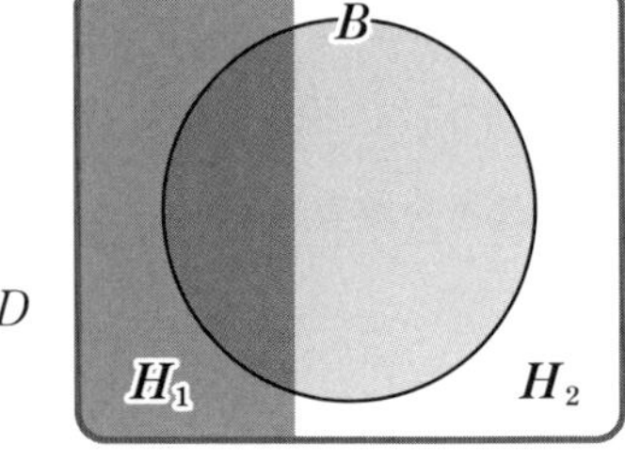

原因 H_1：壺 α から玉が取り出される

原因 H_2：壺 β から玉が取り出される

壺から1個の玉を取り出したとき、結果 D は青玉か白玉の二通りです。

結果 B：取り出した玉が青玉

結果 W：取り出した玉が白玉

〔1回目が青玉、という情報から〕

前節では、1回目に取り出した玉が青玉であることと、理由不十分の原則で事前確率を $P(H_1)=P(H_2)=\dfrac{1}{2}$ と仮定したことから、次の事後確率を得ました。

$$P(H_1/B)=\frac{2}{3} \qquad P(H_2/B)=\frac{1}{3}$$

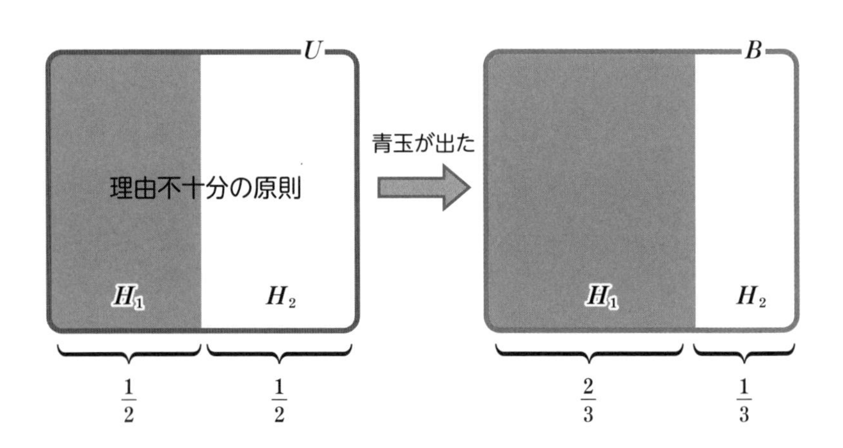

はじめる前は、αの壺だか、βの壺だかがわからないので、それぞれの確率を五分に設定したのですが、「青玉が出た」ということから青玉が多く入っている壺αの可能性が高まりました。我々の判断と似ています。

〔2 回目も青玉、という情報から〕

2回目に取り出した玉が「青玉」であるというデータを、次のベイズの展開公式に適用してみます。

$$P(H_1/B)=\frac{P(B/H_1)}{P(B)}P(H_1)$$

$$P(B)=P(B/H_1)P(H_1)+P(B/H_2)P(H_2)$$

ここで、問題になるのが事前確率$P(H_1)$、$P(H_2)$の設定です。1回目の時は事前に情報がなかったので、理由不十分の原則を用いて$P(H_1)=P(H_2)=\frac{1}{2}$と設定して、

事後確率$P(H_1/B)=\frac{2}{3}$、$P(H_2/B)=\frac{1}{3}$

を得ています。そこで、今回は、この1回目の事後確率をベイズ展開公式の2回目の事前確率として利用します。つまり、$P(H_1)=\frac{2}{3}$、$P(H_2)=\frac{1}{3}$とします。これを**ベイズ更新**といいます。

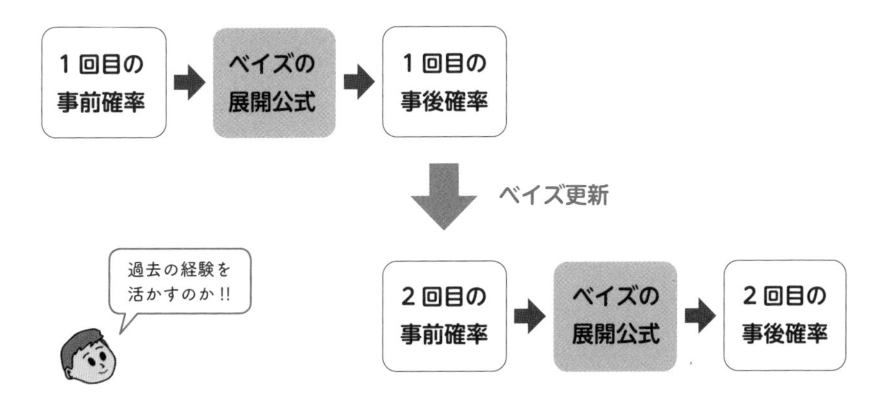

すると、$P(B/H_1)=\frac{2}{3}$、$P(B/H_2)=\frac{1}{3}$より、周辺尤度$P(B)$は

$$P(B)=P(B/H_1)P(H_1)+P(B/H_2)P(H_2)=\frac{2}{3}\times\frac{2}{3}+\frac{1}{3}\times\frac{1}{3}=\frac{5}{9}$$

よって、ベイズの展開公式より

$$P(H_1/B)=\frac{P(B/H_1)P(H_1)}{P(B)}=\frac{\frac{2}{3}\times\frac{2}{3}}{\frac{2}{3}\times\frac{2}{3}+\frac{1}{3}\times\frac{1}{3}}=\frac{4}{5}$$

これが、2回目が青玉だったときに、壺αの可能性の確率です。同様に計算して、これが壺βである確率は、次のとおりです。

$$P(H_2/B)=\frac{P(B/H_2)P(H_2)}{P(B)}=\frac{\frac{1}{3}\times\frac{1}{3}}{\frac{2}{3}\times\frac{2}{3}+\frac{1}{3}\times\frac{1}{3}}=\frac{1}{5}$$

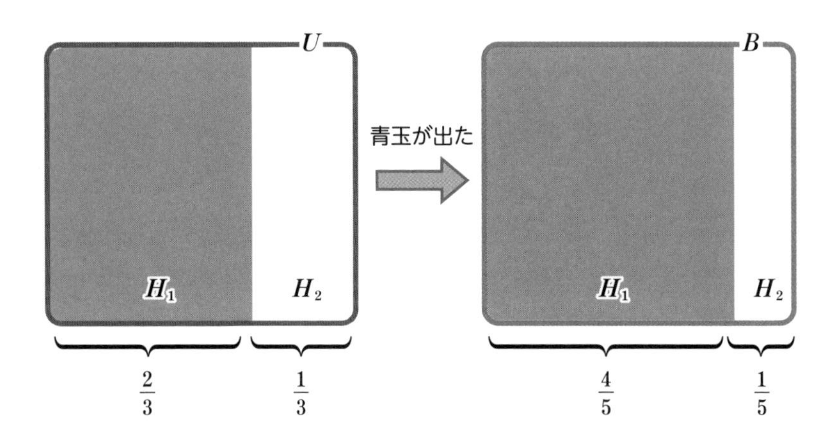

「1回目に続き、2回目も青玉だった」という情報から、青玉が多く入っている壺αの可能性がさらに高まりました。この結論も1回目が青玉だったときと同様に、我々の判断と似ています。

〔3回目は白玉、という情報から〕

3回目に取り出した玉が白玉であるというデータを、次のベイズの展開公式に適用してみます。

$$P(H_1/W)=\frac{P(W/H_1)}{P(W)}P(H_1)$$

$$P(W)=P(W/H_1)P(H_1)+P(W/H_2)P(H_2)$$

ここで、問題になるのが事前確率$P(H_1)$、$P(H_2)$の設定ですが、2回目の事後確率$P(H_1/B)=\frac{4}{5}$、$P(H_2/B)=\frac{1}{5}$を3回目の事前確率として使います（**ベイズ更新**）。つまり、$P(H_1)=\frac{4}{5}$、$P(H_2)=\frac{1}{5}$とします。

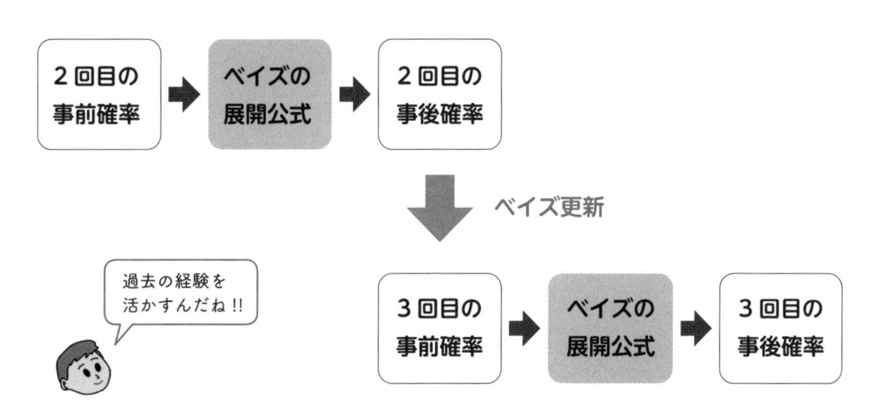

すると、$P(W/H_1)=\frac{1}{3}$、$P(W/H_2)=\frac{2}{3}$より、周辺尤度$P(W)$は次のようになります。

$$P(W)=P(W/H_1)P(H_1)+P(W/H_2)P(H_2)=\frac{1}{3}\times\frac{4}{5}+\frac{2}{3}\times\frac{1}{5}=\frac{2}{5}$$

よって、

$$P(H_1/W)=\frac{P(W/H_1)P(H_1)}{P(W)}=\frac{\frac{1}{3}\times\frac{4}{5}}{\frac{1}{3}\times\frac{4}{5}+\frac{2}{3}\times\frac{1}{5}}=\frac{2}{3}$$

これが、3回目が白玉だったときに、壺αの可能性の確率です。

同様に、壺βである確率は、次のようになります。

$$P(H_2/W)=\frac{P(W/H_2)P(H_2)}{P(W)}=\frac{\frac{2}{3}\times\frac{1}{5}}{\frac{1}{3}\times\frac{4}{5}+\frac{2}{3}\times\frac{1}{5}}=\frac{1}{3}$$

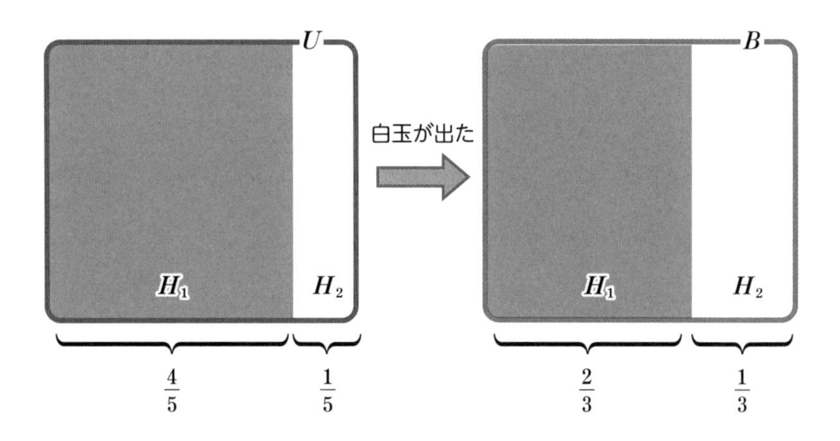

「1回目に続き、2回目も青玉だ」という情報から、青玉が多く入っている壺αの可能性がさらに高まりましたが、「3回目に白玉が出た」ことによって、壺αの可能性は少し減ってしまいました。まさに、我々の判断とそっくりです。

以上、理由不十分の原則を用いて計算を開始しましたが、その後はデータを得るたびに「ベイズの更新」によって確率を現実に合わせていきました。これがベイズ流のデータ処理方法なのです。

5-8 経験の順序を問わない「逐次合理性」

事前情報が乏しい場合、ベイズ理論では「理由不十分の原則」を用いて計算を始めましたが、その後はデータを得るたびに確率を現実に合わせていきました。ベイズ理論では、さらに、データが復元抽出などの独立試行で得られたものであれば、「データをとり込む順序によって、結論は左右されない」というありがたい性質があります。

前節の例題では玉の色が青・青・白の順でしたが、これが青・白・青の順であっても、結果（確率）は同じになります。以下でこのことを確かめてみましょう。

●逐次合理性とデータのとり込み順

まずは、前節の例と解答を整理して再掲します。

〔例〕 外からは区別がつかない2種類の壺αと壺βがある。壺αには青玉2個と白玉1個が、壺βには青玉1個と白玉2個がそれぞれ入っている（下左図）。ここに、壺αか壺βかの区別がつかない壺が一つある（下右図）。この壺から玉を1個取り出してはもとに戻すという操作を3回行なった。すると、順に青・青・白の玉が出た。この情報からこの壺がαである確率を求めてみよう。

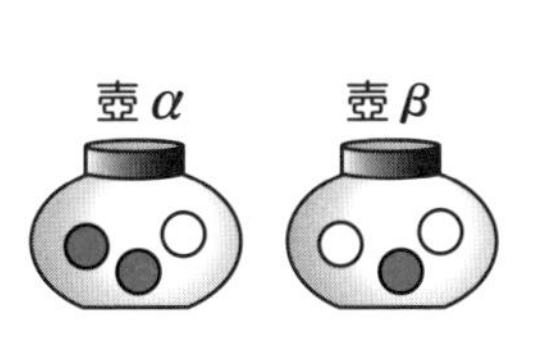

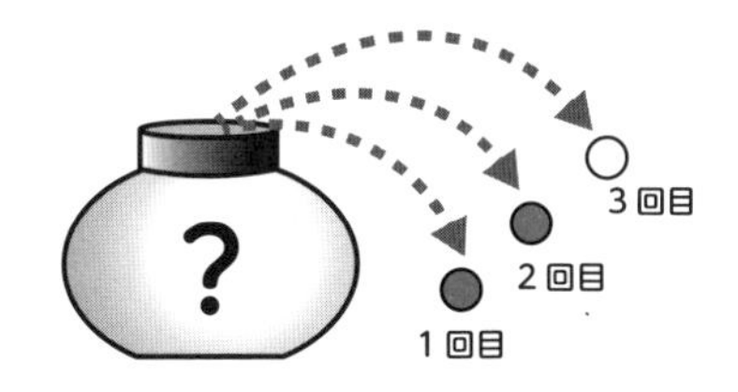

〔解〕 以下に使われる事象H_1、H_2、B、Wは前節と同じです。つまり、

原因H_1：壺αから玉が取り出される

原因H_2：壺βから玉が取り出される

結果（データ）B：取り出した玉が青玉

結果（データ）W：取り出した玉が白玉

〔1回目が青玉、という情報から〕

「理由不十分の原則」で事前確率を$P(H_1)=P(H_2)=\frac{1}{2}$と仮定したことから、ベイズの展開公式を用いて次の事後確率を得ました。

$$P(H_1/B)=\frac{2}{3} \qquad P(H_2/B)=\frac{1}{3}$$

〔2回目も青玉、という情報から〕

1回目の事後確率$P(H_1/B)=\frac{2}{3}$、$P(H_2/B)=\frac{1}{3}$を2回目の事前確率$P(H_1)=\frac{2}{3}$、$P(H_2)=\frac{1}{3}$としてベイズの展開公式を用いて次の事後確率を得ました。$P(H_1/B)=\frac{4}{5}$、$P(H_2/B)=\frac{1}{5}$

〔3回目は白玉、という情報から〕

2回目の事後確率$P(H_1/B)=\frac{4}{5}$、$P(H_2/B)=\frac{1}{5}$を3回目の事前確率$P(H_1)=\frac{4}{5}$、$P(H_2)=\frac{1}{5}$として、ベイズの展開公式を用いて次の事後確率を得ました。$P(H_1/W)=\frac{2}{3}$、$P(H_2/W)=\frac{1}{3}$

つまり、青・青・白の順にデータDを得てそのたびに処理したとき、壺αの事後確率$P(H_1/D)$は次のように変化し、最終的には、

$$P(H_1/D)=\frac{2}{3}$$

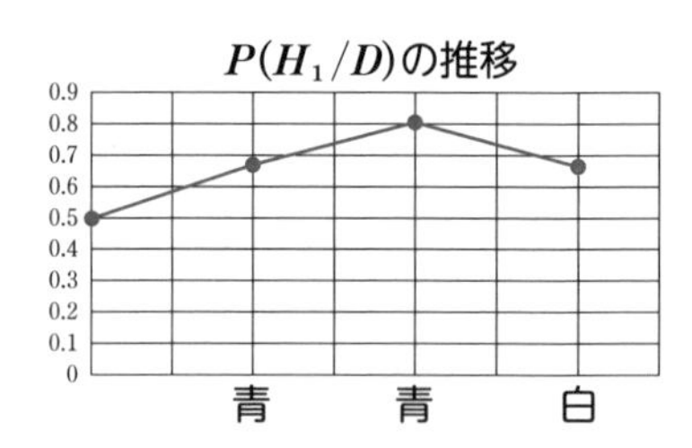

と判定しました。では「青・白・青」の順の場合はどうでしょうか。

〔例〕 壺αか壺βか区別のつかない壺がここにあり、この壺から1個取り出してはもとに戻すという操作を3回行なった。すると、順に青・白・青の玉が出た。この情報からこの壺が壺αである確率を求めてみよう。ただし、壺α、壺βの内容は先の例題と同じとする。

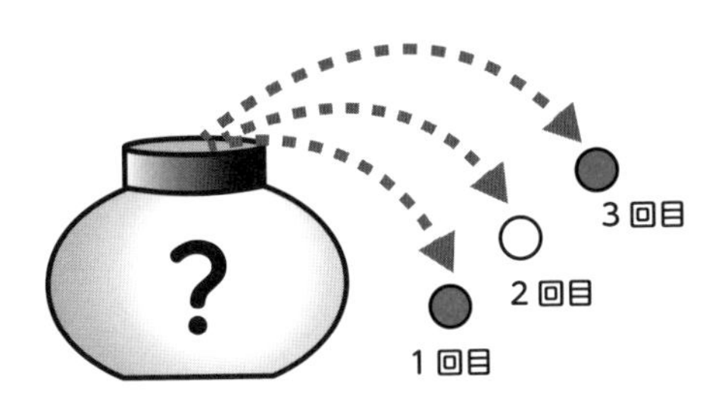

〔1回目が青玉、という情報から〕

理由不十分の原則で事前確率を$P(H_1)=P(H_2)=\dfrac{1}{2}$と仮定したことから、ベイズの展開公式を用いて次の事後確率を得ます。

$$P(H_1/B)=\frac{2}{3} \qquad P(H_2/B)=\frac{1}{3}$$

〔2回目が白玉、という情報から〕

1回目の事後確率$P(H_1/B)=\dfrac{2}{3}$、$P(H_2/B)=\dfrac{1}{3}$を2回目の事前確率

$P(H_1)=\dfrac{2}{3}$、$P(H_2)=\dfrac{1}{3}$としてベイズの展開公式を用いて次の事後確率を得ます。$P(H_1/W)=\dfrac{1}{2}$、$P(H_2/W)=\dfrac{1}{2}$

〔3回目が青玉、という情報から〕

2回目の事後確率$P(H_1/W)=\frac{1}{2}$、$P(H_2/W)=\frac{1}{2}$を3回目の事前確率$P(H_1)=\frac{1}{2}$、$P(H_2)=\frac{1}{2}$としてベイズの展開公式を用いて次の事後確率を得ます。$P(H_1/B)=\frac{2}{3}$、$P(H_2/B)=\frac{1}{3}$

つまり、青・白・青の順にデータDを得て、そのたびに処理したときの壺αの事後確率$P(H_1/D)$は下図のように変化し、最終的には、$P(H_1/D)=\frac{2}{3}$となります。

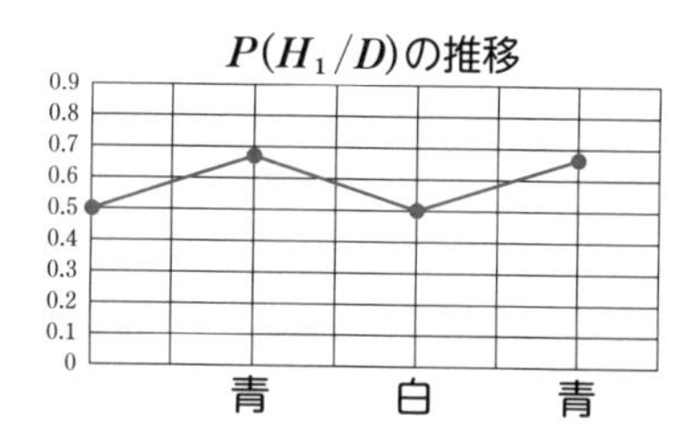

データDが青・青・白の順か、青・白・青の順かにかかわらず、最終的な壺αの事後確率$P(H_1/D)$はともに$\frac{2}{3}$となり、同じ値であることがわかります。このことは、データが復元抽出などの独立試行で得られたものであれば、**データをとり込む順序に結論は左右されない**ことを意味しています。この性質のことを**逐次合理性**と呼びます。

この逐次合理性のおかげでベイズの理論は大変扱いやすいものとなります。ベイズの理論ではデータの入手順序にかかわらず、データの継ぎ足しが簡単であることがわかります。つまり、新たなデータを取得した際、以前のデータの分析結果を事前確率にすれば、新たなデータ情報は事後確率に反映されることになります。

●一括処理したらどうなる

壺から1個取り出してはもとに戻すという操作を3回行ないました。そのときの事象H_1（壺αから玉が取り出される）の事後確率$P(H_1/D)$は青・青・白と出た場合も、青・白・青と出た場合も、最終的に一致しました。それでは、青・青・白と出たとき、これを一括してひとまとまりのデータとして処理した場合、事後確率$P(H_1/D)$はどうなるでしょうか。調べてみることにしましょう。

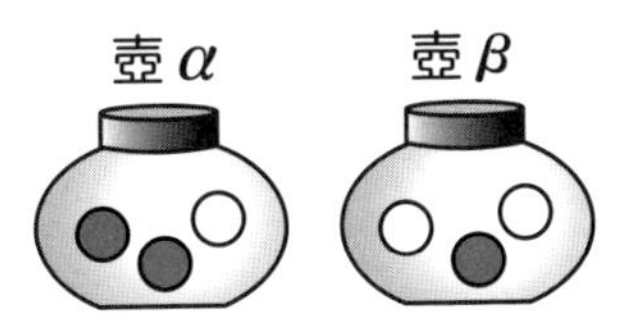

青・青・白という順で玉が取り出される一連のデータをDと表現します。また、「理由不十分の原則」から$P(H_1)=P(H_2)=\frac{1}{2}$とします。このときの事後確率を次のベイズの展開公式を用いて調べてみましょう。

$$P(H_1/D)=\frac{P(D/H_1)P(H_1)}{P(D)}$$

$$P(D)=P(D/H_1)P(H_1)+P(D/H_2)P(H_2)$$

条件より、

$$P(D/H_1)=\text{壺}\alpha\text{から}D\text{が得られる確率}=\frac{2}{3}\times\frac{2}{3}\times\frac{1}{3}=\frac{4}{27}$$

$$P(D/H_2)=\text{壺}\beta\text{から}D\text{が得られる確率}=\frac{1}{3}\times\frac{1}{3}\times\frac{2}{3}=\frac{2}{27}$$

よって、

$$P(D)=P(D/H_1)P(H_1)+P(D/H_2)P(H_2)=\frac{4}{27}\times\frac{1}{2}+\frac{2}{27}\times\frac{1}{2}$$

ゆえに、$P(H_1/D)=\dfrac{P(D/H_1)P(H_1)}{P(D)}=\dfrac{\dfrac{4}{27}\times\dfrac{1}{2}}{\dfrac{4}{27}\times\dfrac{1}{2}+\dfrac{2}{27}\times\dfrac{1}{2}}=\dfrac{2}{3}$

これは、先の例題の答えと同じです。つまり、データを得るたびに処理をしても、また、データをまとめて一括処理しても、結果は同じになるのです。なお、青・青・白という順で玉が取り出されたときに、壺がβである確率は、

$$P(H_2/D)=\frac{P(D/H_2)P(H_2)}{P(D)}=\frac{\dfrac{2}{27}\times\dfrac{1}{2}}{\dfrac{4}{27}\times\dfrac{1}{2}+\dfrac{2}{27}\times\dfrac{1}{2}}=\frac{1}{3}$$

となります。

Note 経験があれば、それを事前確率に活用する

事前確率について何も情報がなければ「理由不十分の原則」によって、事前確率には一様な値を割り振ります。しかし、もし、経験などにより何らか事前の情報があれば、当然、それを活かした割り振りを行ないます。このとき、その経験がたとえ不正確なものであっても、データを得るたびにそれは修正されていきます。これはベイズ理論の大変ありがたい特質です。

5-9 ナイーブベイズ分類 ～ベイズの定理の応用

ベイズの理論を使って不要な情報を確率的に除去する方法を**ベイズフィルター**といいます。ベイズフィルターの中でも最も単純なフィルターが**ナイーブベイズ分類**と呼ばれる方法です。このナイーブベイズ分類は「単純ベイズ分類」とも呼ばれています。

（注）ナイーブとは、「簡単な」「初歩的な」の意味です。

現代はネットを通して数多くのメールが送りつけられてきます。それらの中には迷惑メールも多数含まれています。そこで、ここでは、ナイーブベイズ分類の代表的な応用例である迷惑メールの排除法を調べてみることにします。

●ナイーブベイズ分類による迷惑メール判別のしくみ

文書のナイーブベイズ分類は、文書を構成する単語間の関係を無視し、それらは独立と見なして判定する単純な方法です。たとえば、迷惑メールか通常のメールかを調べるために、四つの単語「無料」「秘密」「法律」「経済」に着目してみましょう。ただし、これらの単語は下表の確率で迷惑メールと通常メールに含まれることが調べられているとします。

迷惑メール、通常メールにおける単語の検出確率

検出語	迷惑メール	通常メール
無　料	0.7	0.2
秘　密	0.6	0.3
法　律	0.2	0.5
経　済	0.1	0.6

今までのデータからこのことが
言えるんだ。

今、あるメールを調べたら「**秘密、無料、経済**」の順序でこれらの単語が1回ずつ検出されました。

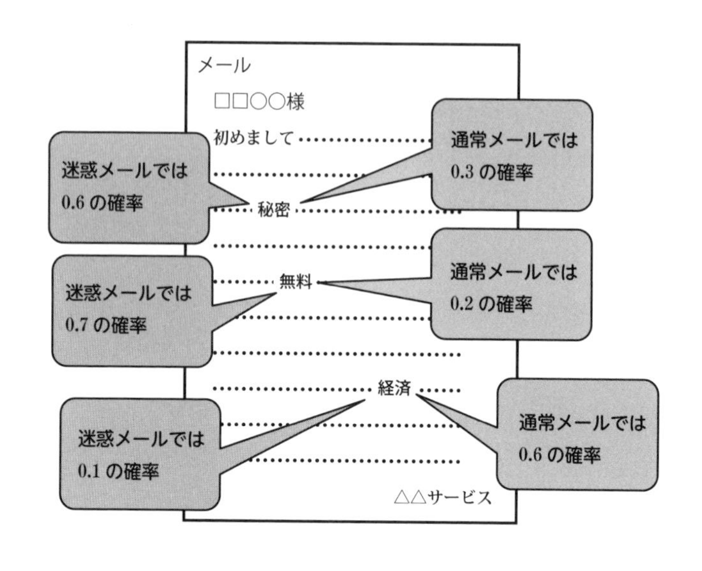

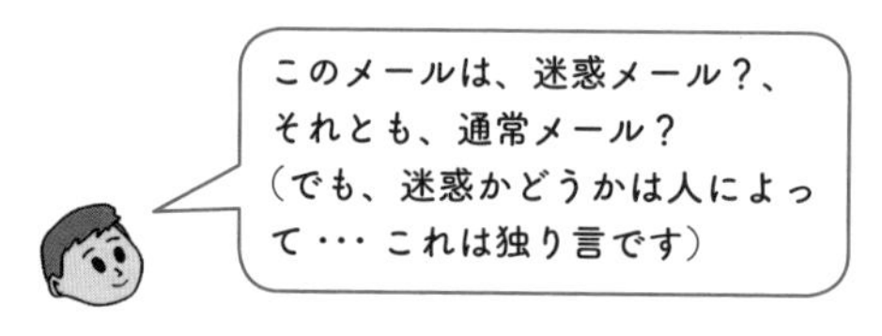

このメールは迷惑メール、通常メールのどちらに分類したらよいかを調べてみましょう。ただし、受信メールにおける迷惑メールと通常メールの比率は7：3とします。また、メール中の**これらの単語の使われ方は独立（互いに影響を与えない）とします**。たとえば、「無料」と「秘密」の二つの単語の間には強い関係があるはずですが、それを「ない」と考えてしまうのです。このように単純化してもナイーブベイズ分類は実効性があり、多くのメールフィルターの基本になっています。

それでは、まず、ここで扱う事象に次のような名前を付けておきましょう。

原因H_1：受信メールが迷惑メール

原因H_2：受信メールが通常メール

データD_1：「無料」が検出される

データD_2：「秘密」が検出される

データD_3：「法律」が検出される

データD_4：「経済」が検出される

●逐次処理をしてみましょう

迷惑メールと通常メールの比率が7：3とであることから、受信したメールは最初の段階では各々の事前確率は$P(H_1)=0.7$、$P(H_2)=0.3$と考えられます。

まずは「秘密」という単語が検出された後の、このメールが迷惑メール、通常メールである事後確率を求めてみましょう。ベイズの定理より、

$$P(H_1/D_2)=\frac{P(D_2/H_1)}{P(D_2)}P(H_1)=\frac{0.6}{P(D_2)}\times 0.7=k_1\times 0.6\times 0.7 \quad \cdots\cdots①$$

$$P(H_2/D_2)=\frac{P(D_2/H_2)}{P(D_2)}P(H_2)=\frac{0.3}{P(D_2)}\times 0.3=k_1\times 0.3\times 0.3 \quad \cdots\cdots②$$

ただし、$k_1=\dfrac{1}{P(D_2)}$

次に「無料」という単語が検出された後の、このメールが迷惑メール、通常メールである事後確率を求めてみましょう。ただし、今回の事前確率は「秘密」という単語が検出された後の事後確率①、②を利用します。

$$\begin{aligned}P(H_1/D_1)&=\frac{P(D_1/H_1)}{P(D_1)}\times k_1\times 0.6\times 0.7\\&=\frac{0.7}{P(D_1)}\times k_1\times 0.6\times 0.7=k_1k_2\times 0.7\times 0.6\times 0.7\end{aligned}$$

第5章 ベイズの確率論

$$P(H_2/D_1) = \frac{P(D_1/H_2)}{P(D_1)} \times k_1 \times 0.3 \times 0.3$$
$$= \frac{0.2}{P(D_1)} \times k_1 \times 0.3 \times 0.3 = k_1 k_2 \times 0.2 \times 0.3 \times 0.3$$

ただし、$k_2 = \frac{1}{P(D_1)}$

同様にして、「経済」という単語が検出された後の、このメールが迷惑メール、通常メールである事後確率は次のようになります。ただし、今回の事前確率は既に「無料」という単語が検出された後の事後確率を利用します。

$$P(H_1/D_4) = k_1 k_2 k_3 \times 0.1 \times 0.7 \times 0.6 \times 0.7 = 0.0294k \cdots\cdots ③$$
$$P(H_2/D_4) = k_1 k_2 k_3 \times 0.6 \times 0.2 \times 0.3 \times 0.3 = 0.0108k \cdots\cdots ④$$

ただし、$k_3 = \frac{1}{P(D_4)}$, $k = k_1 k_2 k_3$

（注）ナイーブベイズでは独立という強い仮定を設けたため、③と④の計算は単に尤度（これは検出確率の表に記載された確率）と事前確率 $P(H_i)$ の単純な積になっています。

③の $0.0294k$ は④の $0.0108k$ より大きいので、$P(H_1/D_4)$ は $P(H_2/D_4)$ より大きいことがわかります。ゆえに、「秘密」「無料」「経済」と単語が検出されたメールは、**迷惑メールである確率が通常メールである確率よりも大きいので迷惑メールと判定**します。

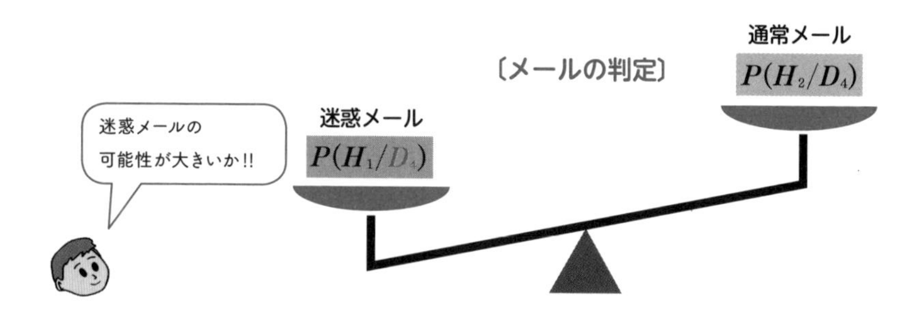

5-10 ベイジアンネットワーク ～ベイズの定理の応用

原因と結果の関係を結びつけるベイズの定理を重ねて使うことによって、複雑な因果関係からなる確率現象のネットワークを解明できるようになります。ネットワークとは「網状のもの」とか、さらに、「複数の要素が互いに接続された網状の構造」のことです。ラジオやテレビの放送網とかインターネットはその典型的な例といえるでしょう。

それではネットワークにベイジアンを冠した「ベイジアンネットワーク」とは、どんなネットワークなのでしょうか。

●ベイジアンネットワークとは

ベイズ統計学の世界では、「得られたデータが新たな原因になって、さらに次のデータを生む」という構造が考えられます。つまり、複数の原因と結果が確率の連鎖になったものです。このような原因と結果が連鎖されたネットワークを**ベイジアンネットワーク**といいます。

ベイジアンネットワークは下図のように簡単な形で表現されますが、途中から原因と結果の区別がなくなります。○の部分は**ノード**と呼ばれ、この中の文字は確率現象の名前を表わすとともに**確率変数**の役割も果たします。たとえばAにはAが起こったときに1、起こらないときに0という値を対応させます。そして、矢印は原因と結果、すなわち因果関係を表わします。この矢印は原因から結果に向けられ、それに条件付き確率が付与されます。下記の例でベイジアンネットワークの確率の見方を参考にしてください。

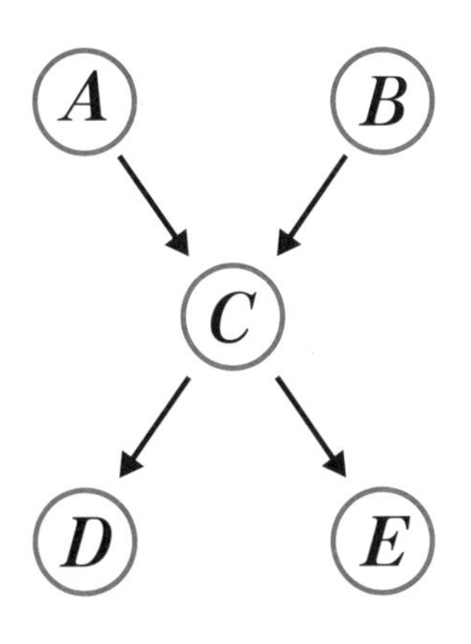

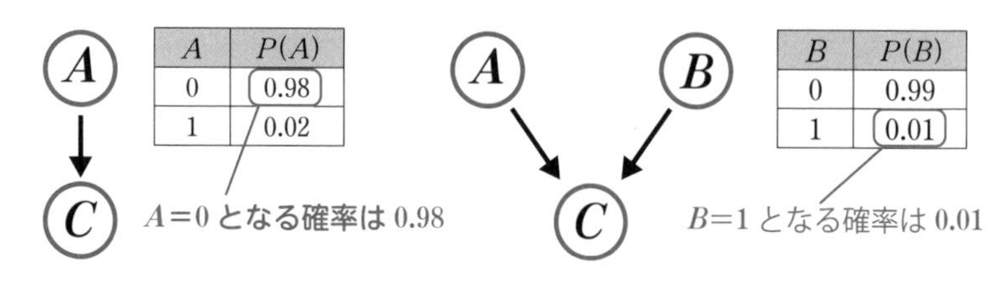

A	P(A)
0	0.98
1	0.02

B	P(B)
0	0.99
1	0.01

A	P(C/A)	
	0	1
0	0.9	0.1
1	0.3	0.7

$A=1$ のとき $C=1$ になる確率は 0.7

A	B	P(C/A, B)	
		0	1
0	0	0.92	0.08
0	1	0.74	0.26
1	0	0.06	0.94
1	1	0.05	0.95

$A=1$、$B=0$ のとき $C=0$ になる確率は 0.06

ベイジアンネットワークでは原因になるノードを**親ノード**、結果になるノードを**子ノード**といいます。

確率の連鎖のもとでは最初のノードは親ノードですが、その後は、親ノードと子ノードは相互に入れ替わります。また、実際のベイジアンネットワークでは、右の基本的なネットワークが組み合わされた複雑なネットワークを構成します（次ページ図を参照）。

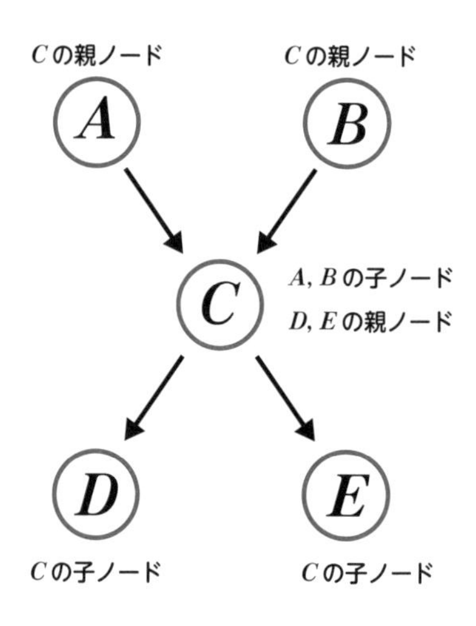

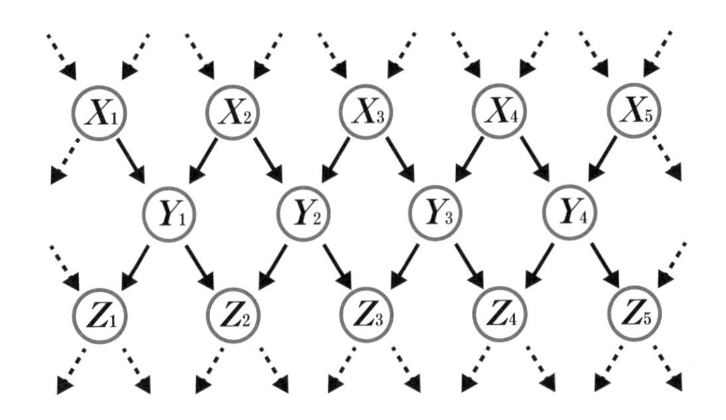

このとき各ノードの関係を確率的に結びつける式がベイズの定理$P(H/D)=\frac{P(D/H)}{P(D)}P(H)$なのです。この式はよくできた式で、データ$D$が得られるたびに、原因$H$の起こる確率$P(H)$が確率$P(H/D)$に更新される式、と解釈できます。すなわち、**ベイズの定理は原因と結果の連鎖を結びつける関係式**として捉えることができます。

●マルコフ条件とは

ベイジアンネットワークでは、確率計算を容易にするために強力な性質を仮定します。それが**マルコフ条件**と呼ばれるものです。この条件は、各ノードの確率変数はそのノードの親ノードの条件付き確率でのみ表わされるという条件です。つまり、下図においてノードCには一つ手前のノードBだけが関与し、ノードAは直接には関与しません。

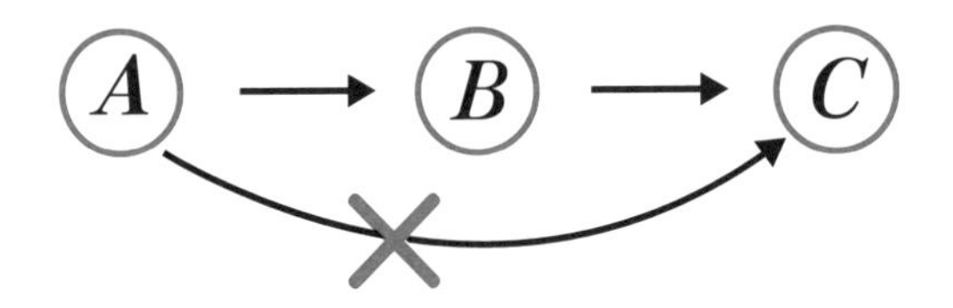

●ベイジアンネットワークに挑戦

ベイジアンネットワークが実際にどのようなものかを理解するために「泥棒と警報器」の例題で調べてみましょう。

〔例〕 振動で作動する警報器（Alarm）があり、この警報器を作動させる原因として泥棒（Burglar）と地震（Earthquake）の二つがあるとする。また、警報器が作動すると警察（Police）か警備会社（Security）のどちらか（または両方）にある確率で通報される。下図のベイジアンネットワークにおいて次の（1）、（2）、（3）の確率を求めてみよう。

ただし、変数名 A（Alarm の頭文字）は警報器が作動したときに 1、作動しなかったときに 0 をとる確率変数で、他の変数名 B（泥棒）、E（地震）、P（警察）、S（警備会社）も A と同様とする。

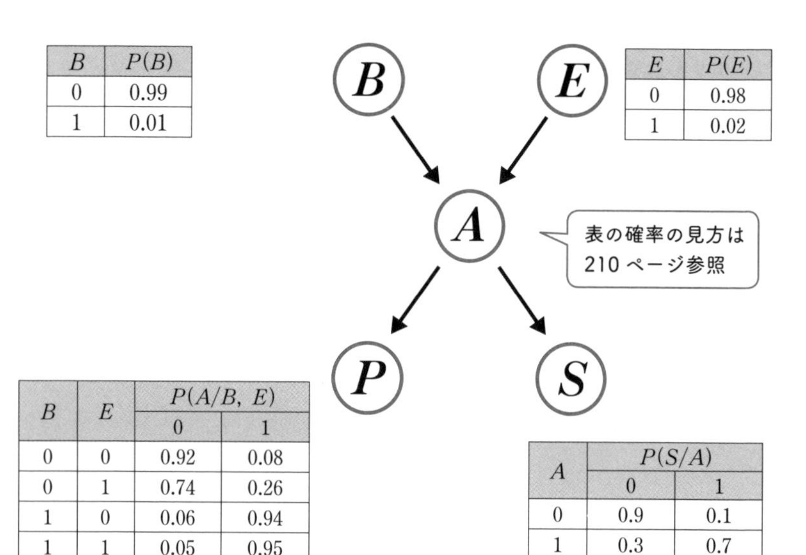

B	$P(B)$
0	0.99
1	0.01

E	$P(E)$
0	0.98
1	0.02

B	E	$P(A/B, E)$	
		0	1
0	0	0.92	0.08
0	1	0.74	0.26
1	0	0.06	0.94
1	1	0.05	0.95

A	$P(S/A)$	
	0	1
0	0.9	0.1
1	0.3	0.7

（1）泥棒が入って警報器が鳴り、警備会社に通報がいく確率を求めてみよう。ただし、ここでは泥棒と地震は同時に起こらないものとする。

(2) 警報器が鳴ったときに、泥棒が原因である確率を求めてみよう。

(3) 警備会社に通報がきたときに、それが泥棒が原因である確率を求めてみよう。

〔解〕(1) 確率変数 B と E は独立と考えることにします。すると、求める確率は問題文に掲載された条件付き確率表より次のようになります。

$$
\begin{aligned}
&P(E=0,\ B=1,\ A=1,\ S=1)\\
&=P((E=0,\ B=1,\ A=1),\ S=1)\\
&=P(E=0,\ B=1,\ A=1)P(S=1/E=0,\ B=1,\ A=1)\\
&=P(E=0,\ B=1)P(A=1/B=1,\ E=0)P(S=1/A=1)\\
&=P(E=0)P(B=1)P(A=1/B=1,\ E=0)P(S=1/A=1)\\
&=0.98\times0.01\times0.94\times0.7=0.00645
\end{aligned}
$$

確率の乗法定理

マルコフ条件より S は E、B と独立

(注1) $P(\ \ )$ の $(\ \ )$ 内の「,」は「かつ」の意味です。つまり同時確率「∩」の意味です。

(注2) 確率変数 B と E が独立のとき $P(B,\ E)=P(B)P(E)$ となることについては §5−2 の〈Note〉参照。

(2) 求める確率は $P(B=1/A=1)$ と表わされます。ベイズの定理よりこれは次のように表わされます。

$$
P(B=1/A=1)=\frac{P(A=1/B=1)}{P(A=1)}P(B=1) \quad \cdots\cdots①
$$

そこで、まず、①の右辺の分母の $P(A=1)$ を計算してみましょう。

$$
\begin{aligned}
P(A=1)&=P(B=0,\ E=0,\ A=1)+P(B=0,\ E=1,\ A=1)\\
&\qquad+P(B=1,\ E=0,\ A=1)+P(B=1,\ E=1,\ A=1)\\
&=P(B=0,\ E=0)P(A=1/B=0,\ E=0)\\
&\qquad+P(B=0,\ E=1)P(A=1/B=0,\ E=1)\\
&\qquad+P(B=1,\ E=0)P(A=1/B=1,\ E=0)\\
&\qquad+P(B=1,\ E=1)P(A=1/B=1,\ E=1)\\
&=P(B=0)P(E=0)P(A=1/B=0,\ E=0)
\end{aligned}
$$

確率の乗法定理

E と B は独立と仮定(1)

$$+P(B=0)P(E=1)P(A=1/B=0,\ E=1)$$

$$+P(B=1)P(E=0)P(A=1/B=1,\ E=0)$$

$$+P(B=1)P(E=1)P(A=1/B=1,\ E=1)$$

$$=0.99\times0.98\times0.08+0.99\times0.02\times0.26$$

$$+0.01\times0.98\times0.94+0.01\times0.02\times0.95$$

$$=0.077616+0.005148+0.009212+0.00019=0.092166$$

次に、①の右辺の分子の$P(A=1/B=1)$を求めてみましょう。節末の〈Note〉を用いると次のようになります。

$$P(A=1/B=1)$$

$$=P(A=1/B=1,\ E=1)P(E=1)$$

$$+P(A=1/B=1,\ E=0)P(E=0)$$

$$=0.95\times0.02+0.94\times0.98=0.019+0.9212=0.9402$$

また、条件より$P(B=1)=0.01$です。したがって①の値は、

$$P(B=1/A=1)=\frac{P(A=1/B=1)}{P(A=1)}P(B=1)$$

$$=\frac{0.9402}{0.092166}\times0.01=0.1020\cdots$$

よって、警報器が鳴ったとき、実際に、泥棒が侵入した確率は約10%であることがわかります。あまり良い警報装置とは言えないようです。

(3) 警備会社に通報がきたときに、それが泥棒による場合の確率は次のように表わされます。

$$P(B=1/S=1)$$

これは条件付き確率の定義より次の式で表わされます。

$$P(B=1/S=1)=\frac{P(S=1,\ B=1)}{P(S=1)} \quad \cdots\cdots②$$

ここでは、ベイズの定理を導出するために用いた式②を用いて答えを導

いてみましょう。

警備会社に通報がある場合、つまり、$S=1$ の場合は次の 8 通りがあり、その確率は与えられた条件付き確率より下表のようになります。

	泥棒 B	地震 E	警報 A	警備 S	確率
❶	1	1	1	1	$0.01 \times 0.02 \times 0.95 \times 0.7$
❷	1	1	0	1	$0.01 \times 0.02 \times 0.05 \times 0.1$
❸	1	0	1	1	$0.01 \times 0.98 \times 0.94 \times 0.7$
❹	1	0	0	1	$0.01 \times 0.98 \times 0.06 \times 0.1$
❺	0	1	1	1	$0.99 \times 0.02 \times 0.26 \times 0.7$
❻	0	1	0	1	$0.99 \times 0.02 \times 0.74 \times 0.1$
❼	0	0	1	1	$0.99 \times 0.98 \times 0.08 \times 0.7$
❽	0	0	0	1	$0.99 \times 0.98 \times 0.92 \times 0.1$

よって②より求める確率は

$$P(B=1/S=1)=\frac{P(S=1,\ B=1)}{P(S=1)}=\frac{❶+❷+❸+❹}{❶+❷+❸+❹+❺+❻+❼+❽}$$

$$=0.0427638$$

なお、上表を用いると先の（1)、(2）の解答は次のようになります。

(1）の別解：地震が起こっていなくて (E=0)、泥棒が入って (B=1)、警報器が鳴り (A=1)、警備会社に通報がいく (S=1) のは③の場合なので、その確率は $0.01\times0.98\times0.94\times0.7=0.0064484$ となります。

(2）の別解：求める確率は $P(B=1/A=1)$

と表わされます。よって、条件付き確率の定義より

$$P(B=1/A=1)=\frac{P(B=1,\ A=1)}{P(A=1)}=\frac{❶+❸}{❶+❸+❺+❼}=0.1020116\cdots$$

第5章 ベイズの確率論

Note $P(A/B)=P(A/B,\ C)P(C)+P(A/B,\ \overline{C})P(\overline{C})$

BとCが独立ならば上記の式が成立することを証明しましょう。ただし、「,」を慣れている記号「∩」に書き換えて証明します。

条件付き確率の定義から$P(A/B)=\dfrac{P(A\cap B)}{P(B)}$

また、$P(A\cap B)=P(A\cap B\cap C)+P(A\cap B\cap \overline{C})$ ……ベン図参照

よって、$P(A/B)=\dfrac{P(A\cap B\cap C)+P(A\cap B\cap \overline{C})}{P(B)}$

確率の乗法定理より

$$P(A/B)=\frac{P(A/B\cap C)P(B\cap C)+P(A/B\cap \overline{C})P(B\cap \overline{C})}{P(B)}$$

ここで、BとCが独立より

$$P(B\cap C)=P(B)P(C),P(B\cap \overline{C})=P(B)P(\overline{C})$$

よって、

$$P(A/B)=\frac{P(A/B\cap C)P(B)P(C)+P(A/B\cap \overline{C})P(B)P(\overline{C})}{P(B)}$$
$$=P(A/B\cap C)P(C)+P(A/B\cap \overline{C})P(\overline{C})$$

「∩」の表記を「,」に変えると

$$P(A/B)=P(A/B,\ C)P(C)+P(A/B,\ \overline{C})P(\overline{C})$$

となります。なお、A、B、Cを確率変数の表記に変えると

$$P(A=1/B=1)=P(A=1/B=1,\ C=1)P(C=1)$$
$$+P(A=1/B=1,\ C=0)P(C=0)$$

となり〔例題〕の解答の(2)の式を得ます。

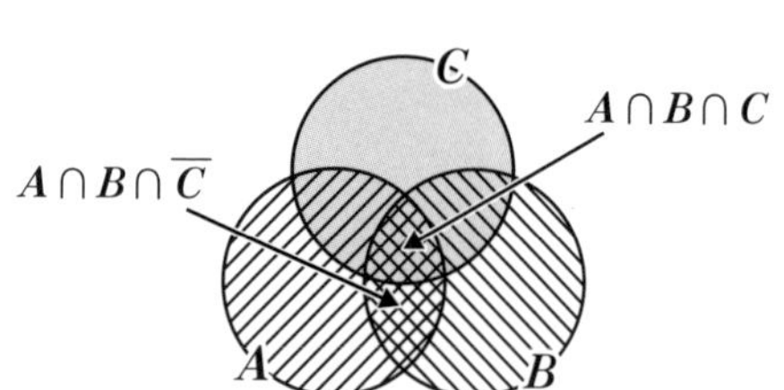

第6章

ベイズ統計学

～ベイズの定理を唯一のよりどころにする～

6-1 ベイズ統計学では母数は確率変数

日本人全員の身長を母集団と見なせば、その平均値や分散は母集団の特徴を表わす数値であり、それは母なる数なので**母数**と呼ばれています（§2−14）。そして**統計学の目的は一部のデータからこの母数の正体を見抜くことにある**のです。

従来の伝統的統計学では「母数は定数である」と見なして推定や検定の理論がつくられました。ベイズ統計学でも母数は母集団に固有の数だとは考えますが、**母数は未知なものであり、得られたデータによってその値の可能性はゴロゴロ変化する**と考えます。つまり、ベイズ統計学では母数を定数ではなく確率変数と見なすことにします。

伝統的な推測統計学に慣れ親しんだ人にとって、母数を確率変数と見なすベイズ統計学を理解するのは容易ではありません。なぜなら、たとえば、日本人全員の身長を母集団と見なせば母集団は定まっているので、しらみつぶしに調べていけば平均値や分散はある定まった値として確定する、つまり、定数だと考えるからです。にもかかわらず、平均値や分散が変数だなんて、しかも、確率変数だなんて納得できない……と。

●母数は確率変数と考える（解釈する）

日本人全員の身長を母集団としたとき、その平均値や分散などの母数は定数だとする考え方は理解できます。母数を算出することは困難だとしても、実際に確定した母集団があるのですから。それに、伝統的統計学の推定や検定では、母数を定数と

して理論をつくってきたのです。しかし、母数の値は全数調査をしなければ確定しません。つまり全数調査をしない限り、母数は未知数であり、本当の値はわかりません。

コインの例で考えてみましょう。初めて見せられた1枚のコインについて、「表の出る確率θは定数$\frac{1}{2}$だ」と言われても、すぐには信じられません。表・裏が同程度に出る保証など、どこにもないからです。コインの表と裏の模様は違いますから、表と裏の重さも同等とは言えません。そのコイン特有の表の出る確率θは確かにあるのでしょうが、我々にとってθの真の値は永遠に未知であり、確定できないのです。

そこで、発想を変えてみます。データ（コインを投げて得た表・裏の経験）をもとに、θはどんな値をとりやすいのかを探ってみるのです。表が多く出れば「θは0.5より大きいだろう」と考え、あまり出なければ「θは0.5より小さいだろう」と考えます。つまりθの値を経験に応じて変化させて考えます。

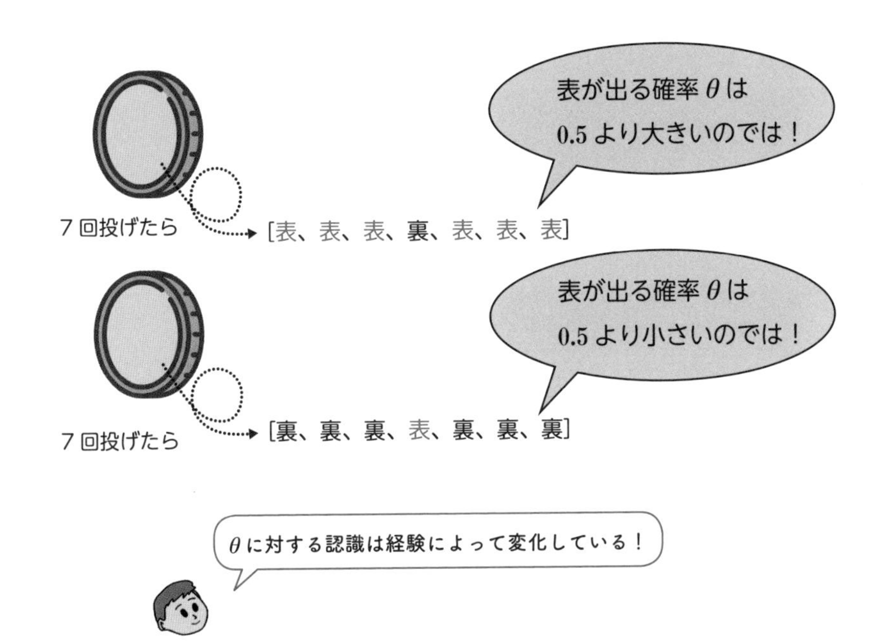

このように、**母数θは経験によって変化すると考えるとき、母数θを確率変数と見なす考え方が成立する**のです。そして、この考え方を支えてくれるのがベイズの定理（§5−3）なのです。つまり、データ（経験）Dをもとに原因H（ここでは、表の出る確率θに相当）の事後確率$P(H/D)$がわかる次の定理です。

$$P(H/D)=\frac{P(D/H)}{P(D)}P(H)$$

この定理をどのように使うかは、次節以降で紹介しましょう。

●母数がデータの海に浮かぶ

従来の統計学が母数を出発点とするのに対して、ベイズ統計学ではデータを出発点とします。この意味で**伝統的統計学では「母数が主役」なのに対して、ベイズ統計学では「データが主役」**になります。このことを表現したのが下図です。伝統的統計学ではデータが母数の海に浮かびますが、ベイズ統計学では、母数がデータの海に浮かぶと考えられます。

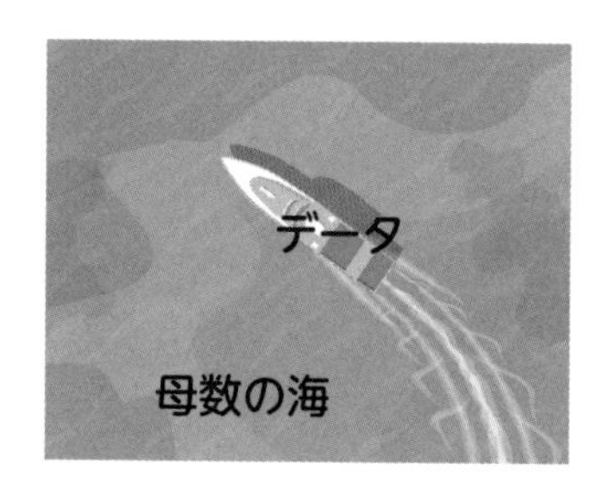

← 伝統的統計学
母数にしたがって
データが生まれる

ベイズ統計学 →
データにしたがって
母数が変化する

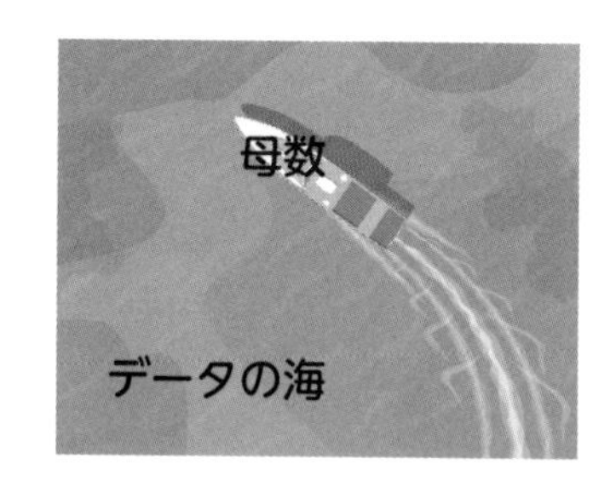

6-2 ベイズ統計学の基本公式(Ⅰ) ～母数が離散的確率変数の場合

統計学にベイズの定理を応用したものが**ベイズ統計学**です。ここでは、ベイズ統計学に応用しやすいようにベイズの定理を変形した、典型的な3つの公式の最初の一つを紹介しましょう。

前章のベイズの定理の応用では、ベイズの定理を変形した次の**ベイズの展開公式**（§5−5）を利用しました。ここで紹介する新たな公式は、このベイズの展開公式を変形したものです。

〈ベイズの展開公式〉（再掲 § 5−5）

データ D は原因 H_1, H_2, …, H_n のいずれかから生まれると仮定する。ただし、H_1, H_2, …, H_n は互いに排反で

標本空間 $U = H_1 \cup H_2 \cup \cdots \cup H_n$

とする。このとき、データ D を得たときにその原因が H_i である確率 $P(H_i/D)$ は次の式で表わされる。

$$P(H_i/D) = \frac{P(D/H_i)}{P(D)} P(H_i) \left(= \frac{P(D/H_i)P(H_i)}{P(D)} \right) (i = 1,\ 2,\ \cdots,\ n)$$

$$P(D) = P(D/H_1)P(H_1) + P(D/H_2)P(H_2) + \cdots + P(D/H_n)P(H_n)$$

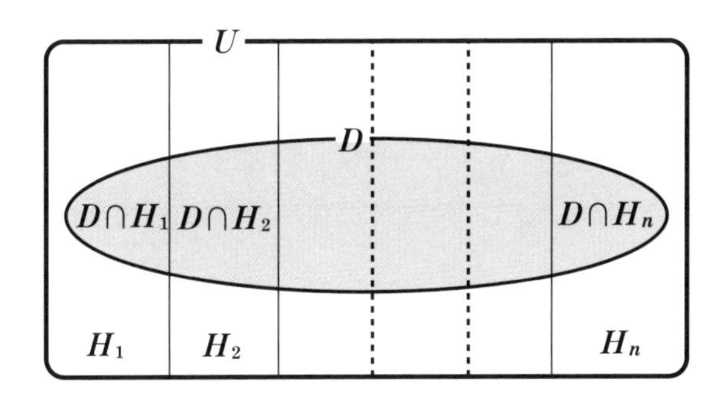

●ベイズ統計学の基本公式（Ⅰ）…母数が離散的変量の場合

ベイズ統計学は「母数を確率変数と解釈する」と紹介しましたが、その実現方法はどうしたらいいのでしょうか。このとき使われる解決策は「ベイズの展開公式の原因H_iを母数θのとり得る値θ_iに読みかえる」ことです。このようにしてつくられた下記の公式を、本書では**ベイズ統計学の基本公式（Ⅰ）**と呼ぶことにします。これは母数θが離散的（トビトビ）な変量の場合で、この公式を用いることにより離散的変量θの確率分布を求めることができます。

ベイズ統計学の基本公式（Ⅰ）

データDは母数θのとり得る値θ_1, θ_2, …, θ_nのいずれかから生まれると仮定する。このとき、データDを得たときに母数がθ_iである事後確率$P(\theta_i/D)$は次の式で表わされる。

$$P(\theta_i/D)=\frac{P(D/\theta_i)}{P(D)}P(\theta_i)\quad\left(=\frac{P(D/\theta_i)P(\theta_i)}{P(D)}\right)\quad(i=1,\ 2,\ \cdots,\ n)$$

$$P(D)=P(D/\theta_1)P(\theta_1)+P(D/\theta_2)P(\theta_2)+\cdots+P(D/\theta_n)P(\theta_n)$$

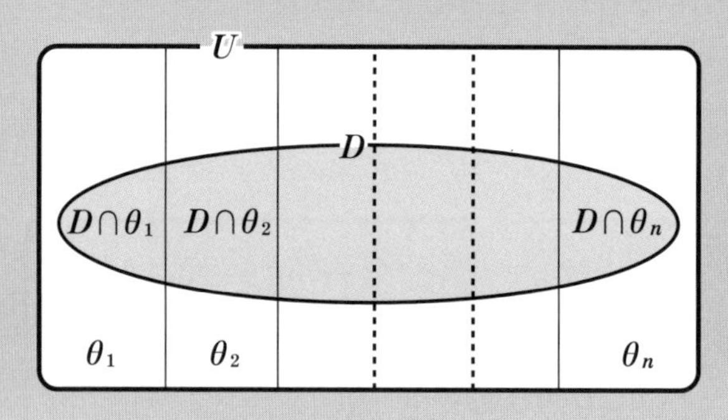

データDは母数θのとり得る値θ_1, θ_2, …, θ_nのいずれかから生まれると考えれば、得られたデータDからベイズの定理を用いてθ_1, θ_2, …, θ_nの事後確率$P(\theta_i/D)$が求められます。図示すれば次のようになります。

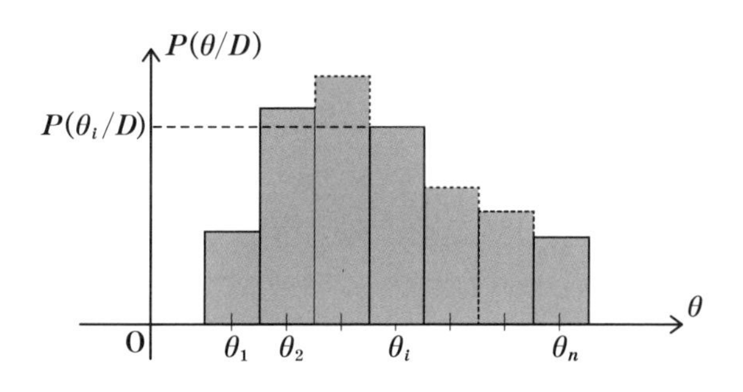

それでは具体例で理解を深めましょう。

〔例 1〕 中が見えない袋があり、青玉と白玉の合計 4 個が入っている。この袋から玉を無作為に 1 個取り出したら青玉であった。この袋の中の青玉の個数θの事後確率を求めてみよう。

〔考え方〕この袋の中の青玉の個数θが母数です。ここではθは 1,2,3,4 の 4 通りの値をとる確率変数と考えます。

〔解〕 袋の中の青玉の個数θがiであること、つまり、$\theta = i$を簡単にθ_iと表現しましょう。また、「青玉が出た」というデータをDとしましょう。

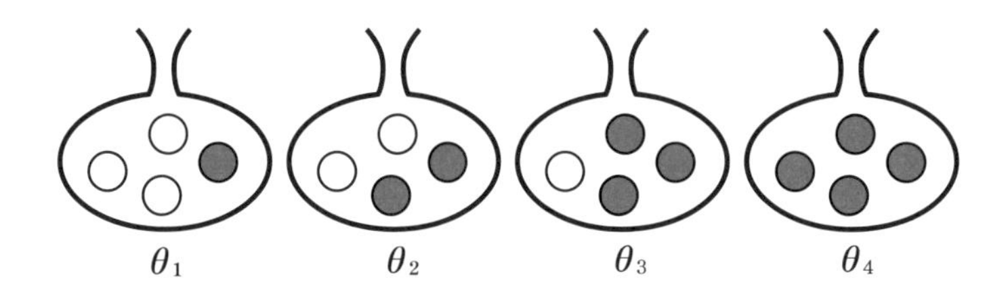

まずは、尤度を設定します。袋からどの玉が取り出されることも同程度と仮定する（そのような数学モデルを考える）と次のようになります。

$$P(D/\theta_1)=\frac{1}{4}、P(D/\theta_2)=\frac{2}{4}、P(D/\theta_3)=\frac{3}{4}、P(D/\theta_4)=\frac{4}{4}$$

次にθの事前確率を設定しますが、玉を取り出すときθについての情報は何も示されていません。そこで、「θの事前確率はすべて等しい」と考えることにします（理由不十分の原則）。

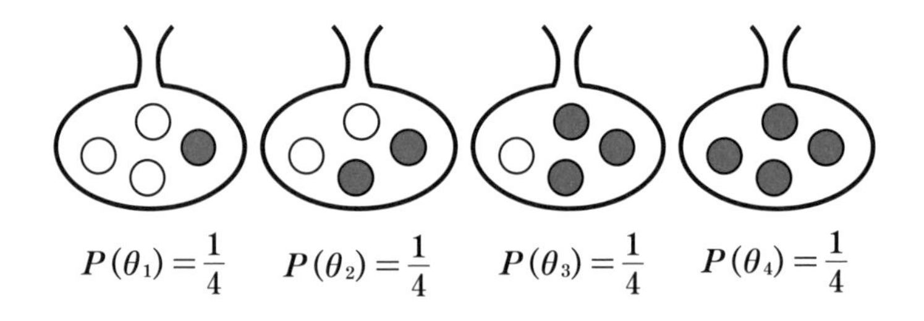

つまり、θの事前分布は「一様分布」であると考えます。

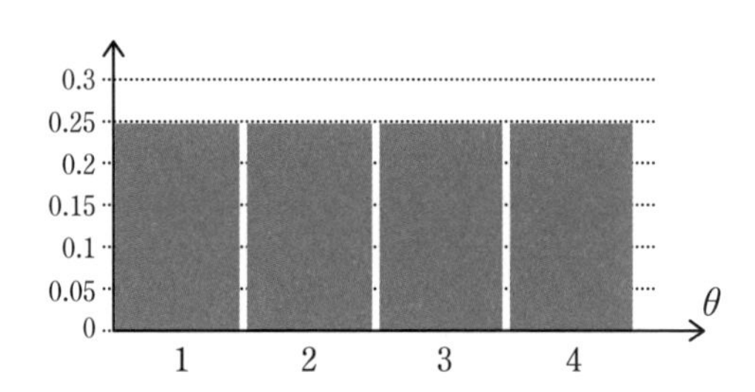

よって、このとき、周辺尤度$P(D)$は次のようになります。

$$\begin{aligned}P(D)&=P(D/\theta_1)P(\theta_1)+P(D/\theta_2)P(\theta_2)+\cdots+P(D/\theta_4)P(\theta_4)\\&=\frac{1}{4}\times\frac{1}{4}+\frac{2}{4}\times\frac{1}{4}+\frac{3}{4}\times\frac{1}{4}+\frac{4}{4}\times\frac{1}{4}\end{aligned}$$

ゆえに、青玉の個数θの事後確率は「**ベイズ統計学の基本公式（Ⅰ）**」より、次のようになります。

$$P(\theta_1/D)=\frac{P(D/\theta_1)P(\theta_1)}{P(D)}=\frac{\frac{1}{4}\times\frac{1}{4}}{\frac{1}{4}\times\frac{1}{4}+\frac{2}{4}\times\frac{1}{4}+\frac{3}{4}\times\frac{1}{4}+\frac{4}{4}\times\frac{1}{4}}=\frac{1}{10}$$

$$P(\theta_2/D)=\frac{P(D/\theta_2)P(\theta_2)}{P(D)}=\frac{\frac{2}{4}\times\frac{1}{4}}{\frac{1}{4}\times\frac{1}{4}+\frac{2}{4}\times\frac{1}{4}+\frac{3}{4}\times\frac{1}{4}+\frac{4}{4}\times\frac{1}{4}}=\frac{2}{10}$$

$$P(\theta_3/D)=\frac{P(D/\theta_3)P(\theta_3)}{P(D)}=\frac{\frac{3}{4}\times\frac{1}{4}}{\frac{1}{4}\times\frac{1}{4}+\frac{2}{4}\times\frac{1}{4}+\frac{3}{4}\times\frac{1}{4}+\frac{4}{4}\times\frac{1}{4}}=\frac{3}{10}$$

$$P(\theta_4/D)=\frac{P(D/\theta_4)P(\theta_4)}{P(D)}=\frac{\frac{4}{4}\times\frac{1}{4}}{\frac{1}{4}\times\frac{1}{4}+\frac{2}{4}\times\frac{1}{4}+\frac{3}{4}\times\frac{1}{4}+\frac{4}{4}\times\frac{1}{4}}=\frac{4}{10}$$

よってθの事後分布をグラフで表わすと次のようになります。

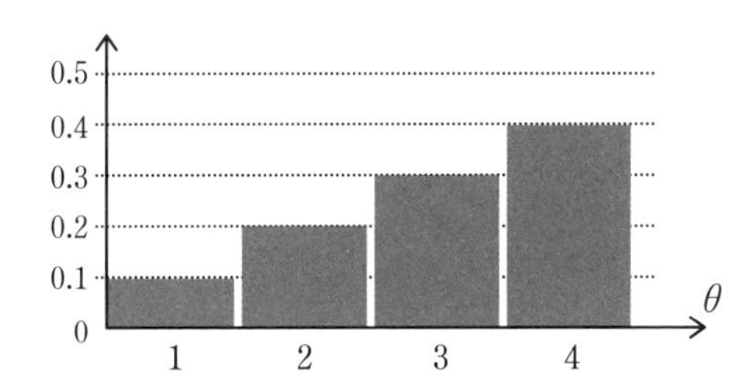

これが、母数θを確率変数と見なすという考え方です。1回取り出したときに青玉であることより得たθの事後確率は、袋の中の青玉の数に比例するという理にかなった結論が出てきました。これが経験をとり込むベイズ統計学の判断なのです。

では、さらに、経験を深めたらどうなるのでしょうか。

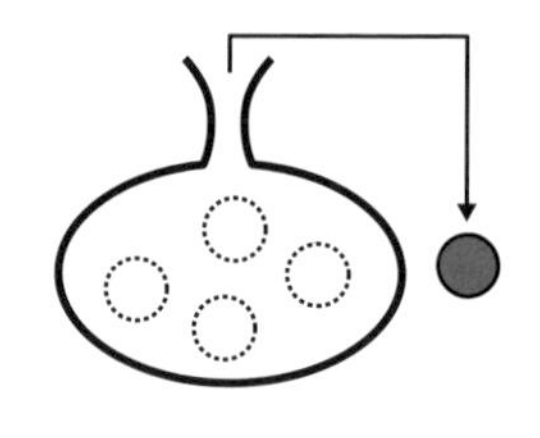

〔例 2〕 先の例 1 において、最初に取り出した青玉をもとの袋に戻し、さらに玉を取り出したら、また青玉でした。この袋の中の青玉の個数θの事後確率を求めてみよう。

〔考え方〕つまり、この袋から復元抽出で「青玉・青玉」と出たときに、この袋の中の青玉の個数θの事後確率を調べるわけです。このとき、**例 1** で得た青玉の個数θの事後確率が今回の事前確率になります（ベイズ更新）。

〔解〕 まずは、尤度の設定ですが、これは例 1 のときと同じです。

$$P(D/\theta_1)=\frac{1}{4}\text{、}P(D/\theta_2)=\frac{2}{4}\text{、}P(D/\theta_3)=\frac{3}{4}\text{、}P(D/\theta_4)=\frac{4}{4}$$

ただし、ここでも、青玉であったというデータをDとしています。

次に青玉の個数θの事前確率の設定です。最初に取り出した玉が青玉であったことにより、θの事後確率は次のようになりました（例 1 の結論）。

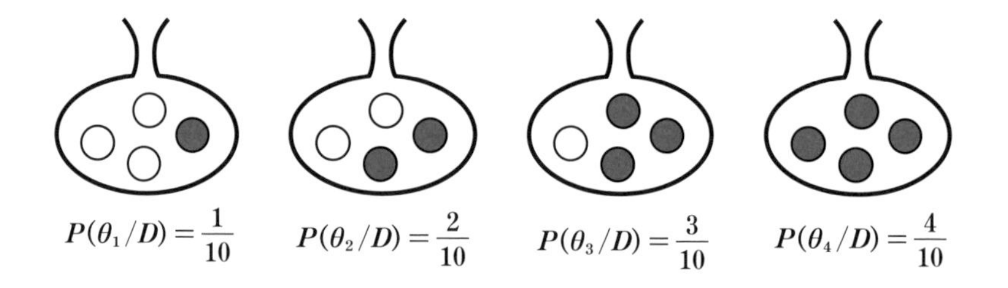

そこで、この例 1 の事後確率を今回の事前確率として使うことにします（ベイズ更新）。つまり、次のように設定します。

$$P(\theta_1)=\frac{1}{10}\text{、}P(\theta_2)=\frac{2}{10}\text{、}P(\theta_3)=\frac{3}{10}\text{、}P(\theta_4)=\frac{4}{10}$$

すると、周辺尤度$P(D)$は次のようになります。

$$P(D)=P(D/\theta_1)P(\theta_1)+P(D/\theta_2)P(\theta_2)+\cdots+P(D/\theta_4)P(\theta_4)$$
$$=\frac{1}{4}\times\frac{1}{10}+\frac{2}{4}\times\frac{2}{10}+\frac{3}{4}\times\frac{3}{10}+\frac{4}{4}\times\frac{4}{10}$$

ゆえに、データDを得た後の青玉の個数θの事後確率は「**ベイズ統計学の基本公式（Ⅰ）**」より、次のようになります。

$$P(\theta_1/D)=\frac{P(D/\theta_1)P(\theta_1)}{P(D)}=\frac{\frac{1}{4}\times\frac{1}{10}}{\frac{1}{4}\times\frac{1}{10}+\frac{2}{4}\times\frac{2}{10}+\frac{3}{4}\times\frac{3}{10}+\frac{4}{4}\times\frac{4}{10}}=\frac{1}{30}$$

$$P(\theta_2/D)=\frac{P(D/\theta_2)P(\theta_2)}{P(D)}=\frac{\frac{2}{4}\times\frac{2}{10}}{\frac{1}{4}\times\frac{1}{10}+\frac{2}{4}\times\frac{2}{10}+\frac{3}{4}\times\frac{3}{10}+\frac{4}{4}\times\frac{4}{10}}=\frac{4}{30}$$

$$P(\theta_3/D)=\frac{P(D/\theta_3)P(\theta_3)}{P(D)}=\frac{\frac{3}{4}\times\frac{3}{10}}{\frac{1}{4}\times\frac{1}{10}+\frac{2}{4}\times\frac{2}{10}+\frac{3}{4}\times\frac{3}{10}+\frac{4}{4}\times\frac{4}{10}}=\frac{9}{30}$$

$$P(\theta_4/D)=\frac{P(D/\theta_4)P(\theta_4)}{P(D)}=\frac{\frac{4}{4}\times\frac{4}{10}}{\frac{1}{4}\times\frac{1}{10}+\frac{2}{4}\times\frac{2}{10}+\frac{3}{4}\times\frac{3}{10}+\frac{4}{4}\times\frac{4}{10}}=\frac{16}{30}$$

青玉の個数θの事後確率は2回も続けて青玉が出たので青玉が多数ある可能性が俄然大きくなります。これも我々の直感にマッチした結論でしょう。なお、青玉の個数θの事後確率分布をグラフで表わすと次のようになります。

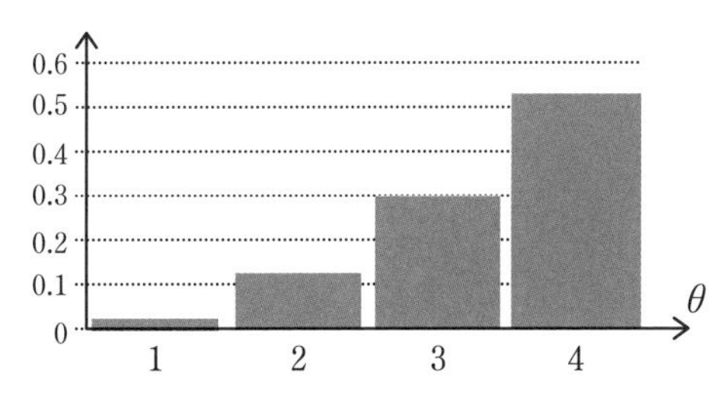

それでは、さらに、経験を深めたらどうなるでしょうか。

〔例 3〕 先の例 2 において、取り出した青玉をもとの袋に戻し、さらに玉を取り出したら、今度は、白玉が出ました。この袋の中の青玉の個数θの事後確率を求めてみよう。

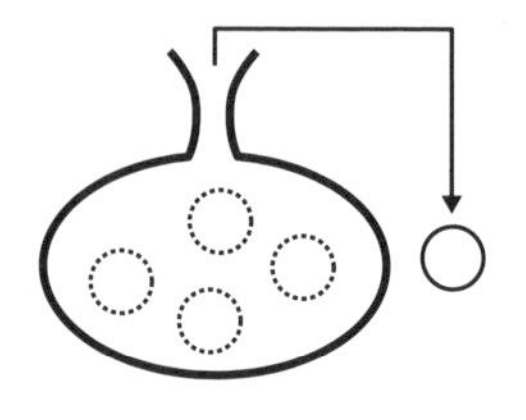

〔考え方〕つまり、この袋から復元抽出で「青玉・青玉・白玉」と出たときに、この袋の中の青玉の個数θの確率分布を調べるわけです。このとき、例 2 で得た青玉の個数θの事後確率が事前確率になります（ベイズ更新）。

〔解〕 まずは、尤度の設定ですが、これは例 1、2 と異なります。データDが今回は白玉だから次のようになります。

$$P(D/\theta_1)=\frac{3}{4}、P(D/\theta_2)=\frac{2}{4}、P(D/\theta_3)=\frac{1}{4}、P(D/\theta_4)=\frac{0}{4}$$

次にθの事前確率の設定です。2 回目に取り出した玉が 1 回目同様、青玉であったことにより、θの事後確率は次のようになりました（例 2 の結論）。

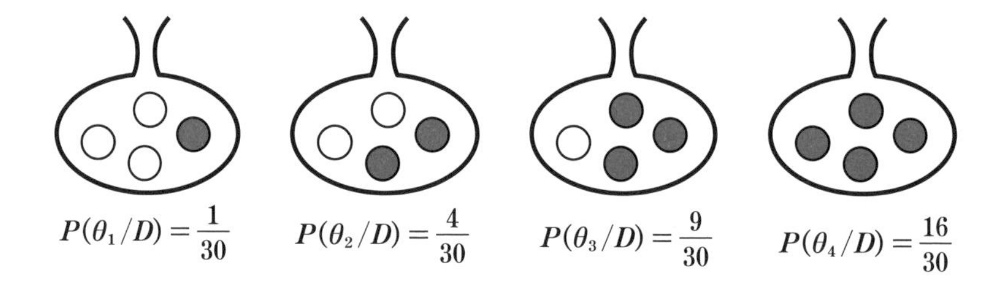

この例 2 におけるθの事後確率を事前確率として使うことにします（ベイズ更新）。つまり、

$$P(\theta_1)=\frac{1}{30}、P(\theta_2)=\frac{4}{30}、P(\theta_3)=\frac{9}{30}、P(\theta_4)=\frac{16}{30}$$

とします。

よって周辺尤度$P(D)$は次のようになります。

$$P(D)=P(D/\theta_1)P(\theta_1)+P(D/\theta_2)P(\theta_2)+\cdots+P(D/\theta_4)P(\theta_4)$$
$$=\frac{3}{4}\times\frac{1}{30}+\frac{2}{4}\times\frac{4}{30}+\frac{1}{4}\times\frac{9}{30}+\frac{0}{4}\times\frac{16}{30}$$

ゆえに、θの事後確率は「**ベイズ統計学の基本公式（Ⅰ）**」より、次のようになります。

$$P(\theta_1/D)=\frac{P(D/\theta_1)P(\theta_1)}{P(D)}=\frac{\frac{3}{4}\times\frac{1}{30}}{\frac{3}{4}\times\frac{1}{30}+\frac{2}{4}\times\frac{4}{30}+\frac{1}{4}\times\frac{9}{30}+\frac{0}{4}\times\frac{16}{30}}=\frac{3}{20}$$

$$P(\theta_2/D)=\frac{P(D/\theta_2)P(\theta_2)}{P(D)}=\frac{\frac{2}{4}\times\frac{4}{30}}{\frac{3}{4}\times\frac{1}{30}+\frac{2}{4}\times\frac{4}{30}+\frac{1}{4}\times\frac{9}{30}+\frac{0}{4}\times\frac{16}{30}}=\frac{8}{20}$$

$$P(\theta_3/D)=\frac{P(D/\theta_3)P(\theta_3)}{P(D)}=\frac{\frac{1}{4}\times\frac{9}{10}}{\frac{3}{4}\times\frac{1}{30}+\frac{2}{4}\times\frac{4}{30}+\frac{1}{4}\times\frac{9}{30}+\frac{0}{4}\times\frac{16}{30}}=\frac{9}{20}$$

$$P(\theta_4/D)=\frac{P(D/\theta_4)P(\theta_4)}{P(D)}=\frac{\frac{0}{4}\times\frac{16}{30}}{\frac{3}{4}\times\frac{1}{30}+\frac{2}{4}\times\frac{4}{30}+\frac{1}{4}\times\frac{9}{30}+\frac{0}{4}\times\frac{16}{30}}=0$$

例2では青玉の個数θの事後確率は2回も続けて青玉が出たので、θの値が大きいほど、その確率が大きくなりました。しかし、今回は白玉が出たことにより状況は一変します。特に、θ_4の確率は0に急変しました。また、θの値が小さい場合の確率が見直されています。ベイズ統計学は実に人間の判断と似ています。

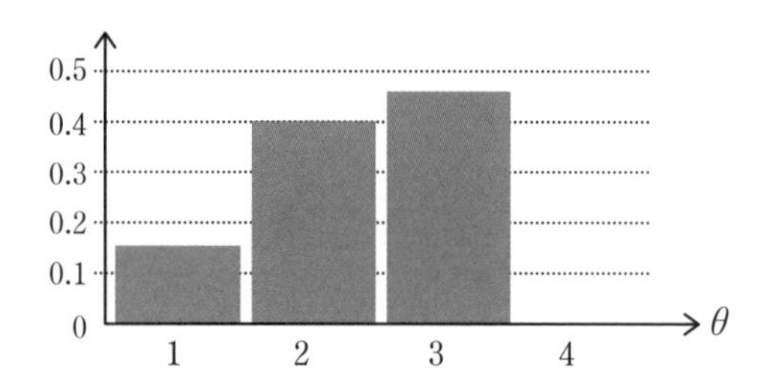

以上、例1、2、3と3つに分けて「青玉・青玉・白玉」と出たときのθの事後確率を逐次処理で調べてきましたが、ベイズ統計学では一括して処理することもできます。次の例で調べてみましょう。

〔例4〕 中の見えない袋があり、青玉と白玉の合計4個の玉が入っている。この袋から復元抽出で3個の玉を取り出したら、順に青玉・青玉・白玉であった。この袋の中の青玉の個数θの事後確率を求めてみよう。

〔解〕 この袋の中の青玉の個数θがiであることをθ_iと表現しましょう。また、青玉、青玉、白玉が出たというデータをDとしましょう。

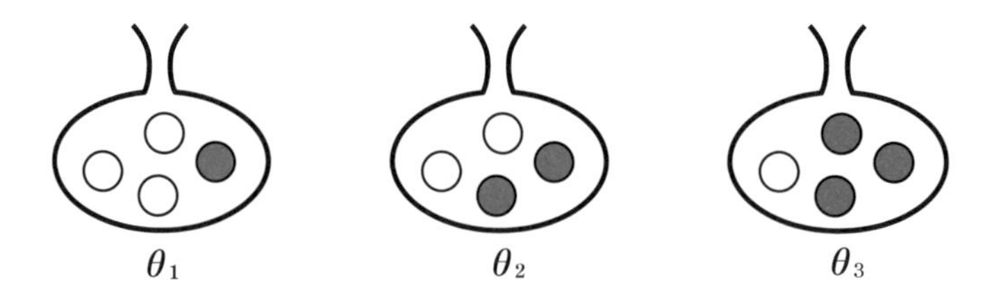

（注）青玉、青玉、白玉が出たということから、「$\theta=0$と$\theta=4$の袋は存在しない」として解答をつくりますが、あるとして解答しても同じ結果になります。

まずは、尤度を設定しましょう。条件より次のようになります。

$$P(D/\theta_1)=\frac{1}{4}\times\frac{1}{4}\times\frac{3}{4}、P(D/\theta_2)=\frac{2}{4}\times\frac{2}{4}\times\frac{2}{4}、P(D/\theta_3)=\frac{3}{4}\times\frac{3}{4}\times\frac{1}{4}$$

次に事前確率を設定しましょう。玉を取り出すとき青玉の個数θについての情報は問題に何も示されていません。そこで、「θの事前確率はすべて等しい」と考えることにします（理由不十分の原則）。

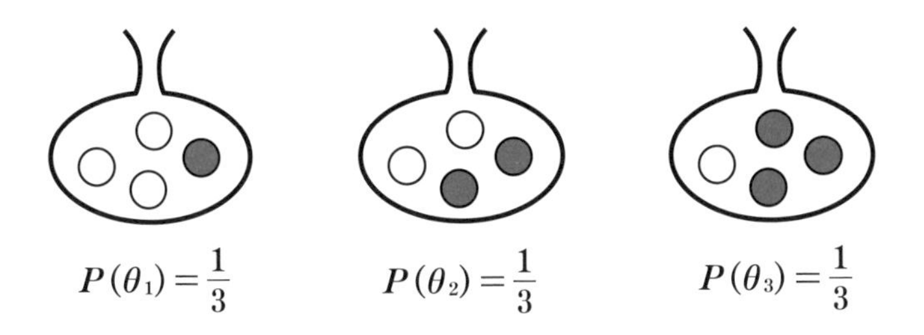

つまり、θの事前確率分布は「一様分布」です。

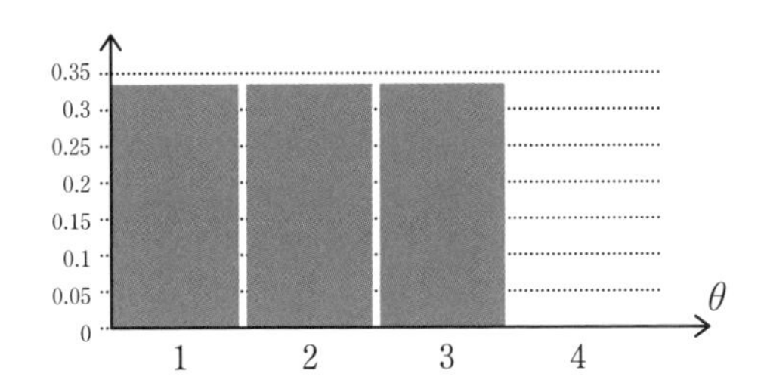

よって周辺尤度$P(D)$は次のようになります。

$$\begin{aligned}P(D)&=P(D/\theta_1)P(\theta_1)+P(D/\theta_2)P(\theta_2)+P(D/\theta_3)P(\theta_3)\\&=\frac{1}{4}\times\frac{1}{4}\times\frac{3}{4}\times\frac{1}{3}+\frac{2}{4}\times\frac{2}{4}\times\frac{2}{4}\times\frac{1}{3}+\frac{3}{4}\times\frac{3}{4}\times\frac{1}{4}\times\frac{1}{3}\end{aligned}$$

ゆえに、θ_1、θ_2、θ_3 の事後確率は「**ベイズ統計学の基本公式（Ｉ）**」より、次のようになります。

$$P(\theta_1/D)=\frac{P(D/\theta_1)P(\theta_1)}{P(D)}$$
$$=\frac{\frac{1}{4}\times\frac{1}{4}\times\frac{3}{4}\times\frac{1}{3}}{\frac{1}{4}\times\frac{1}{4}\times\frac{3}{4}\times\frac{1}{3}+\frac{2}{4}\times\frac{2}{4}\times\frac{2}{4}\times\frac{1}{3}+\frac{3}{4}\times\frac{3}{4}\times\frac{1}{4}\times\frac{1}{3}}=\frac{3}{20}$$

$$P(\theta_2/D)=\frac{P(D/\theta_2)P(\theta_2)}{P(D)}$$
$$=\frac{\frac{2}{4}\times\frac{2}{4}\times\frac{2}{4}\times\frac{1}{3}}{\frac{1}{4}\times\frac{1}{4}\times\frac{3}{4}\times\frac{1}{3}+\frac{2}{4}\times\frac{2}{4}\times\frac{2}{4}\times\frac{1}{3}+\frac{3}{4}\times\frac{3}{4}\times\frac{1}{4}\times\frac{1}{3}}=\frac{8}{20}$$

$$P(\theta_3/D)=\frac{P(D/\theta_3)P(\theta_3)}{P(D)}$$
$$=\frac{\frac{3}{4}\times\frac{3}{4}\times\frac{1}{4}\times\frac{1}{3}}{\frac{1}{4}\times\frac{1}{4}\times\frac{3}{4}\times\frac{1}{3}+\frac{2}{4}\times\frac{2}{4}\times\frac{2}{4}\times\frac{1}{3}+\frac{3}{4}\times\frac{3}{4}\times\frac{1}{4}\times\frac{1}{3}}=\frac{9}{20}$$

θ の事後確率分布をグラフで表わすと次のようになります。

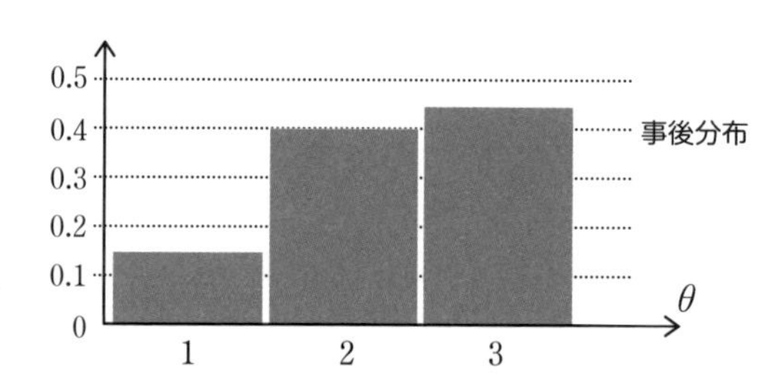

この結果は例3の事後確率分布と同じです。復元試行で得られたデータについては、逐次処理しても一括処理しても得られた事後確率分布は同じになります。

●母数の事後確率分布をもとに必要な情報を得る

母数θの確率分布が得られれば、その期待値、分散、モード（最頻値）など、知りたい統計情報が確率分布をもとに計算で求められます。

たとえば、青玉、青玉、白玉が出たというデータDを得たときに袋の中の青玉の数を、最頻値を利用して推定してみましょう。前ページのグラフから、$\theta=3$のとき確率が最大になるので、次のように推定されます。

「袋の中の青玉の個数θの推定値$=3$」

また、期待値をもって袋の中の青玉の個数を推定してみましょう。例4で得た事後確率分布より、次のようになります。

$$\theta\text{の期待値}\mu=1\times\frac{3}{20}+2\times\frac{8}{20}+3\times\frac{9}{20}=2.3$$

このように、得られた母数θの事後確率分布から母数θに関するいろいろな情報を得ることができるのです。

もう一歩進んで 判別分析とは

複数の項目からなる資料があるとき、その各個体を直線や曲線でグループ分けして分析する方法が**判別分析**です。

たとえば、売れた車と売れない車を価格 x と性能 y からグループ分けし、今後の車の製造販売に活かす分析法などがあります。

車種	価格 (x)	性能 (y)	販売
A	4	6	○
B	5	7	○
C	3	6	○
D	5	5	○
E	6	6	○
F	7	6	×
G	6	5	×
H	3	4	×
I	5	3	×
J	6	4	×

売れた車と売れない車にグループ分けし、グループ内の変動、グループ間の変動（§10-3）に着目。

判別直線を求めて分析する。
$0.44x - 0.75y + 1.69 = 0$

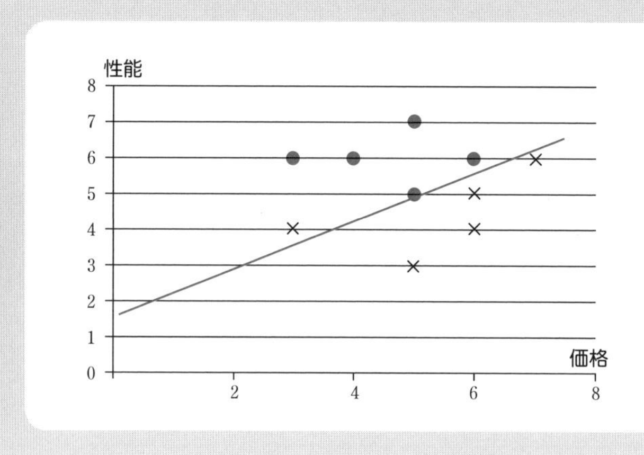

6-3 ベイズ統計学の基本公式（II）～母数が連続型確率変数の場合

ベイズの定理をベイズ統計学用に変形した典型的な3つの公式の2つめを紹介します。今回は母数が連続型変量の場合です。

●ベイズ統計学の基本公式（II）…母数が連続型変量

前節では母数θがトビトビの離散値をとることを前提にしていました。しかし、母数θとして母平均や母分散などを考えると、これらは自由にいろいろな値（連続型変量）をとるのが通常です。そのような母数θの分布を扱えるようにするため、前節の「ベイズ統計学の基本公式（I）」（下記）を修正してみましょう。

<ベイズ統計学の基本公式（I）>…母数が離散型変量（再掲）

データDは母数θのとり得る値θ_1, θ_2, …, θ_nのいずれかから生まれると仮定する。このとき、データDを得たときに母数がθ_iである事後確率$P(\theta_i/D)$は次の式で表わされる。

$$P(\theta_i/D)=\frac{P(D/\theta_i)}{P(D)}P(\theta_i)\quad\left(=\frac{P(D/\theta_i)P(\theta_i)}{P(D)}\right)\quad(i=1,\ 2,\ \cdots,\ n)$$

$$P(D)=P(D/\theta_1)P(\theta_1)+P(D/\theta_2)P(\theta_2)+\cdots+P(D/\theta_n)P(\theta_n)$$

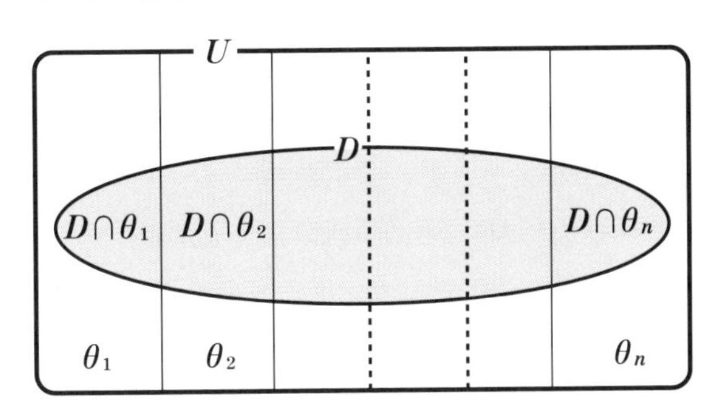

(1) 事前分布、事後分布について

連続的な確率変数の場合には、確率密度関数というアイデアの導入が必要になります（§2−7）。このことは確率変数である母数θについてもあてはまります。母数が連続的な値をとるときは、その確率は「確率密度」と解釈し直す必要があるのです。

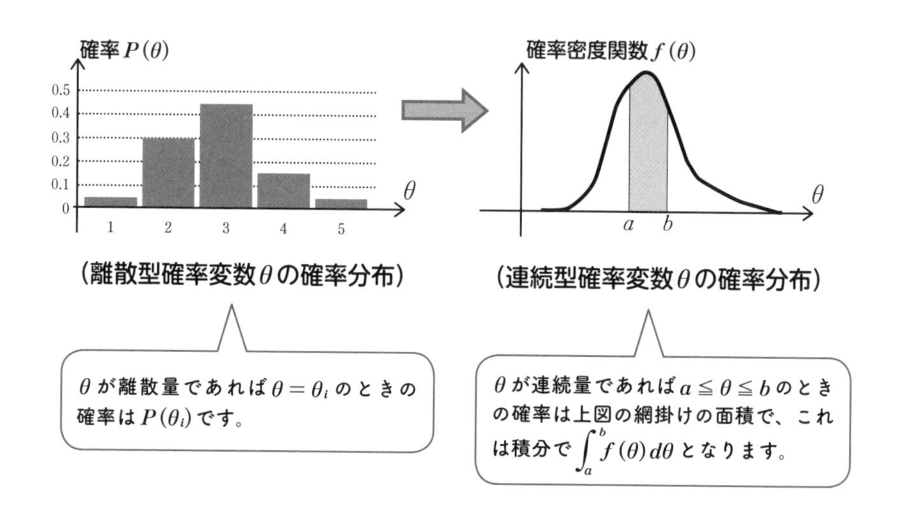

そこで、θが連続量の場合には、θが離散量のときに使っていた確率の記号$P(\theta_i)$、$P(\theta_i/D)$を、確率密度関数を表わす記号に書き換えることにします。本書では確率密度関数を表わす記号としてπを用いて$\pi(\theta)$、$\pi(\theta/D)$と書くことにしましょう。これにともなって、「事前確率」は「事前分布」に、「事後確率」は「事後分布」に名称を変更します。

事前確率 $P(\theta_i)$ → **事前分布**$\pi(\theta)$

事後確率 $P(\theta_i/D)$ → **事後分布**$\pi(\theta/D)$

（注）上記のπには円周率の意味はありません。ただの関数名として使用しています。

(2) 尤度について

ベイズ統計学の基本公式（I）における尤度$P(D/\theta_i)$は母数θがθ_iという値をとったとき、データDの生起する確率です。θが連続量の場合も同じ解釈ができます。つまり、$P(D/\theta)$は母数がθであるとき、データDの生起する確率と考えられます。しかし、ここでは$P(D/\theta)$がデータDの関数であることを示すために、$P(D/\theta)$を$f(D/\theta)$と書くことにしましょう。

尤度$P(D/\theta)$　→　尤度$f(D/\theta)$

なお、データが確率密度関数$f(x)$に従うときは、尤度$f(D/\theta)$はその関数$f(x)$にデータDを代入したときの形をしています。

〔例〕 母平均θ、母分散1^2をもつ正規分布$f(x)=\dfrac{1}{\sqrt{2\pi}}e^{-\frac{(x-\theta)^2}{2}}$からデータ5が得られたとします。このとき、尤度$f(5/\theta)$は次のように求められます。すなわち$f(5/\theta)=\dfrac{1}{\sqrt{2\pi}}e^{-\frac{(5-\theta)^2}{2}}$です。

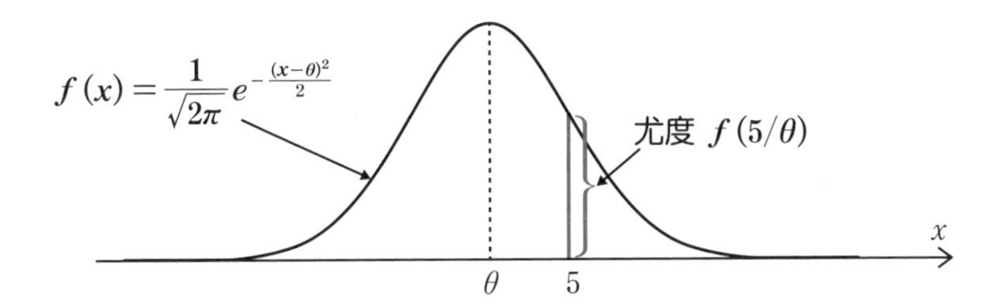

(3) 周辺尤度について

母数θが離散量の場合の周辺尤度は次の式で表わされます。

$$
\begin{aligned}
P(D) &= P(D/\theta_1)P(\theta_1)+P(D/\theta_2)P(\theta_2)+\cdots+P(D/\theta_n)P(\theta_n)\\
&=\sum_{i=1}^{n}P(D/\theta_i)P(\theta_i)
\end{aligned}
$$

母数θが連続量の場合の周辺尤度は、積分の考え方（§2−8）から次の式で表わされます。ただし、積分範囲は母数θのとり得る値の範囲です。

$$P(D)=\int_{\theta} f(D/\theta)\pi(\theta)\,d\theta$$

以上（1）（2）（3）より、ベイズ統計学の基本公式（Ｉ）は次の書き換えにより、連続型母数θの**ベイズ統計学の基本公式（Ⅱ）**に変身します。

$$P(\theta_i/D) \quad \to \quad \pi(\theta/D)$$
$$P(\theta_i) \quad \to \quad \pi(\theta)$$
$$P(D/\theta_i) \quad \to \quad f(D/\theta)$$
$$P(D)=P(D/\theta_1)P(\theta_1)+P(D/\theta_2)P(\theta_2)+\cdots+P(D/\theta_n)P(\theta_n)$$
$$\to \quad P(D)=\int_{\theta} f(D/\theta)\pi(\theta)\,d\theta$$

ベイズ統計学の基本公式（Ⅱ）

連続的な母数θの事前分布を$\pi(\theta)$、尤度を$f(D/\theta)$とするとき、事後分布$\pi(\theta/D)$は次の式で求められる。

$$\pi(\theta/D)=\frac{f(D/\theta)}{P(D)}\pi(\theta) \quad \cdots\cdots①$$

ここで$P(D)=\int_{\theta} f(D/\theta)\pi(\theta)\,d\theta \quad \cdots\cdots②$

それでは具体例で理解を深めましょう。

〔例 1〕 表の出る確率がよくわからない１枚のコインを投げたら表が出ました。このことをもとに、このコインの表の出る確率θの事後分布を求めてみよう。

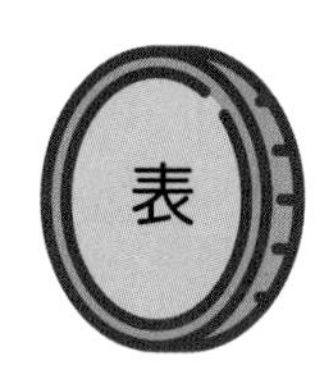

〔解〕「コインを1回投げて表が出た」というデータをDとします。

まずは、尤度$f(D/\theta)$を設定します。表の出る確率θのコインを投げて表が出る確率ですから、まさに$f(D/\theta)=\theta$　……③となります。

次に事前分布の設定ですが、投げる前のコインの表の出る確率θについて何も情報がありません。そこで、とりあえず「**理由不十分の原則**」（§ 5−6）により

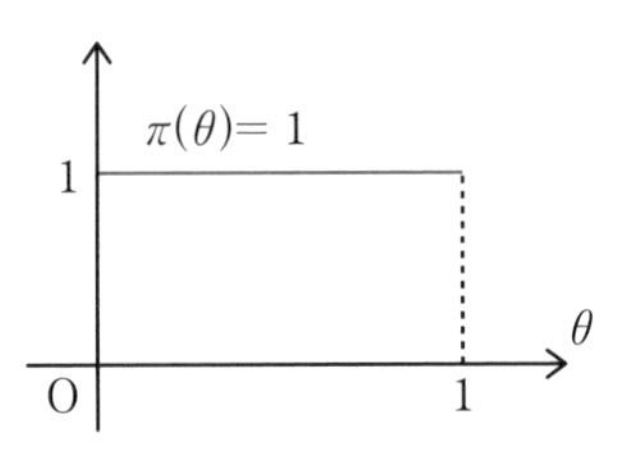

$\pi(\theta)=1$　……④

としてみます。つまり、θが0から1までのどの値をとる可能性も同じであると仮定します。すると、ベイズ統計学の基本公式（Ⅱ）の式②の周辺尤度$P(D)$は次のようになります。

$$P(D)=\int_\theta f(D/\theta)\pi(\theta)\,d\theta=\int_0^1\theta\times 1d\theta=\int_0^1\theta d\theta=\left[\frac{\theta^2}{2}\right]_0^1=\frac{1}{2}\quad\cdots\cdots⑤$$

③、④、⑤より、コインを1回投げて表が出た後のθの事後分布$\pi(\theta/D)$はベイズ統計学の基本公式（Ⅱ）より、次のようになります。

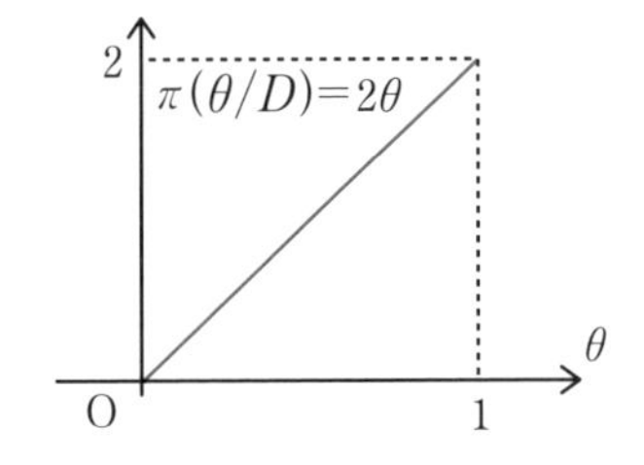

$$\pi(\theta/D)=\frac{f(D/\theta)}{P(D)}\pi(\theta)=\frac{\theta}{\frac{1}{2}}\times 1=2\theta\quad\cdots\cdots⑥$$

表が出たことから、「このコインは表が出やすい」と主張しているんだ。

〔例 2〕 例 1 のコインをさらに投げたら、また、表が出た。このことをもとに、このコインの表の出る確率θの事後分布を求めてみよう。

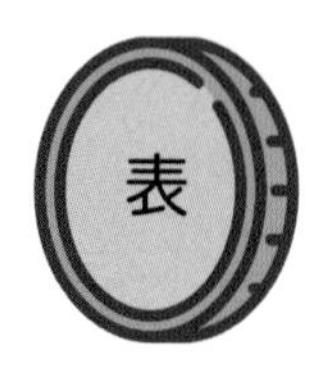

〔解〕 まずは尤度$f(D/\theta)$を設定します。ただし、データDは表が出たということです。表の出る確率がθのときに表が出たのですから、尤度は例 1 と同じ $f(D/\theta)=\theta$ ……③となります。

次に事前分布の設定ですが、これは、コインを 1 回目に投げて表が出たときのθの事後分布⑥を採用します（**ベイズ更新**）。

つまり、$\pi(\theta/D)=2\theta$ ……⑥ を事前分布$\pi(\theta)=2\theta$ ……⑦とします。したがって、ベイズ統計学の基本公式（Ⅱ）の式②の周辺尤度$P(D)$は次のようになります。

$$P(D)=\int_{\theta} f(D/\theta)\pi(\theta)\,d\theta=\int_0^1 \theta\times 2\theta d\theta=\int_0^1 2\theta^2 d\theta=\left[\frac{2\theta^3}{3}\right]_0^1=\frac{2}{3}\cdots\cdots⑧$$

③、⑦、⑧より、θの事後分布 $\pi(\theta/D)$ はベイズ統計学の基本公式（Ⅱ）より次のようになります。

$$\pi(\theta/D)=\frac{f(D/\theta)}{P(D)}\pi(\theta)=\frac{\theta}{\frac{2}{3}}\times 2\theta=3\theta^2 \quad \cdots\cdots⑨$$

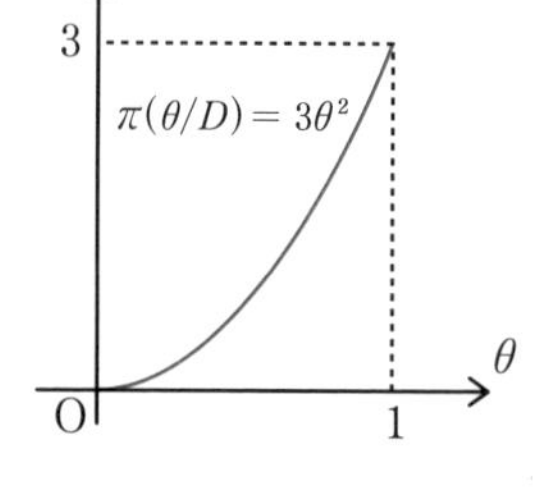

2回続けて表が出たことから「このコインはかなり表が出やすい」と主張しているんだ。

〔**例 3**〕 例 2 のコインをさらに投げたら、今度は、裏が出た。このことをもとに、このコインの表の出る確率θの事後分布を求めてみよう。

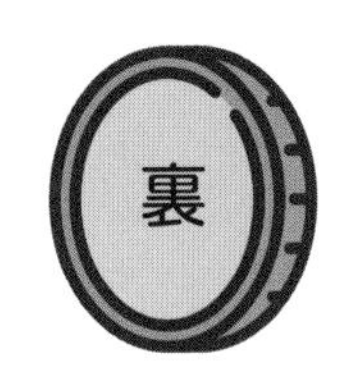

〔**解**〕 まずは尤度$f(D/\theta)$を設定します。ただし、データDは裏が出たということです。表の出る確率がθのときに裏が出たのですから、尤度は

$f(D/\theta)=1-\theta$ …⑩ となります。

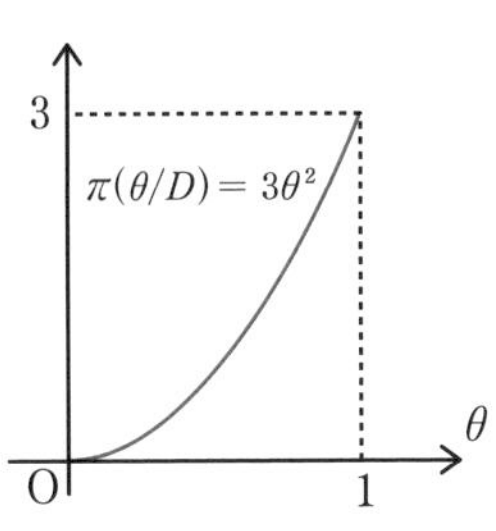

次に事前分布の設定ですが、これは、コインを2 回目に投げて表が出たときのθの事後分布⑨を採用します（**ベイズ更新**）。つまり、$\pi(\theta)=3\theta^2$ …⑪ とします。

したがって、ベイズ統計学の基本公式（Ⅱ）の式②の周辺尤度$P(D)$は次のようになります。

$$P(D)=\int_\theta f(D/\theta)\pi(\theta)d\theta=\int_0^1(1-\theta)\times 3\theta^2 d\theta$$
$$=3\int_0^1(\theta^2-\theta^3)d\theta=3\left[\frac{\theta^3}{3}-\frac{\theta^4}{4}\right]_0^1=\frac{1}{4} \quad \cdots\cdots ⑫$$

⑩、⑪、⑫より、コインをさらに投げて裏が出た後のθの事後分布$\pi(\theta/D)$はベイズ統計学の基本公式（Ⅱ）より、次のようになります。

$$\pi(\theta/D)=\frac{f(D/\theta)}{P(D)}\pi(\theta)=\frac{1-\theta}{\frac{1}{4}}\times 3\theta^2=12(1-\theta)\theta^2$$

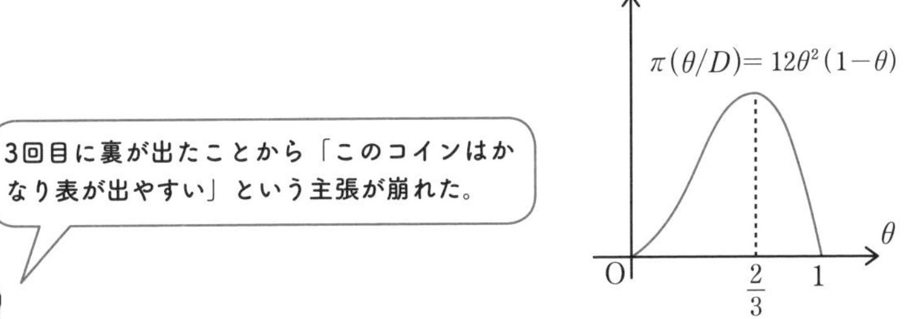

例1、2、3の経過を図示すると下図のようになります。ベイズ統計学が経験をうまくとり込んでいる様子がわかります。

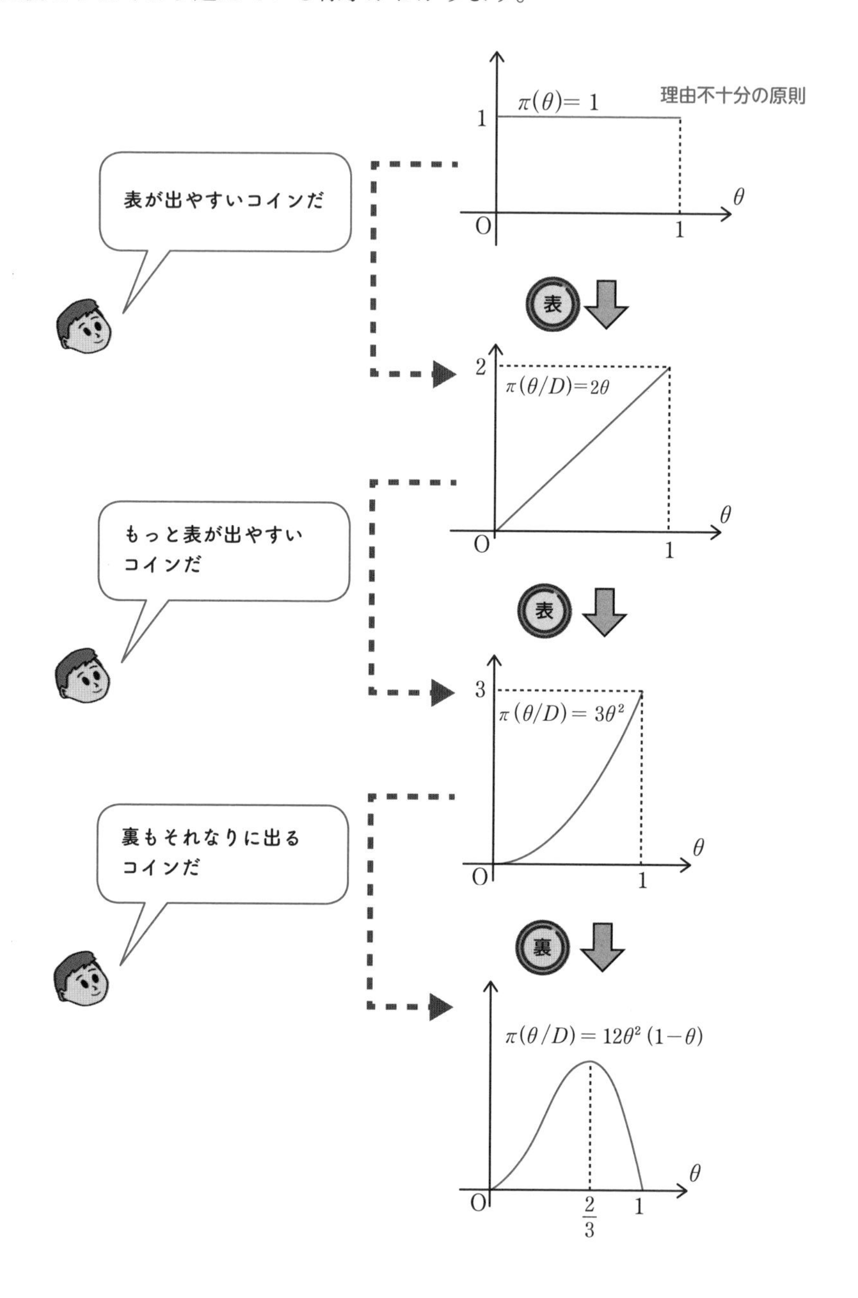

例1、2、3と3つに分けて「表・表・裏」と出たときのコインの表の出る確率θの事後分布を逐次処理で求めましたが、ベイズ統計学では一括して処理することもできます。次の例で調べてみましょう。

〔例4〕 表の出る確率がよくわからない1枚のコインを3回投げたら、順に「表・表・裏」が出ました。このことをもとに、このコインの表の出る確率θの事後分布を求めてみよう。

〔解〕 データDが「表・表・裏」としてベイズ統計学の基本公式（Ⅱ）の式①、②を用いてθの事後分布 $\pi(\theta/D)$を求めることになります。

まずは尤度$f(D/\theta)$を設定します。表の出る確率がθのときに「表・表・裏」と出たのですから、尤度は次のようになります。

$$f(D/\theta)=\theta\times\theta\times(1-\theta) \quad \cdots\cdots⑬$$

次に事前確率の設定ですが、投げる前のコインの表の出る確率θについて何も情報がありません。そこで、とりあえず「**理由不十分の原則**」（§5−6）により、

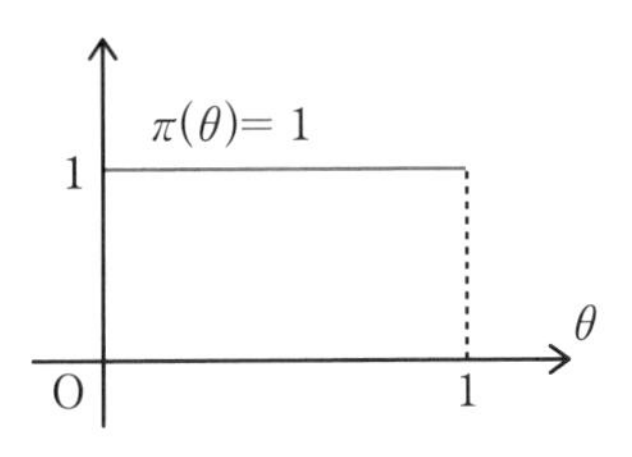

$$\pi(\theta)=1 \quad \cdots\cdots⑭$$

としてみます。つまり、θが0〜1までどの値をとる可能性も同じであると仮定するのです。

このとき、「ベイズ統計学の基本公式（Ⅱ）」の式②の周辺尤度$P(D)$は⑬、⑭より次のようになります。

$$P(D)=\int_\theta f(D/\theta)\pi(\theta)\,d\theta=\int_0^1\theta^2(1-\theta)\times 1d\theta$$

$$=\int_0^1(\theta^2-\theta^3)\,d\theta=\left[\frac{\theta^3}{3}-\frac{\theta^4}{4}\right]_0^1=\frac{1}{12} \quad \cdots\cdots⑮$$

第6章
ベイズ統計学

⑬、⑭、⑮より、コインを3回投げて「表・表・裏」が出た後のθの事後分布 $\pi(\theta/D)$はベイズ統計学の基本公式（Ⅱ）より次のようになります。

$$\pi(\theta/D)=\frac{f(D/\theta)}{P(D)}\pi(\theta)=\frac{\theta^2(1-\theta)}{\frac{1}{12}}\times 1=12(1-\theta)\theta^2$$

これは例3の事後分布と一致します。

例題3の結果と同じだ。
独立試行で得たデータの場合、逐一処理しても一括処理しても結果は同じなんだ（逐次合理性）。

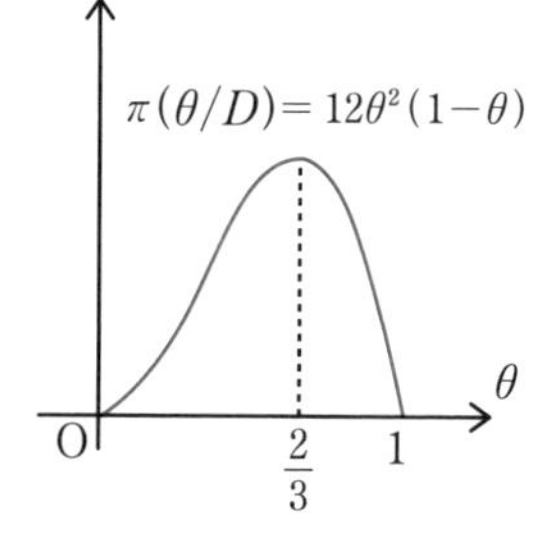

連続的な母数θの例として、コインの表の出る確率θを用いて「ベイズ統計学の基本公式（Ⅱ）」の使い方を紹介してきました。他の連続的な母数θの場合でも使い方は同じです。ただ、いずれにしても周辺尤度$P(D)$を計算するのに連続的な母数θの場合は、積分計算をしなければなりません。本節のコインの例では積分計算は簡単でしたが、一般には、かなり厄介な計算になります。そのため、ベイズ統計学では「自然共役事前分布」（§6−5）という考え方を利用するか、「MCMC法」（§6−6）といって、コンピュータを利用することによって大変な積分計算を回避することになります。

なお、今回のコインの場合は、積分される関数はベータ関数というよく知られた関数のため、積分計算をしないで事後分布を求めることができます。§6−4の〈Note〉を参照してください。

6-4 ベイズ統計学の基本公式（Ⅲ）
～ベイズの定理の簡略形

ベイズの定理をベイズ統計学用に変形した3つの公式の3つ目を紹介します。これは基本公式（Ⅰ）（Ⅱ）を簡潔に表現した公式です。まずは、ベイズ統計学の基本公式（Ⅰ）（Ⅱ）の要点のみを再掲します。

ベイズ統計学の基本公式（Ⅰ） ……θが「離散型」の確率変数（再掲）

$$P(\theta_i/D)=\frac{P(D/\theta_i)}{P(D)}P(\theta_i) \qquad (i=1,\ 2,\ \cdots,\ n)$$

$$P(D)=P(D/\theta_1)P(\theta_1)+P(D/\theta_2)P(\theta_2)+\cdots+P(D/\theta_n)P(\theta_n)$$

ベイズ統計学の基本公式（Ⅱ） ……θが「連続型」の確率変数（再掲）

$$\pi(\theta/D)=\frac{f(D/\theta)}{P(D)}\pi(\theta)$$

ここで $P(D)=\int_\theta f(D/\theta)\pi(\theta)d\theta$

●ベイズ統計学の基本公式（Ⅲ）

（Ⅰ）（Ⅱ）いずれの公式においても、周辺尤度$P(D)$はデータDの生起する確率であり、データDを入手した後は単なる定数になります。つまり、母数θを含まない式になります。そこで、$P(D)$の逆数をkと置けば、kも定数です。

$$k=\frac{1}{P(D)}=\frac{1}{P(D/\theta_1)P(\theta_1)+P(D/\theta_2)P(\theta_2)+\cdots+P(D/\theta_n)P(\theta_n)}$$

……公式（Ⅰ）の場合

第6章 ベイズ統計学

$$k=\frac{1}{P(D)}=\frac{1}{\int_{\theta} f(D/\theta)\pi(\theta)d\theta}$$ ……公式（Ⅱ）の場合

すると、ベイズ統計学の基本公式（Ⅰ）（Ⅱ）はいずれも次のように簡潔に表現することができます。これを本書では「**ベイズ統計学の基本公式（Ⅲ）**」と名付けることにします。

ベイズ統計学の基本公式（Ⅲ）

（母数θが離散量の場合）

$P(\theta_i/D)=kP(D/\theta_i)P(\theta_i)$　$(i=1,\ 2,\ \cdots,\ n)$　……①（kは定数）

（母数θが連続量の場合）

$\pi(\theta/D)=kf(D/\theta)\pi(\theta)$　……②（kは定数）

この公式は「事後確率（事後分布）は尤度と事前確率（事前分布）の積に比例する」（下記）ことを意味しています。記号$\propto$は比例を意味します。

事後確率（事後分布）　$\propto$　尤度×事前確率（事前分布）

●規格化定数とは

式①、②の右辺の定数kは事後確率（事後分布）の確率の総和が1となるように調整するための定数と考えられます。このような定数を**規格化定数**と呼びます。

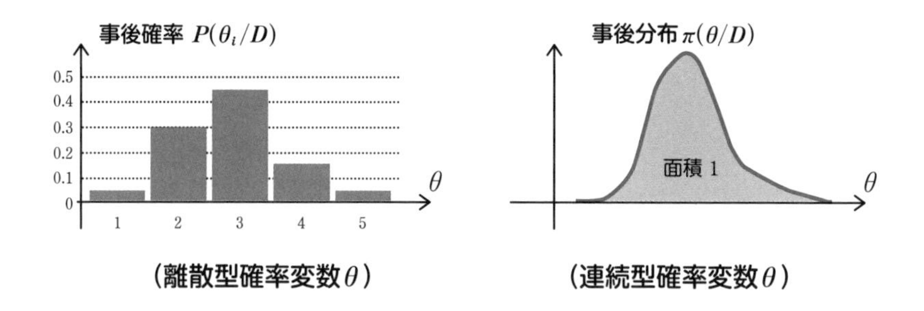

（離散型確率変数θ）　（連続型確率変数θ）

実際に、ベイズ統計学の基本公式（Ⅲ）にこの考えを適用してみましょう。母数θが離散的な確率変数の場合は

$$\sum_{i=1}^{n} P(\theta_i/D) = \sum_{i=1}^{n} kP(D/\theta_i)P(\theta_i) = k\sum_{i=1}^{n} P(D/\theta_i)P(\theta_i) = 1 \text{より、}$$

$$k = \frac{1}{P(D/\theta_1)P(\theta_1) + P(D/\theta_2)P(\theta_2) + \cdots + P(D/\theta_n)P(\theta_n)} \text{となります。}$$

母数θが連続的な確率変数の場合は

$$\int_{\theta} \pi(\theta/D)\,d\theta = \int_{\theta} kf(D/\theta)\pi(\theta)\,d\theta = k\int_{\theta} f(D/\theta)\pi(\theta)\,d\theta = 1 \text{ より、}$$

$$k = \frac{1}{\displaystyle\int_{\theta} f(D/\theta)\pi(\theta)\,d\theta} \text{となります。}$$

このことから、周辺尤度$P(D)$は規格化定数（の逆数）の役割を担っていることがわかります。

●ベイズ統計学の基本公式（Ⅲ）を使ってみよう

それでは具体例で公式（Ⅲ）を使ってみましょう。まずは、過去において扱った §6−2 の例 4 に使ってみます。

〔例 1〕 中の見えない一つの袋があり、青玉と白玉の合計 4 個の玉が入っている。この袋から復元抽出で 3 個の玉を取り出したら、「青玉・青玉・白玉」であった。この袋の中の青玉の個数θの事後確率を求めてみよう。

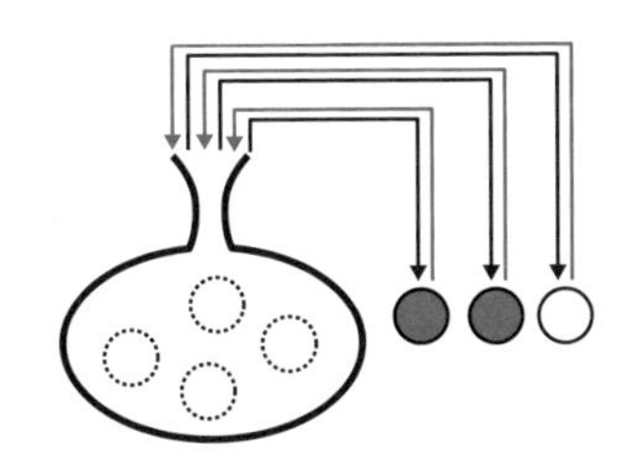

〔**解**〕この袋の中の青玉の個数θがiであることをθ_iと表現しましょう。また、青玉・青玉・白玉が出たというデータをDとしましょう。

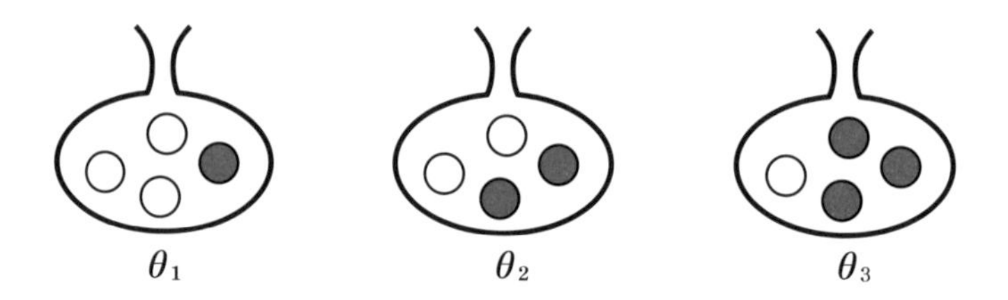

まずは、尤度を設定します。条件より次のようになります。

$$P(D/\theta_1)=\frac{1}{4}\times\frac{1}{4}\times\frac{3}{4}、P(D/\theta_2)=\frac{2}{4}\times\frac{2}{4}\times\frac{2}{4}、P(D/\theta_3)=\frac{3}{4}\times\frac{3}{4}\times\frac{1}{4}$$

次に事前確率を設定しましょう。玉を取り出すとき青玉の個数θについての情報は問題に何も示されていません。そこで、「θの事前確率はすべて等しい」と考えることにします（理由不十分の原則）。

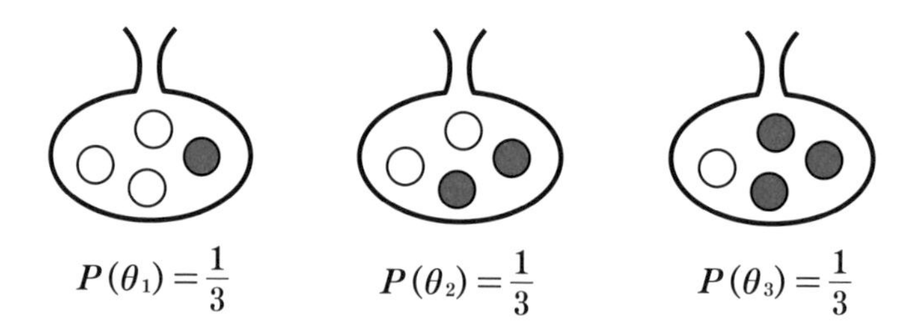

それでは次に、復元抽出で青玉・青玉・白玉が出たというデータDを得たことから、「ベイズ統計学の基本公式（Ⅲ）」の①を用いて、青玉の個数θの事後確率を求めてみましょう。

$$P(\theta_1/D)=kP(D/\theta_1)P(\theta_1)=k\times\frac{1}{4}\times\frac{1}{4}\times\frac{3}{4}\times\frac{1}{3}\quad\cdots\cdots③$$

$$P(\theta_2/D)=kP(D/\theta_2)P(\theta_2)=k\times\frac{2}{4}\times\frac{2}{4}\times\frac{2}{4}\times\frac{1}{3}\quad\cdots\cdots④$$

$$P(\theta_3/D)=kP(D/\theta_3)P(\theta_3)=k\times\frac{3}{4}\times\frac{3}{4}\times\frac{1}{4}\times\frac{1}{3} \quad \cdots\cdots⑤$$

事後確率の総和が1であることより

$$P(\theta_1/D)+P(\theta_2/D)+P(\theta_3/D)=1$$

ゆえに $k\times\frac{1}{4}\times\frac{1}{4}\times\frac{3}{4}\times\frac{1}{3}+k\times\frac{2}{4}\times\frac{2}{4}\times\frac{2}{4}\times\frac{1}{3}+k\times\frac{3}{4}\times\frac{3}{4}\times\frac{1}{4}\times\frac{1}{3}=1$

よって $k=\frac{4\times4\times3}{5}$

③、④、⑤に代入して、事後確率

$P(\theta_1/D)=\frac{3}{20}$、$P(\theta_2/D)=\frac{8}{20}$、$P(\theta_3/D)=\frac{9}{20}$ を得ます。

次に、§ 6−3の例4を「公式（Ⅲ）」を使って解いてみましょう。

〔例2〕 表の出る確率θがよくわからない1枚のコインを3回投げたら「表・表・裏」が出ました。このことをもとに、このコインの表の出る確率θの事後分布を求めてみよう。

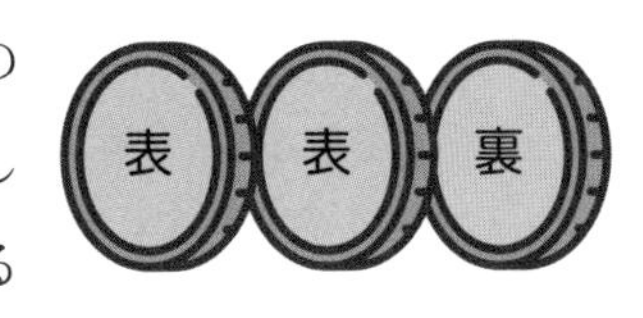

〔解〕「表・表・裏と出た」というデータをDとしましょう。まずは尤度を設定します。条件から、次のようになります。

$$f(D/\theta)=\theta\times\theta\times(1-\theta) \quad \cdots\cdots⑥$$

（表の出る確率）×（表の出る確率）×（裏の出る確率）

次にθの事前分布$\pi(\theta)$を設定します。投げる前のコインの表の出る確率θについて、何も情報がありません。そこで、とりあえず「**理由不十分の原則**」（§ 5−6）により、

$\pi(\theta) = 1$ ……⑦

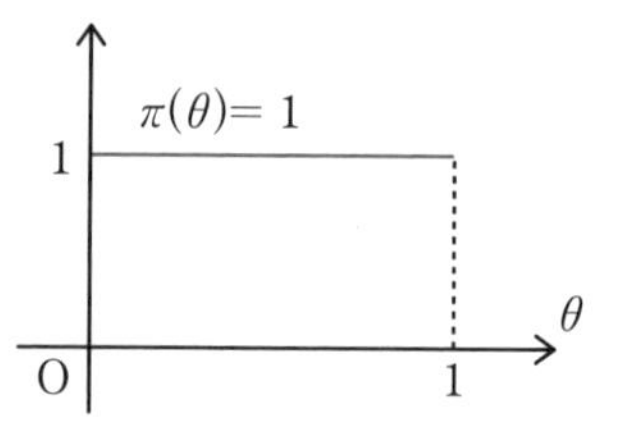

としてみます。つまり、「θが0～1まで、どの値をとる可能性も同じである」と仮定するのです。

最後に「ベイズ統計学の基本公式（Ⅲ）」の式②に尤度⑥と事前分布⑦を代入して次の事後分布を得ます。

$$\pi(\theta/D) = kf(D/\theta)\pi(\theta) = k\times\theta\times\theta\times(1-\theta)\times 1 = k\theta^2(1-\theta)$$

この分布は$k\theta^{3-1}(1-\theta)^{2-1}$と書けるのでベータ分布$Be(3, 2)$です（節末〈Note〉）。よって$k = \dfrac{1}{B(3,\ 2)} = \dfrac{(3+2-1)!}{(3-1)!(2-1)!} = \dfrac{4!}{2!\times 1!} = 12$……⑧

を得ます。事後分布は $\pi(\theta/D) = 12\theta^2(1-\theta)$ となります。

（注）上記の解答で、kは本来、積分計算$\int_0^1 k\theta^2(1-\theta)d\theta = 1$より求めますが、事後分布が有名なベータ分布$Be(3, 2)$であったため、⑧より簡単に求めることができます（節末〈Note〉参照）。このように、尤度と事前分布の組合せによっては事後分布がよく知られた分布となり、kの値を簡単に（積分計算することなしに）求めることができます。このことについての詳しいことは§6−5 **自然共役事前分布**を参照してください。

Excel 階乗計算はFACT関数

自然数nに対して、$n\times(n-1)\times(n-2)\times\cdots\times 3\times 2\times 1$のことを$n$の階乗（factorial）といい、$n!$と書きます。つまり、

$$n! = n\times(n-1)\times(n-2)\times\cdots 3\times 2\times 1$$

なお、$1! = 1,\ 0! = 1$と定義します。

Excelで$n!$を計算するにはFACT関数が便利です。

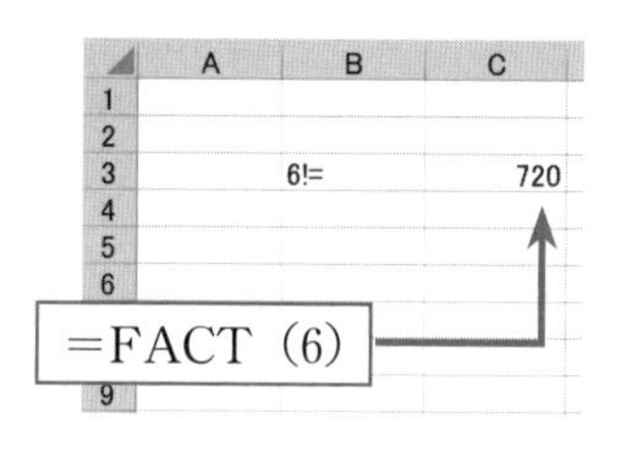

次にベイズ統計学の基本公式（Ⅲ）を用いて新たな問題を解いてみましょう。

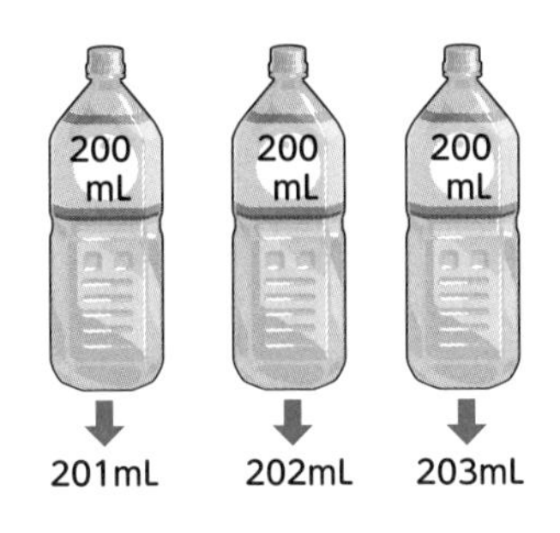

〔例 3〕 ある工場で製造される内容量200mLと表示された清涼飲料水のペットボトルの内容量xは正規分布に従い、分散は1^2であることがわかっている。この製品を3つ抽出して調べたところ、その内容量は201mL、202mL、203mLであった。このとき、この工場でつくられる清涼飲料水のペットボトルの内容量xの平均値θの確率分布を求めてみよう。

〔解〕 題意から、製品の内容量x（mL）は正規分布に従い、その分散は1^2なので、この製品の内容量xの分布は正規分布$N(\theta, 1^2)$に従い、次のように表わされます。ここで、θはこの分布の平均値です。

$$f(x)=\frac{1}{\sqrt{2\pi}}e^{-\frac{(x-\theta)^2}{2}} \quad \cdots\cdots ⑨$$

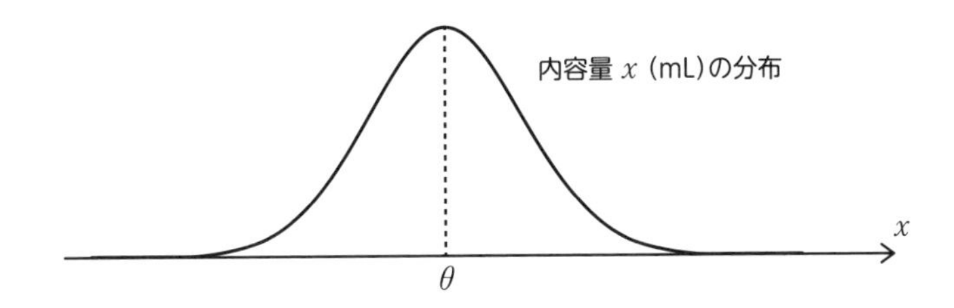

得られたデータDは201mL、202mL、203mLで、これらは⑨に従います。また、これらのデータは独立なので、尤度$f(D/\theta)$は各データについて⑨の値を掛け合わせて得られる次の値です。

$$f(D/\theta)=\frac{1}{\sqrt{2\pi}}e^{-\frac{(201-\theta)^2}{2}}\times\frac{1}{\sqrt{2\pi}}e^{-\frac{(202-\theta)^2}{2}}\times\frac{1}{\sqrt{2\pi}}e^{-\frac{(203-\theta)^2}{2}} \quad \cdots\cdots ⑩$$

この式を計算すると、次の式を得ます。

$$f(D/\theta) \propto e^{-\frac{(\theta-202)^2}{2\times\frac{1}{3}}} \quad \cdots\cdots ⑪$$ （計算過程は〈Note〉参照）

次に、内容量xの平均値θの事前分布$\pi(\theta)$を設定しましょう。「内容量200mLと表示された清涼飲料水」とあるので、事前分布$\pi(\theta)$の平均値として200としてみます。また、分布の形は未知ですが、分散4の正規分布を仮定しましょう。分散4の仮定に特別な意味はありません。「製造管理者の経験から」としておきましょう。

$$\pi(\theta) = \frac{1}{2\sqrt{2\pi}} e^{-\frac{(\theta-200)^2}{2\times 2^2}} \quad \cdots\cdots ⑫$$

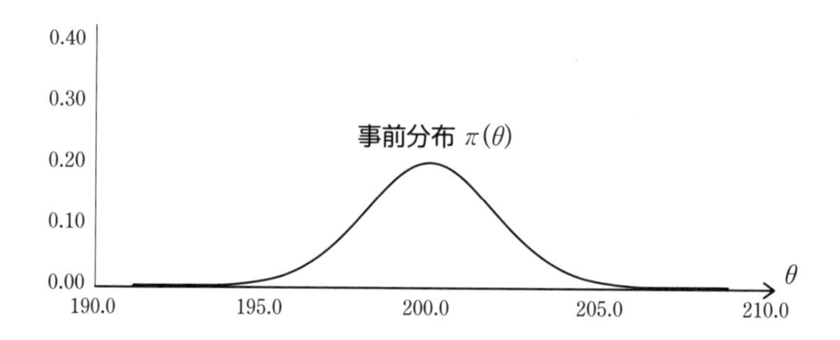

ここで、事前分布のいい加減さが利用されています。これがベイズ理論の特徴なのです。とりあえず事前分布を適当に設定するのですが、その後、データを入手し、結果を更新していくことで、算出する事後確率は少しずつ現実に適合していくのです。

最後に「基本公式（Ⅲ）」を用いて、内容量xの平均値θの事後分布$\pi(\theta/D)$を求めます。

$$\pi(\theta/D) = kf(D/\theta)\pi(\theta) \propto e^{-\frac{(\theta-202)^2}{2\times\frac{1}{3}}} \times \frac{1}{2\sqrt{2\pi}} e^{-\frac{(\theta-200)^2}{2\times 4}} \propto e^{-\frac{\left(\theta-\frac{2624}{13}\right)^2}{2\times\frac{4}{13}}}$$

$\cdots\cdots$⑬

これより母数である内容量xの平均値θは平均値$\frac{2624}{13}=201.846\cdots$ 、分散$\frac{4}{13}$の正規分布に従うことがわかります。

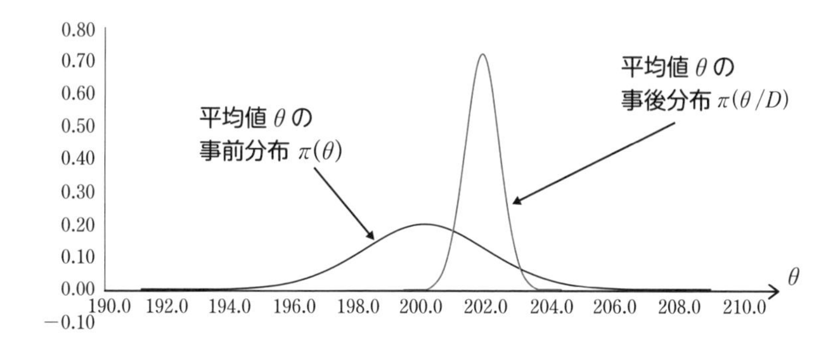

⑪、⑬の求め方

指数法則 $a^m a^n = a^{m+n}$ から

$$f(D/\theta)=\frac{1}{\sqrt{2\pi}}e^{-\frac{(201-\theta)^2}{2}}\times\frac{1}{\sqrt{2\pi}}e^{-\frac{(202-\theta)^2}{2}}\times\frac{1}{\sqrt{2\pi}}e^{-\frac{(203-\theta)^2}{2}}$$

$$=\left(\frac{1}{\sqrt{2\pi}}\right)^3 e^{-\frac{(201-\theta)^2}{2}-\frac{(202-\theta)^2}{2}-\frac{(203-\theta)^2}{2}}$$

右辺のeの指数部分を調べると、

$$-\frac{(201-\theta)^2+(202-\theta)^2+(203-\theta)^2}{2}=-\frac{3\theta^2-2\times606\theta+122414}{2}$$

$$=-\frac{3}{2}(\theta-202)^2+\text{定数}$$

よって、$f(D/\theta)\propto e^{-\frac{3(\theta-202)^2}{2}}=e^{-\frac{(\theta-202)^2}{2\times\frac{1}{3}}}$

同様にして式⑬を得ることができます。

（注）記号$\propto$は「比例」を表わします。つまり、「$y\propto x$」は「$y=$ 定数$\times x$」を意味します。

ベータ分布

確率密度関数 $f(x)$ が次の式①で与えられる分布を**ベータ分布**といい、この分布を $Be(p,\ q)$ と表現します。

$$f(x)=kx^{p-1}(1-x)^{q-1} \quad \cdots\cdots ① \ (k、p、q \text{は定数で} 0<x<1)$$

ベータ分布 $Be(p,\ q)$ における定数 k は次の式で与えられます。

$$k=\frac{1}{B(p,\ q)} \quad \cdots\cdots ②$$

ここで、$B(p,\ q)$ は **ベータ関数**と呼ばれる特殊関数で、p、q が正の整数であるとき、次の式となります。

$$B(p,\ q)=\frac{(p-1)!(q-1)!}{(p+q-1)!} \quad \cdots\cdots ③$$

下図は、ベータ分布 $Be(1,\ 1)$、$Be(2,\ 1)$、$Be(3,\ 2)$、$Be(4,\ 2)$ をグラフで示した例です。なお、$Be(1,\ 1)$ は「一様分布」と一致します。

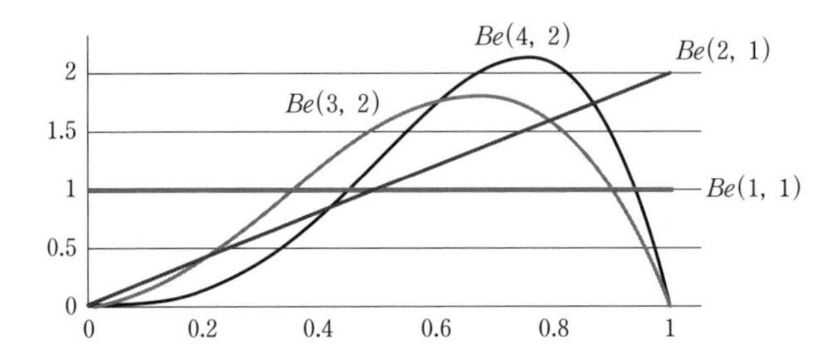

ベータ分布 $Be(p,\ q)$ の平均値 μ、分散 σ^2、最頻値 M について次の公式が成立します。ただし、最頻値を考えるときは $p+q>2$ とします。

$$\mu=\frac{p}{p+q},\ \sigma^2=\frac{pq}{(p+q)^2(p+q+1)},\ M=\frac{p-1}{p+q-2}$$

6-5 自然共役事前分布で計算の合理化

ベイズ統計学の基本公式を用いて事後分布を求めたり、事後分布の平均値や分散などの統計量を求めたりする場合、往々にして、煩雑な積分計算をともないます。そこで、このような積分計算を回避できる方法を知っていると便利です。それが本節で紹介する**自然共役事前分布**です。

ベイズ統計学では、連続的母数θの事後分布$\pi(\theta/D)$は事前分布$\pi(\theta)$と尤度$f(D/\theta)$、それに、周辺尤度$P(D)$を用いて次のように計算されます（§6−3）。

$$\pi(\theta/D)=\frac{f(D/\theta)}{P(D)}\pi(\theta) \quad \cdots\cdots ① \quad \text{ただし、} P(D)=\int_{\theta} f(D/\theta)\pi(\theta)\,d\theta$$

また、事後分布$\pi(\theta/D)$の平均値や分散などは次の計算で得られます。

$$\text{平均値：} M=\frac{\int_{\theta} \theta f(D/\theta)\pi(\theta)\,d\theta}{\int_{\theta} f(D/\theta)\pi(\theta)\,d\theta}$$

$$\text{分散：} S^2=\frac{\int_{\theta} (\theta-M)^2 f(D/\theta)\pi(\theta)\,d\theta}{\int_{\theta} f(D/\theta)\pi(\theta)\,d\theta}$$

まさに、積分計算のオンパレードです。何だか大変そうです。

（注）本章で扱った例では問題が工夫されていて、事後分布などの計算は比較的スムーズに処理できました。しかし、それでも、計算は大変だと思われたかも知れません。

●自然共役事前分布

連続的母数θの事後分布$\pi(\theta/D)$はθの事前分布$\pi(\theta)$と尤度$f(D/\theta)$の

積に比例するので、比例定数を k とすれば、①は次のように書くことができます（ベイズ統計学の基本公式Ⅲ）。

$$\pi(\theta/D) = kf(D/\theta)\pi(\theta) \cdots\cdots ②$$

つまり、事前分布、事後分布、尤度は次の関係で結ばれています。

事後分布 ＝ 定数 × **尤度** × **事前分布**

そこで、母数 θ のもとでのデータ D の分布から得られる尤度 $f(D/\theta)$ と母数 θ の事前分布 $\pi(\theta)$ をマッチングさせます。ベイズ統計学では、事前分布 $\pi(\theta)$ を自由に選べるからです。どのようにマッチングさせるかというと、事前分布 $\pi(\theta)$ も事後分布 $\pi(\theta/D)$ も同種類の分布になるように尤度 $f(D/\theta)$ に対し事前分布 $\pi(\theta)$ を選ぶのです。このとき、その事前分布を尤度の**自然共役分布**、または、**自然共役事前分布**といいます。

事後分布が性質のよくわかっている分布であれば、事後分布の平均値や分散などの統計量は積分計算をせずに求めることができます。そのためには性質のよくわかっている自然共役分布を採用すべきなのです。

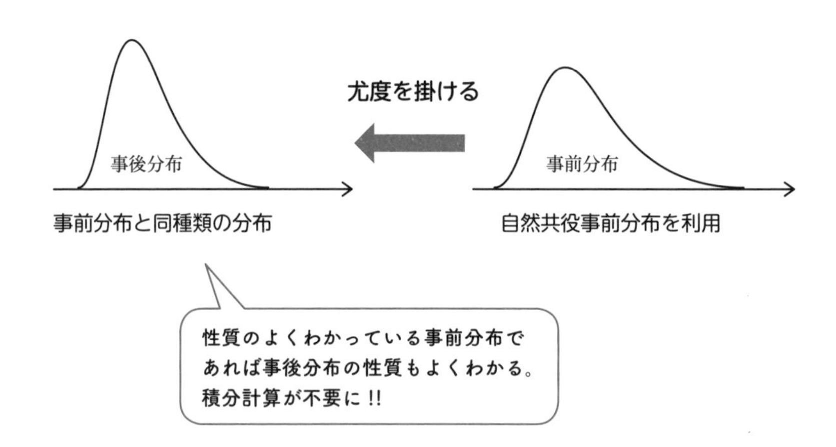

〔例 1〕 表の出る確率がよくわからない1枚のコインを投げたら表が出た。このことをもとに、このコインの表の出る確率θの事後分布を求めてみよう。

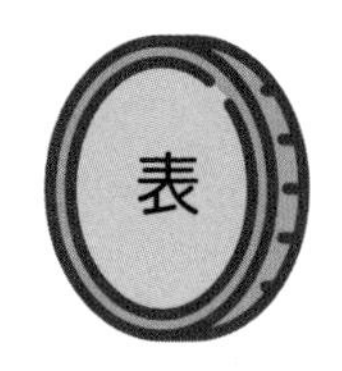

〔解〕 表の出る確率がθであるコインを投げてその表・裏に着目する試行において、表が出たら1、裏が出たら0という値をとる確率変数Xを考えます。するとXはベルヌーイ分布（§3−9）に従います。

X	0	1
確率	$1-\theta$	θ

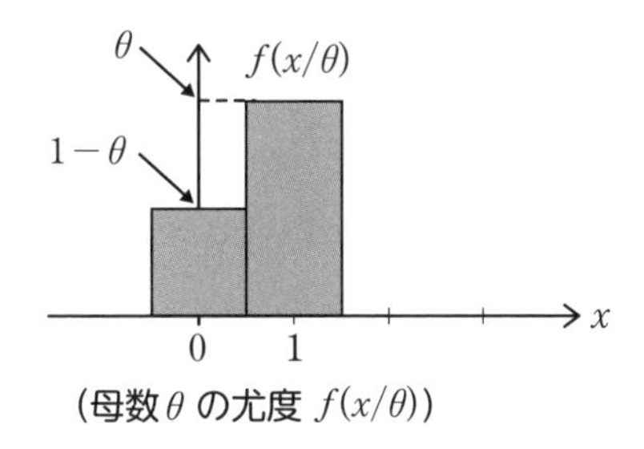

(母数θ の尤度 $f(x/\theta)$)

したがって、「表の出る確率θのコインを投げたら、表が出た」というデータをDとしたとき、Dが起こる確率$f(D/\theta)$、つまり、尤度は次のようになります。

$$f(D/\theta)=\theta$$

次に事前分布$\pi(\theta)$を設定しましょう。コインを投げる前のコインの表の出る確率θについて何も情報がありません。そこで、とりあえず「**理由不十分の原則**」（§ 5−6）により「一様分布」

$$\pi(\theta)=1 \quad \cdots\cdots ⑥$$

としてみます。つまり、θが0から1までどの値をとる可能性も同じであるとします。

これを「ベイズ統計学の基本公式（Ⅲ）」の式②に代入して事後分布を得ます。

$$\pi(\theta/D) = kf(D/\theta)\pi(\theta) = k \times \theta \times 1 = k\theta$$

この分布は$k\theta^{2-1}(1-\theta)^{1-1}$と書けるのでベータ分布$Be(2,\ 1)$です（§6−4〈Note〉）。

よって　$k = \dfrac{1}{B(2,\ 1)} = \dfrac{(2+1-1)!}{(2-1)!(1-1)!} = \dfrac{2!}{1! \times 0!} = 2$　……⑦

を得ます。ゆえに、事後分布は$\pi(\theta/D) = 2\theta$　となります。

ベータ分布$Be(2,\ 1)$の平均値μと分散σ^2と最頻値Mはベータ分布の性質（§6−4）から次のようになります。

$$\mu = \frac{2}{2+1} = \frac{2}{3},\ \sigma^2 = \frac{2 \times 1}{(2+1)^2(2+1+1)} = \frac{1}{18},\ M = \frac{2-1}{2+1-2} = 1$$

（解答終わり）

一様分布はベータ分布の特殊な場合$Be(1,\ 1)$と考えられます。したがって、事前分布も事後分布も共にベータ分布となります。このことから、ベルヌーイ分布から導かれる尤度に対して、一様分布、つまり、ベータ分布$Be(1,\ 1)$が「自然共役事前分布」となることがわかります。

ベータ分布 $Be(2,\ 1)$	＝定数×	ベルヌーイ分布	×	ベータ分布 $Be(1,\ 1)$
事後分布		尤度		事前分布

（自然共役事前分布の例としては式が単純すぎたかも知れませんが）

それではコインに関する具体的な例をもう一つ解いて理解を深めましょう。

〔**例 2**〕表の出る確率がよくわからない1枚のコインを5回投げたところ、表が3回出た。このことをもとに、このコインの表の出る確率θの事後分布を求めてみよう。ただし、今までの経験からθの事前分布は$Be(3,\ 3)$とする。

〔**解**〕5回投げたら表が何回出るかの確率分布は2項分布$B(5,\ \theta)$に従います（本節末で紹介）。したがって、「5回投げたら表が3回出た」というデータをDとすれば尤度$f(D/\theta)$は次のようになります。

$$f(D/\theta) = {}_5C_3\theta^3(1-\theta)^2$$

与えられた条件より、事前分布は$Be(3,\ 5)$です。つまり、

$$\pi(\theta) = \frac{(3+5-1)!}{(3-1)!(5-1)!}\theta^{3-1}(1-\theta)^{5-1} = \frac{7!}{2!4!}\theta^2(1-\theta)^4$$

したがって、事後分布$\pi(\theta/D)$はベイズ統計学の基本公式（Ⅲ）より次のようになります。

$$\pi(\theta/D) = kf(D/\theta)\pi(\theta) = k{}_5C_3\theta^3(1-\theta)^2 \times \frac{7!}{2!4!}\theta^2(1-\theta)^4$$
$$\propto \theta^5(1-\theta)^6$$

これはベータ分布$Be(6,\ 7)$の形をしています。よって、事後分布は

$$\pi(\theta/D) = \frac{(6+7-1)!}{(6-1)!(7-1)!}\theta^5(1-\theta)^6 = 5544\theta^5(1-\theta)^6$$

となります。

この例で、ベータ分布は2項分布の **自然共役分布** であることがわかります。

●自然共役事前分布の例

母数θのもとでのデータDの分布に対し、事前分布$\pi(\theta)$を適当に選ぶと事後分布が事前分布と同じ分布になる例を表にまとめて紹介しましょう。

事後分布	データの分布（尤度）	事前分布
ベータ分布	ベルヌーイ分布	ベータ分布
ベータ分布	2項分布	ベータ分布
正規分布	正規分布	正規分布
逆ガンマ分布	正規分布	逆ガンマ分布
ガンマ分布	ポアソン分布	ガンマ分布

（注）ガンマ分布、逆ガンマ分布、ポアソン分布については本書では扱っておりません。

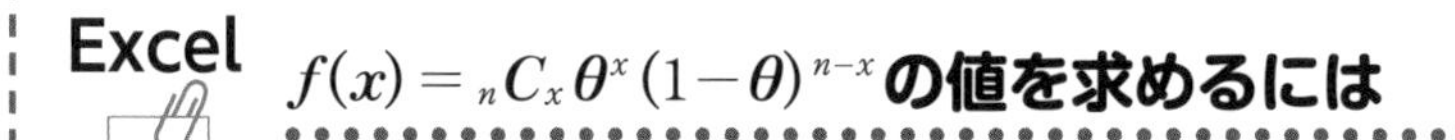

Excel $f(x)={}_nC_x\theta^x(1-\theta)^{n-x}$の値を求めるには

2項分布の確率はBINOM.DIST関数で求められ、書式は次のようになる。

BINOM.DIST（生起回数，試行回数，起こる確率，TRUEまたはFALSE）

ここで、累積確率の場合はTRUE、確率の場合はFALSEを指定する。

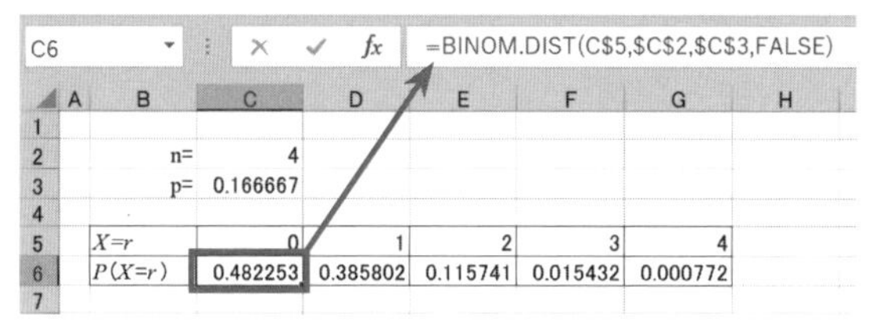

（注）BINOMDIST関数も利用できます。§4−2の「〈Excel〉2項分布の確率を求めるには」も参考にしてください。

6-6 MCMC法で積分計算の軽減

ベイズ統計学では積分計算が頻繁に現れます。しかも、その積分は積分変数がたくさん使われているものが多く、手に負えないものがほとんどです。そのため、ベイズ統計学ではコンピュータを利用した積分の計算が欠かせません。

ベイズ統計学では事後分布をもとに母数の正体を見抜くことになりますが、このとき、事後分布が性質のよくわかったものであれば、積分計算で苦しむことはありません。そのために尤度に対して性質のよくわかっている事前分布を採用し、しかも、事後分布も事前分布と同じ分布になるよう工夫して積分計算の苦労を避けることが考えられます（自然共役事前分布）。

しかし、この方法ではベイズ統計学の応用に限界が生じます。そこで、どんな積分計算にも柔軟に対応できる方法が必要とされるのです。

●MCMC法とは

確率分布が確率密度関数で表わされている場合、期待値や分散を求めるには積分計算が必要です。たとえば、確率密度関数が$f(\theta)$である確率分布の平均値μ、分散σ^2は次の積分計算で求められます。

$$\mu = \int_\theta \theta f(\theta)\,d\theta \qquad \sigma^2 = \int_\theta (\theta - \mu)^2 f(\theta)\,d\theta$$

ただし、積分範囲は確率密度関数$f(\theta)$の定義域です。

（注）ベイズ統計学における事前分布や事後分布も確率密度関数です。

また、ベイズ統計学の事後分布の算出には周辺尤度も求めなければならないのですが、その算出にも積分が現れます（§6−3）。

$$P(D)=\int_\theta f(D/\theta)\pi(\theta)d\theta$$

このように、統計分析には積分計算が不可欠なのです。また、ベイズ統計学においては積分変数を多用する分野（階層ベイズ法など）があり、積分計算はますます容易ではなくなります。

そこで、積分計算を現実的に行なえる方法として考え出されたものに**MCMC法**（Markov chain Monte Carlo methods）があります。これは、確率密度関数の値を、この分布に従う有限個の乱数$\{\theta_1, \theta_2, \theta_3, \cdots, \theta_{n-1}, \theta_n\}$で代表させ、積分をその乱数を使った和に置きかえて計算する方法です。

（注）乱数を利用して積分計算をする方法を**モンテカルロ法**といいます。**マルコフ連鎖とは直前の状態のみが次の状態に影響を与える連鎖のこと**です。

MCMC法は国民の意見を調査するのに似ています。統計学を用いて国民全体の意見の概要を知るには、日本の各地域から調査対象をサンプリングしますが、その際、土地の広さに比例するのではなく、人口密度に比例して人を選び出すのが合理的です。こうして得られた意見を集約すれば少数のモニターから国民全体の意見を効率的に推定できるからです。

●MCMC法の公式

いま、確率変数θについての確率密度関数$f(\theta)$が与えられているとします。このとき、ある統計量$S(\theta)$の期待値を考えてみましょう。これは次の積分で定義されます。

$$S(\theta)\text{ の期待値}=\int_\theta S(\theta)f(\theta)d\theta \quad \cdots\cdots①$$

たとえば、$S(\theta)=\theta$であれば①は確率密度関数$f(\theta)$で表わされる確率分布の平均値μを意味します。また、$S(\theta)=(\theta-\mu)^2$であれば、①は$f(\theta)$で表わされる確率分布の分散を意味します。ここでは、この①の計算を実際に積分するのではなく、単なる数値計算で行なう方法を紹介しましょう。

まず、確率密度関数 $f(\theta)$ に従う n 個の乱数 $\{\theta_1, \theta_2, \theta_3, \cdots, \theta_{n-1}, \theta_n\}$ を作成します。

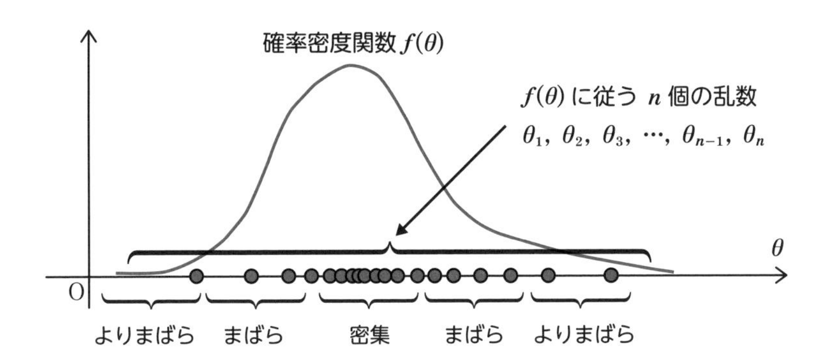

このとき、①の値は $S(\theta_i)$ の平均値をとった次の②で近似されます。つまり、①の近似値が単なる数値計算②で求められるのです。この計算はコンピュータの得意とするところです。

$$\frac{1}{n}\{S(\theta_1)+S(\theta_2)+S(\theta_3)+\cdots+S(\theta_{n-1})+S(\theta_n)\} \quad \cdots\cdots ②$$

以上、まとめると次のようになります。

〈MCMC法による積分計算式〉

$$\int_{\theta} S(\theta)f(\theta)\,d\theta \fallingdotseq \frac{1}{n}\{S(\theta_1)+S(\theta_2)+S(\theta_3)+\cdots+S(\theta_{n-1})+S(\theta_n)\} \quad \cdots\cdots ③$$

ただし、$\{\theta_1, \theta_2, \theta_3, \cdots, \theta_{n-1}, \theta_n\}$ は確率密度関数 $f(\theta)$ に従う n 個の乱数

それでは、この③が正しいことを具体例で実感してみましょう。

〔例〕 平均値160、分散10^2の正規分布$N(160,\ 10^2)$に従う乱数（正規乱数という）を1000個つくり、この1000個の乱数を用いて次の二つの場合について②を計算してみよう。

(1) $S(\theta)=\theta$　(2) $S(\theta)=(\theta-\mu)^2$　ただしμは（1）の値

もし、MCMC法による積分計算式が正しければ（1）の値は160、(2)の値は10^2の近似値になっているはずです。

〔解〕 正規分布$N(160,\ 10^2)$に従う乱数を作成するのは大変ですが、Excelや統計解析ソフトを利用すると、簡単に1000個作成することができます。下記はExcelで作成した例です（節末の〈Excel〉参照)。

154.98	166.92	176.17	154.37	178.22	150.11	147.12	157.78	157.56	141.34
151.54	151.57	160.32	151.07	152.13	157.60	145.91	171.29	147.76	149.13
148.54	158.20	132.07	154.13	159.91	158.92	147.27	148.57	164.69	149.10
144.62	155.32	191.22	176.59	147.76	160.51	172.14	138.29	140.95	176.84
164.45	149.12	164.69	158.37	152.87	163.47	175.36	147.11	165.02	171.11
170.47	161.70	161.47	166.96	161.96	169.37	157.55	168.42	170.52	166.35
156.87	152.41	157.07	160.70	170.80	154.89	135.49	156.42	161.85	152.11
153.68	170.31	149.31	161.22	149.07	141.55	144.93	162.02	163.35	167.25
151.93	150.95	149.96	163.43	179.72	153.80	164.32	157.25	156.93	165.45
168.14	[illegible]	[illegible]	[illegible]	154.44	[illegible]	[illegible]	[illegible]	150.50	[illegible]
154.16	176.89	162.98	150.10	175.49	155.19	165.58	148.65	168.11	149.44
156.75	155.77	161.57	148.43	160.31	158.16	160.25	144.29	164.01	162.55
168.83	162.91	144.17	154.08	161.03	169.44	176.32	158.77	151.52	146.88
174.81	150.37	173.88	168.16	153.83	150.41	147.15	143.88	158.22	148.41

(1) $S(\theta)=\theta$の場合、②は次のようになります。

$$\frac{1}{1000}(\theta_1+\theta_2+\theta_3+\cdots+\theta_{999}+\theta_{1000})$$

$$=\frac{1}{1000}(154.98+166.92+176.17+\cdots+158.22+148.41)$$

$$=159.64$$

これは160のよい近似値になっていることがわかります。

(2) $S(\theta)=(\theta-\mu)^2$の場合、②は次のようになります。ただしμは（1）

の値 159.64 を利用しています。

$$\frac{1}{1000}\{(\theta_1-\mu)^2+(\theta_2-\mu)^2+(\theta_3-\mu)^2+\cdots+(\theta_{1000}-\mu)^2\}$$
$$=\frac{1}{1000}\{(154.98-159.64)^2+(166.92-159.64)^2+(176.17-159.64)^2+\cdots+(148.41-159.64)^2\}$$
$$=101.00$$

これは 10^2 のよい近似値になっていることがわかります。

●確率密度関数 $f(\theta)$ に従う乱数を発生するには

正規分布 $N(\mu,\ \sigma^2)$ の確率密度関数 $f(\theta)$ は $f(\theta)=\frac{1}{\sqrt{2\pi}\,\sigma}e^{-\frac{(\theta-\mu)^2}{2\sigma^2}}$ ですが、この $f(\theta)$ の分布に従う乱数は Excel や統計解析ソフトを利用すれば簡単に作成できます。しかし、一般の確率密度関数 $f(\theta)$ の場合はそうはいきません。$f(\theta)$ に従う乱数を自分でプログラミングしてコンピュータで発生することになります。その際使われる有名なアルゴリズムに**メトロポリス法**とか **ギブスサンプリング法**などがあります。

たとえば、メトロポリス法のアルゴリズムを簡単に紹介すれば次のようになります。

まずは、確率密度関数 $f(\theta)$ のグラフを山にたとえてメトロポリス法のイメージを見てみましょう。メトロポリス法で作成する乱数は、登りも下りも高度が低い時には、行きつ戻りつ素早く移動し、高度が増すごとに、行きつ戻りつゆっくり移動する登山者の残す足跡に重なります。

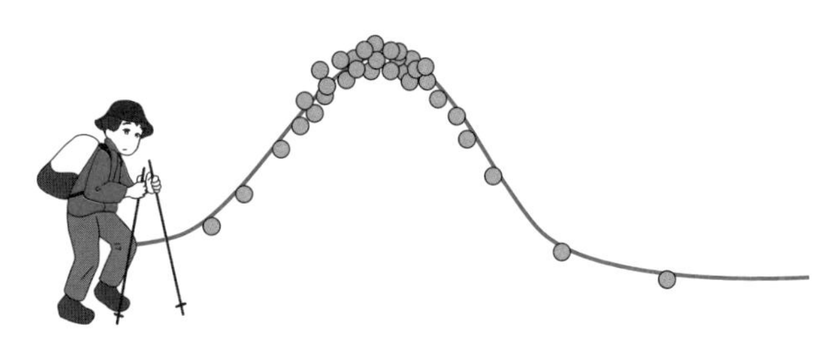

この登山者のイメージを数学的に表現してみましょう。登山者の現在の位置θ_tから次の位置θ_{t+1}を次のように決めます。まず、ランダムに歩幅ε（イプシロン）を決め踏み出そうとする先の位置θ' $(=\theta_t+\varepsilon)$を見ます。εは0以上とは限りません。負の時もあります。そして踏み出すかどうかを次の規則に従って決定するのがメトロポリス法です。この規則を「**メトロポリス法によるサンプリング公式**」と名付けます。

(1) $f(\theta') \geqq f(\theta_t)$　ならば　$\theta_{t+1}=\theta'$

(2) $f(\theta') < f(\theta_t)$　ならば　$\begin{cases} 確率 r で & \theta_{t+1}=\theta' \\ 確率 1-r で & \theta_{t+1}=\theta_t \end{cases}$

ただし、$r=\dfrac{f(\theta')}{f(\theta_t)}$

この規則でつくられた$\{\theta_1, \theta_2, \theta_3, \cdots, \theta_{n-1}, \theta_n\}$は確率密度関数$f(\theta)$に従う$n$個の乱数ということになります。

(1)、(2) の関係はピンと来ないので説明を加えましょう。

(1) の$f(\theta') \geqq f(\theta_t)$を図解すると次のようになります。

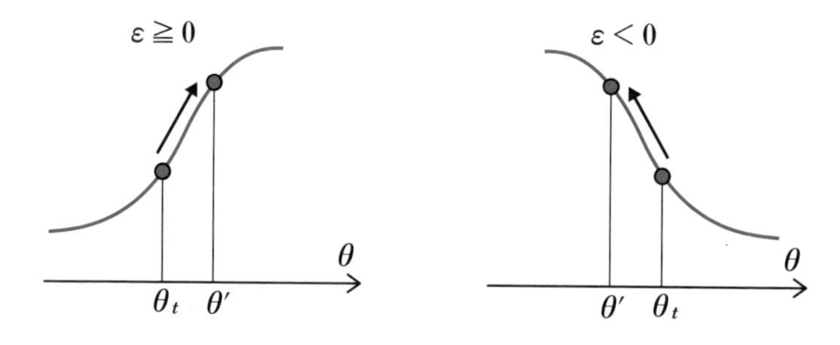

つまり、行き先候補の高度が現位置よりも高ければ、必ず（確率1）そこに移動し高度を上げることにします。

(2) の $f(\theta')<f(\theta_t)$ を図解すると、次のようになります。

(イ) 確率 $r=\dfrac{f(\theta')}{f(\theta_t)}$ で下がる…高度差が小さいほど、このことが起こりやすい

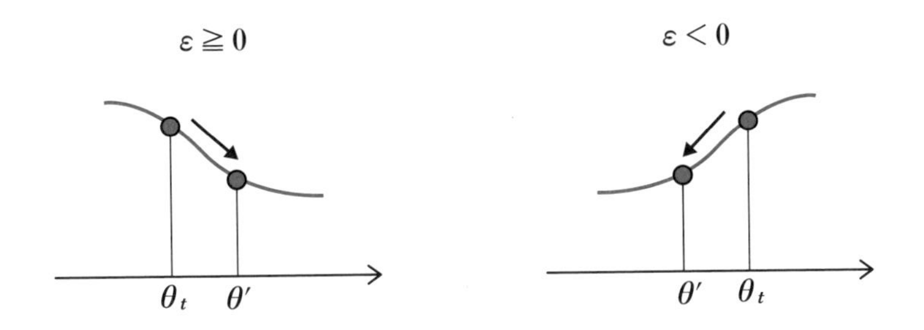

(ロ) 確率 $1-r=1-\dfrac{f(\theta')}{f(\theta_t)}$ で留まる…高度差が大きいほど、このことが起こりやすい

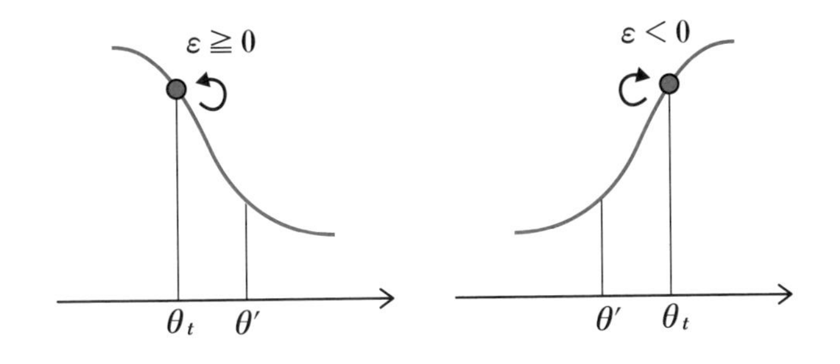

行き先候補の高度が現位置よりも下がる場合は、高度差が小さいほど $r=\dfrac{f(\theta')}{f(\theta_t)}$ は大きくなり、(イ) のように一歩踏み出して高度を下げる可能性が高くなります。逆に、高度差が大きいほど $r=\dfrac{f(\theta')}{f(\theta_t)}$ は小さくなり、$1-r$ が大きくなり、(ロ) のように現位置に留まる可能性が高くなります。

このメトロポリス法のサンプリング公式を繰り返し使うことによって、確率密度関数に比例した密度の点列$\{\theta_1, \theta_2, \theta_3, \cdots, \theta_{n-1}, \theta_n\}$が得られることになります。実際には、この公式をプログラミングして確率密度関数$f(\theta)$に従う乱数をコンピュータでつくることになります。

Excel 正規乱数を発生する NORMINV 関数

平均値がμ、標準偏差がσの正規分布に従う乱数（正規乱数という）を生成するには NORMINV 関数と RAND 関数を組み合わせて、該当セルに次のように入力します。

＝NORMINV（RAND（），μ，σ）

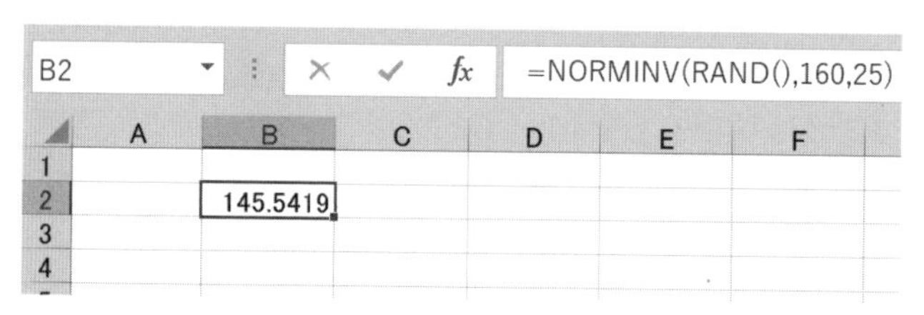

（注）NORM.INV 関数も利用できます。

なお、平均値が 0、標準偏差が 1 の標準正規分布に従う乱数を生成するのであれば NORMSINV 関数と RAND 関数を組み合わせて、該当セルに次のように入力します。

＝NORMSINV（RAND（））

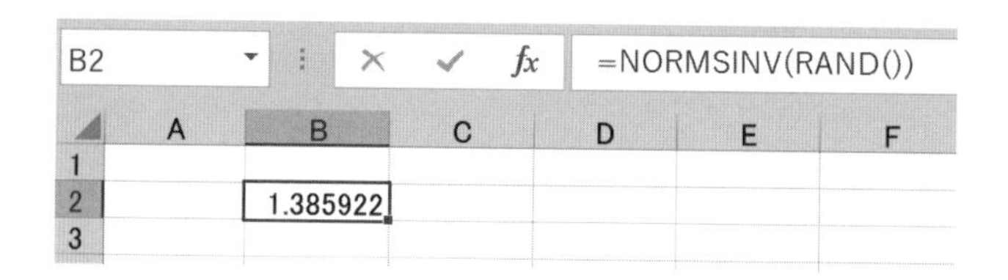

（注）NORM.S.INV 関数も利用できます。

第 7 章

ベイズ統計学と推定、検定

ベイズ統計学ではデータ入手後の母数θの確率分布がわかってしまいます。これを用いて母数θの推定・検定を行なうのです !!
‥‥ 伝統的統計学とは考え方が異なります。

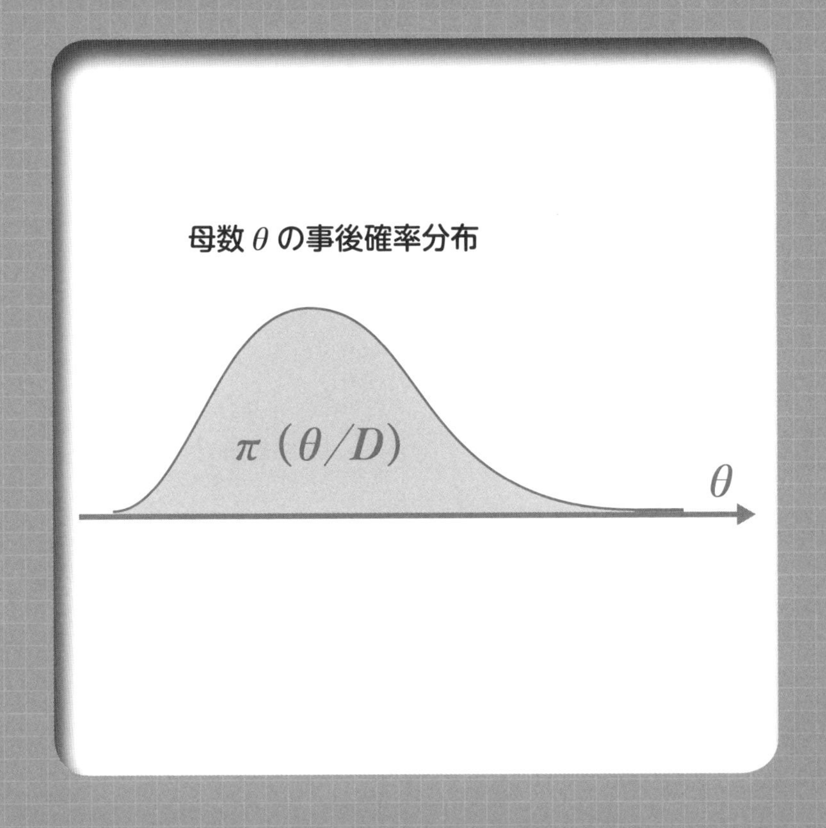

7-1 ベイズの点推定

ベイズ統計学の場合、母数の事後分布が見えているので、**点推定**は「母数としてふさわしい値を母数の事後分布から一つ選ぶ」ことになります。このとき、**ベイズ統計における「点推定」では事後分布の平均値や、中央値、最頻値などが利用される**のです。

以下に、コインを3回投げて2回表が出た場合（§6−3）を例にして、このコインの表の出る確率θの値を点推定してみましょう。ただし、この試行を経験する前のθの事前分布は、理由不十分の原則により「一様分布」とします。つまり、$\pi(\theta)=1$とします。すると、この例における事後分布$\pi(\theta/D)$は次のようになります（§6−3）。

$$\pi(\theta/D)=12\theta^2(1-\theta)$$

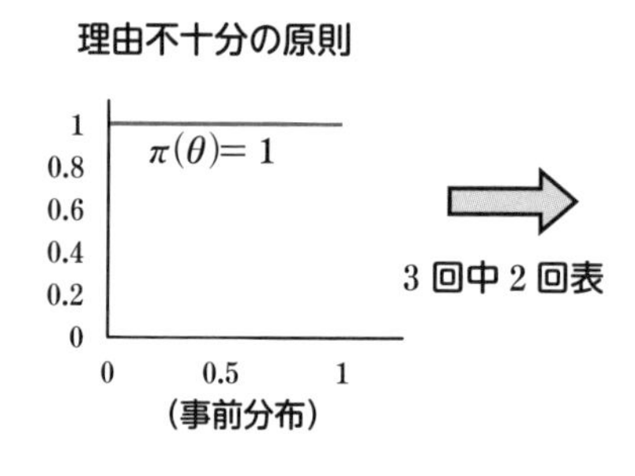

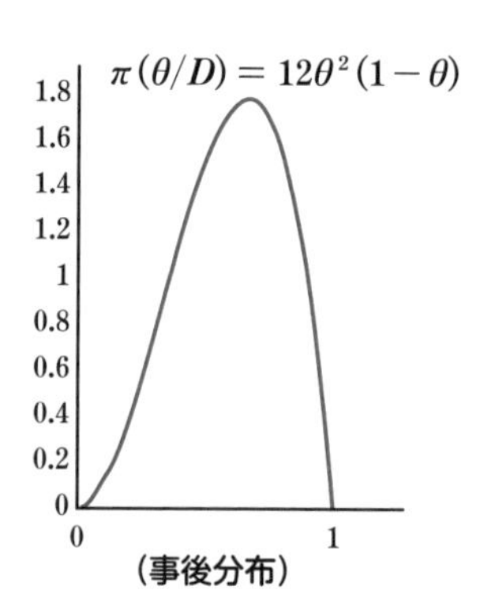

●母数θの事後分布の平均値を母数θの推定値とする方法

母数θの事後分布$\pi(\theta/D)$の平均値は次の式で求められます（§2−8）。

$$\int_\alpha^\beta \theta\pi(\theta/D)\,d\theta \quad \text{ただし、}[\alpha,\ \beta]\text{ は}\pi(\theta/D)\text{の定義域}$$

この値を母数θの点推定の値とする推定方法です。先の例の場合、事後分布は$\pi(\theta/D)=12\theta^2(1-\theta)$なので、表の出る確率$\theta$の推定値は次のようになります。

$$\int_0^1 \theta\times 12\theta^2(1-\theta)\,d\theta = 12\int_0^1(\theta^3-\theta^4)\,d\theta$$
$$=12\left[\frac{\theta^4}{4}-\frac{\theta^5}{5}\right]_0^1=\frac{3}{5}$$

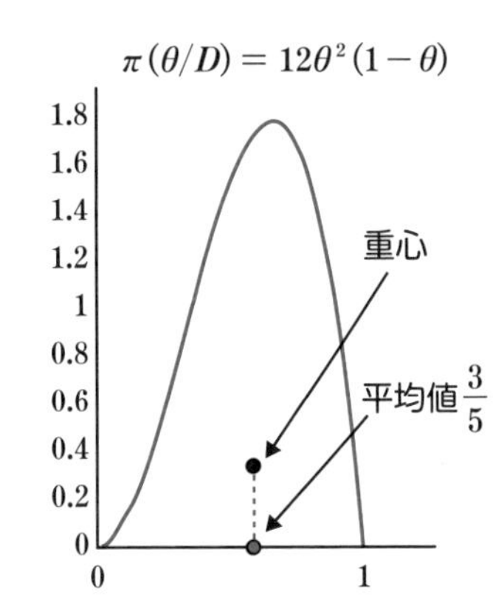

（注）この分布はベータ分布$Be(3,\ 2)$なのでベータ分布の性質（§6−4の〈Note〉参照）を使えば平均値は$\frac{3}{3+2}=\frac{3}{5}$となります。

●母数θの事後分布の中央値を母数θの点推定の値とする方法

母数θの事後分布$\pi(\theta/D)$の中央値、つまり、事後分布の50パーセンタイルを母数θの点推定の値とする推定方法です。先の例の場合、表の出る確率θの推定値は約0.61となります。

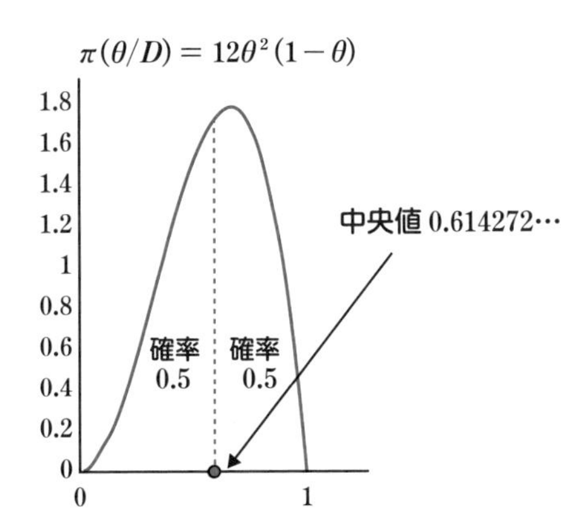

（注）ベータ分布$Be(p,\ q)$の50パーセンタイル（すなわち中央値）はExcelのセルに＝BETA.INV(0.5, p, q)と入力すれば得られます（節末〈Excel〉）。ここでは$Be(3,\ 2)$なので＝BETA.INV(0.5, 3, 2)と入力します。すると0.614272……を得ることができます。

●母数θの事後分布のモードを母数θの点推定の値とする方法

最頻値（モード）は確率密度関数の値が一番大きくなるθの値のことです。この値をもって推定値とする方法です。この方法については次節でMAP推定法として紹介しましょう。先の例の場合、表の出る確率θの推定値は$\frac{2}{3}$となります。

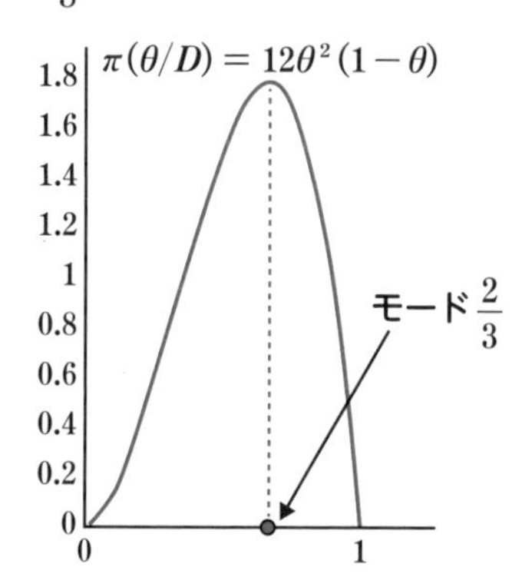

（注）この分布はベータ分布$Be(3,\ 2)$なのでモードは$\frac{3-1}{3+2-2}=\frac{2}{3}$となる。（§6−4の〈Note〉参照）

Excel ベータ分布の確率を求めるには

ベータ分布$Be(m,\ n)$の$100p$%点を求めるには**BETA.INV**関数を、下側p値を求めるには**BETA.DIST**関数を用います。

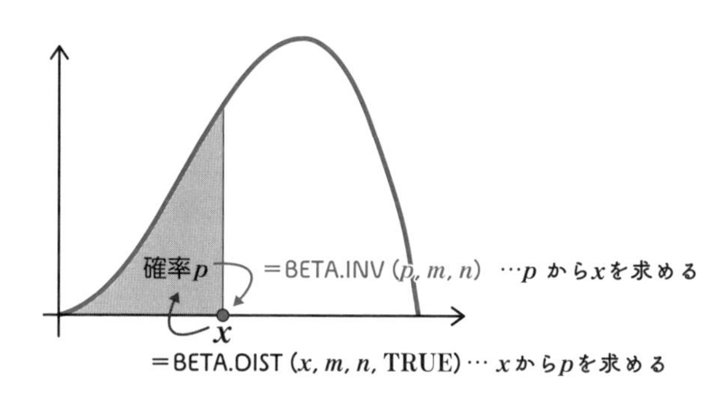

7-2 MAP推定法

どの目も同様に確からしく出る2個のサイコロを同時に振って目の和を当てるゲームを想定してみます。これに勝つにはどうしたらいいでしょうか。迷うときは最大の「確率」となる事象を選ぶのがゲーム必勝の常道です。MAP推定法もこれと同様な原理で推定する方法です。

（参考）2個のサイコロを同時に振った場合、目の和が7になることが一番起こりやすい。

ベイズ統計学は経験（データ）をとり込む統計学です。経験することによって得た母数θの確率分布から有力なθの候補を選ぶには最大の「確率」を保証するθの値を選ぶことになります。

●MAP推定法とは

MAP推定法は英語でMaximum A posteriori Probability estimation methodといいます。これは、**事後確率が最大になる場合が、最良の推定値とする推定法**です。もし、母数θが連続量であれば、母数θの事後分布$\pi(\theta/D)$が最大になるθの値をもって母数θの推定値とする推定法です。したがって、事後分布の最頻値（モード）がMAP推定値となります。

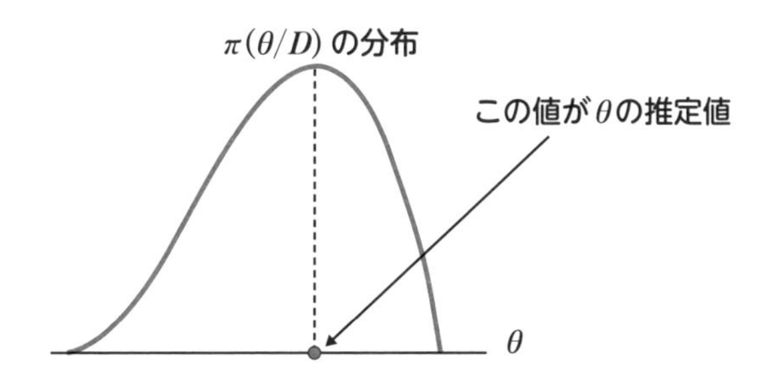

〔例 1〕 ここに1枚のコインがある。このコインを実際に5回投げたら表が2回出た。このことをもとにMAP推定法でコインの表の出る確率θを推定してみよう。ただし、今までの経験からθの事前分布はベータ分布$Be(2, 3)$に従うことがわかっているとする。

〔解〕 このコインを実際に5回投げたら表が2回出たというデータをDとします。すると、表の出る確率がθのときDが起こる確率、つまり、尤度$f(D/\theta)$は次のようになります。

$$f(D/\theta) = {}_5C_2\theta^2(1-\theta)^3$$

このコインを実際に投げる前のθの事前分布ですが、条件より、ベータ分布$Be(2, 3)$です。よって、θの事後分布は「ベイズ統計学の公式（Ⅲ）」（§6−4）より、次のようになります。ただし、k、k_1は定数とします。

$$\pi(\theta/D) = kf(D/\theta)\pi(\theta) = k_1\theta^2(1-\theta)^3\theta^1(1-\theta)^2 = k_1\theta^3(1-\theta)^5$$

これはベータ分布$Be(4, 6)$です。ベータ分布$Be(m, n)$の最頻値Mは$\dfrac{m-1}{m+n-2}$なので（§6−4）、ベータ分布$Be(4, 6)$の最頻値は

$\dfrac{4-1}{4+6-2} = \dfrac{3}{8}$ です。これが表の出る確率θのMAP推定値となります。

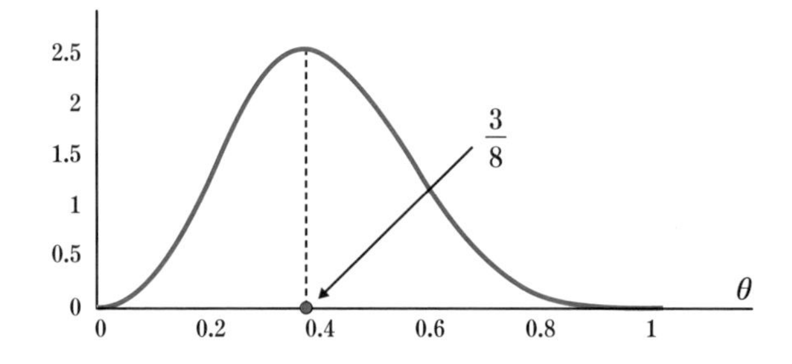

●MAP推定法と最尤推定法の違いは

MAP推定法は事後分布を最大にする母数を真の母数とする推定法で

す。これは最尤推定法とどう違うのでしょうか。

最尤推定法は尤度関数を最大にする母数を真の推定値とする推定法でした（§3−2）。ここで、ベイズ統計学における尤度と最尤推定法における尤度関数は同じものです。したがってMAP推定法と最尤推定法の違いは次のようにまとめられます。

MAP推定法	尤度関数× 事前分布＝$f(D/\theta)\pi(\theta)$を最大にするθ
最尤推定法	尤度関数$f(D/\theta)$を最大にするθ

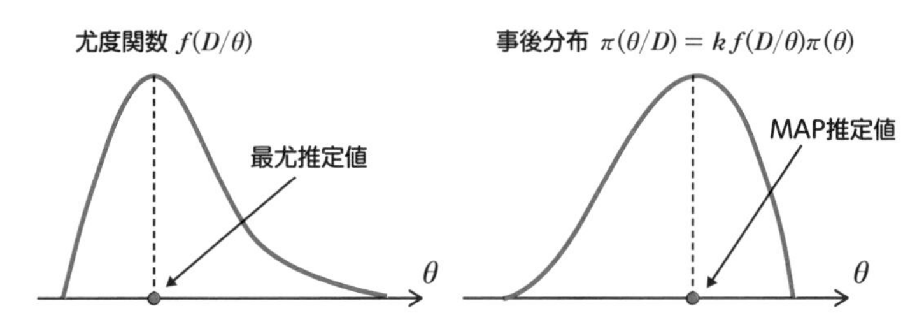

以上の説明から、事前分布を「一様分布」、つまり、$\pi(\theta)=1$としたMAP推定値は最尤推定値と一致します。

〔例2〕 1枚のコインを5回投げたら表が2回出た。このことをもとにコインの表の出る確率θのMAP推定値と最尤推定値の関係を調べてみよう。ただし、MAP推定値を求める際のθの事前分布は一様分布とする。つまり、$\pi(\theta)=1$とする。

〔解〕 コインを実際に5回投げたら表が2回出た、というデータをDとします。このとき、最尤推定法による尤度関数は$f(D/\theta)={}_5C_2\theta^2(1-\theta)^3$となります。また、事後分布は$\pi(\theta/D)=k\theta^2(1-\theta)^3\times 1=k\theta^2(1-\theta)^3$となります。ともに変化する部分は$\theta^2(1-\theta)^3$であり同じです。したがって、最尤推定値もMAP推定値も同じになります。

もう一歩進んで 因子分析とは

複雑な現象を扱うとき、私たちは単純な要因で理解することがよくあります。「彼は理系の才能があるので理科は得意だが、文系の才能がないので国語はダメだ」、「彼は血液型がO型だからいい加減だ」というように、世の中には単純に割り切る表現が氾濫しています。

このように、**単純な要因で複雑なものを説明しようとする統計的な手法**が**因子分析**なのです。統計的な現象の背後には種々雑多な要因があるはずですが、その要因を少数の共通の因子に絞り込み、その絞り込んだ共通の因子で資料を説明しようというものです。

下右表は高校生の理科（x）、社会（y）、国語（z）の成績です。この資料をもとに、各教科の成績 x、y、z を説明する「理系能力」「文系能力」と名付けられた共通の因子 F、G を仮定して

$$x = a_1F + b_1G + e_x$$

$$y = a_2F + b_2G + e_y$$

$$z = a_3F + b_3G + e_z$$

と表現します。

学生	理科	社会	国語
A	80	60	50
B	65	88	95
C	72	60	70
D	92	45	64
E	65	60	70
F	55	70	75
G	78	50	45
H	62	61	63
I	38	80	82
J	45	79	85

これから求められる x、y、z の**分散**、**共分散**（§8−2）がもとの資料から得られる x、y、z の分散、共分散をできるだけ忠実に再現するように a_1, a_2, a_3, b_1, b_2, b_3 の値を求めようとするのが、因子分析の計算原理です。その結果、たとえば $x = 0.95F + 0.55G + 0.1$ となれば、理科の成績は理系能力の 95%、文系能力の 55% が影響していると解釈できます。

7-3 ベイズの区間推定

ベイズ統計学における母数θの区間推定では、母数θの事後分布が見えています。したがって、その分布のどの範囲を用いるかによって二つの推定方法があります。その一つは**確信区間**と呼ばれる区間を用いて母数θの値を推定する方法で、他の一つは**最高密度区間**と呼ばれる区間を用いて母数θの値を推定する方法です。

● 100×(1−α)パーセント確信区間を用いる方法

この方法は事後分布が左右対称な分布で用いられることが多く、下図のように分布の左右の$\alpha/2$の確率を除いた区間をもって母数θの推定区間とする方法です。この区間を100×(1−α)**パーセント確信区間**といいます。この区間を用いて**確率（1 − α）で母数θはこの区間内の値であると推定**することになります。

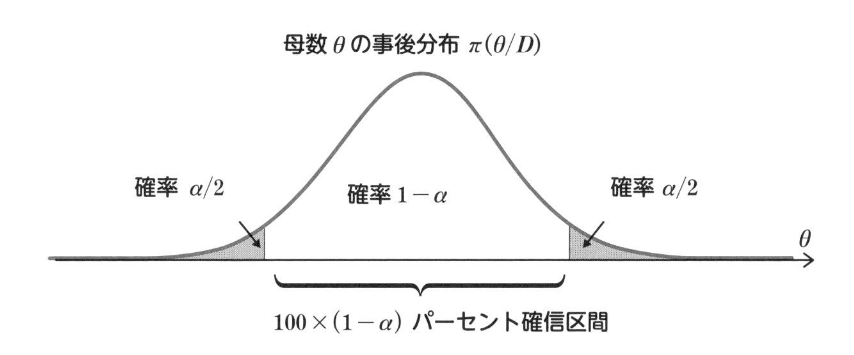

● 100×(1−α)パーセント最高密度区間を用いる方法

先の確信区間の方法によると事後分布が極端に歪んでいる場合、確信度の高い母数の値が確信区間から除外されてしまいます。

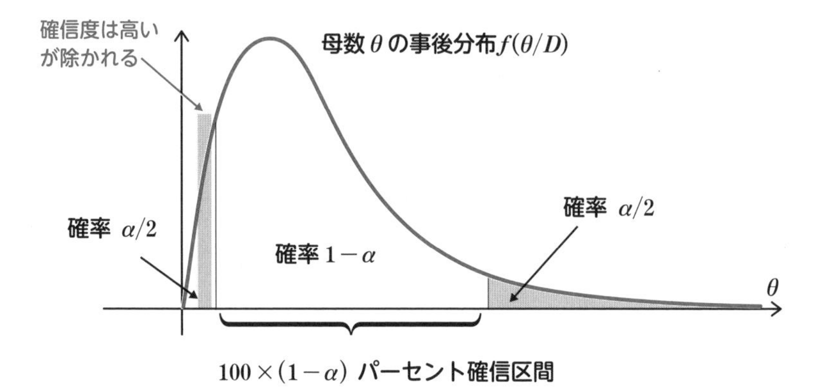

そこで、このような場合には次の二つの条件を満たす区間$[a, b]$を用いて区間推定することがあります。

(1) 事後分布の左右の部分の確率の和がα

(2) 区間の両側における事後分布の値が等しい。

(つまり、下図において$\pi(a/D)=\pi(b/D)$)

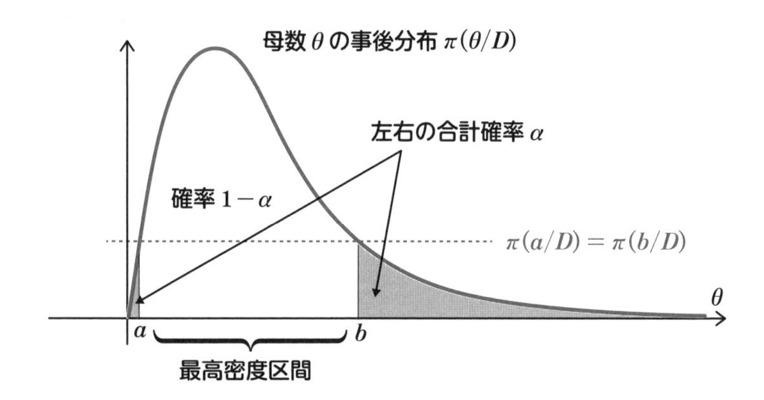

この区間を100×(1−α)**パーセント最高密度区間**（HDI：Highest Density Interval）といいます。この区間を用いて**確率（1 − α）で母数θはこの区間内の値であると推定**することになります。

（注）最高密度区間はHDR（最高密度領域 Highest Density Region）とも呼ばれています。複数の母数を扱うときには区間は2次元、3次元に拡張された領域となるからでしょう。

〔例1〕コインを8回投げて5回表が出た場合、このコインの表の出る確率θの95%最高密度区間を求めてみましょう。

〔解〕この試行を経験する前のコインの表の出る確率θの事前分布は理由不十分の原則により一様分布とします。つまり、$\pi(\theta)=1$ とします。すると、8回投げて5回表が出た後の事後分布は$\pi(\theta/D)=k\theta^5(1-\theta)^3$となります（§6−4と同様に求める）。ただし、$k$は定数。これはベータ分布$Be(6, 4)$です。この分布の信頼度95%最高密度区間はExcelや統計解析ソフトを用いて求めると、［0.3146、0.8755］となります（注）。

なお、参考までに信頼度95%確信区間は［0.2993、0.8630］となります。

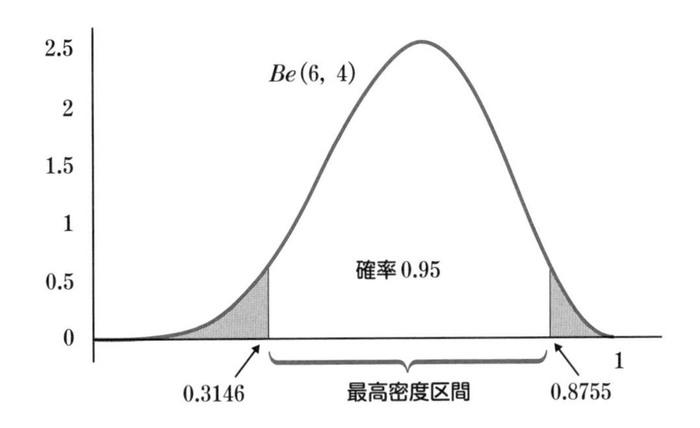

（注）ベータ分布の最高密度区間をExcelのソルバーを用いて求める方法を付録に掲載しています。この方法を用いればベータ分布に限らず他の分布の場合でも求めることができます。

〔例 2〕 コインを 30 回投げて 12 回表が出た場合を例にしてこのコインの表の出る確率θの 99％最高密度区間を求めてみましょう。

〔解〕 この試行を経験する前のコインの表の出る確率θの事前分布は理由不十分の原則により一様分布とします。つまり、$\pi(\theta)=1$ とします。すると、30 回投げて 12 回表が出た後の事後分布は$\pi(\theta/D)=k\theta^{12}(1-\theta)^{18}$（$k$は定数）となります（§6−4 と同様に求める）。

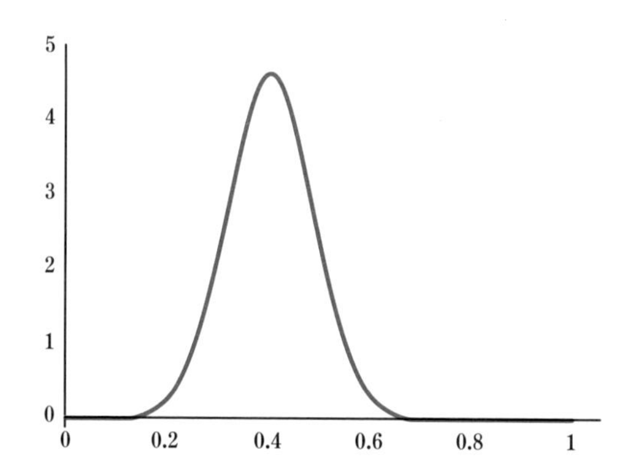

これはベータ分布$Be(13,\ 19)$です。この分布の信頼度 99％最高密度区間は Excel や統計解析ソフトを用いて求めると、[0.1994、0.6270] となります。

（注）ベータ分布$Be(m,\ n)$の場合、m、n の値がある程度大きくなると付録 4 の方法で最高密度区間を求めることは困難になります。

なお、参考までに伝統的統計学でコインの表の出る確率θを区間推定してみましょう。

30 回投げて 12 回表が出たことより、表の出る標本比率は$\dfrac{12}{30}$です。これを §3−9 の母比率の区間推定の公式（下記）に代入してみましょう。

信頼度 99％で $r-2.58\sqrt{\dfrac{r(1-r)}{n}} \leqq R \leqq r+2.58\sqrt{\dfrac{r(1-r)}{n}}$

信頼区間は$n=30,\ r=\dfrac{12}{30}=\dfrac{2}{5}$より [0.1692、0.6308] となります。

●頻度論による区間推定とベイズ統計学における区間推定の違い

先の例2における99%最高密度区間［0.1994、0.6270］と伝統的統計学、つまり、頻度論による信頼度99%の信頼区間［0.1692、0.6308］との意味の違いを確認しておきましょう。

（注）ベイズ統計学の最高密度区間を例に説明しますが、確信区間の場合でも同じです。

(1) 伝統的統計学の場合

「信頼度99%で $0.1692 \leqq \theta \leqq 0.6308$」の意味は、**区間［0.1692、0.6308］に母数θが含まれている確率が0.99**という意味です。つまり、標本を取り出すたびにいろいろな信頼区間を得ますが、それら無数の信頼区間の中で99%が母数θを含んでいるということです。したがって、今回、たまたま抽出した標本から得た信頼区間［0.1692、0.6308］に着目すれば、この中に母数θの入っている確率は0.99ということです。頻度論ではあくまでも、母数θは定数と捉えています。変化するのは信頼区間です。

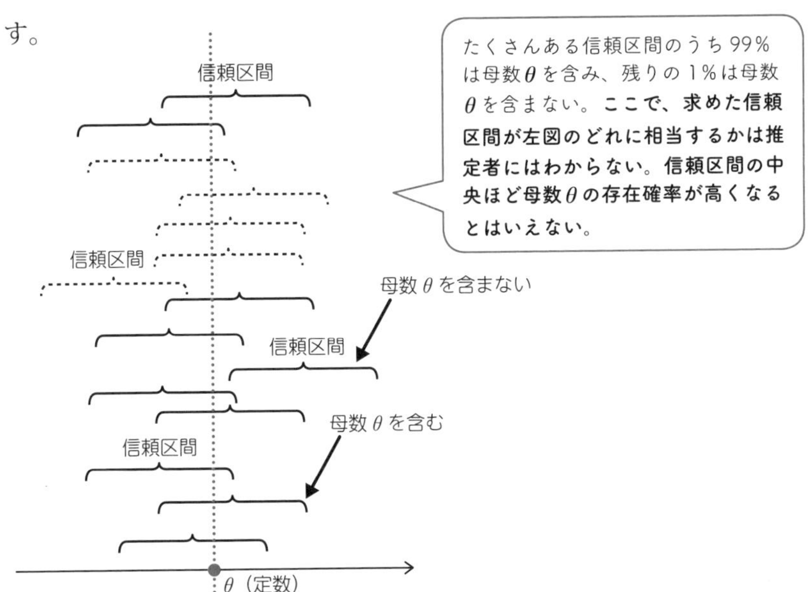

(2) ベイズ統計学の場合

最高密度区間（確信区間も同様）［0.1994、0.6270］の意味は、単純で次のようになります。

母数θのとり得る値は確率0.99で区間［0.1994、0.6270］の中に存在し、真の母数θは$\frac{12}{30}=0.4$（この分布の最頻値）に近いほどその確率が大きくなります。

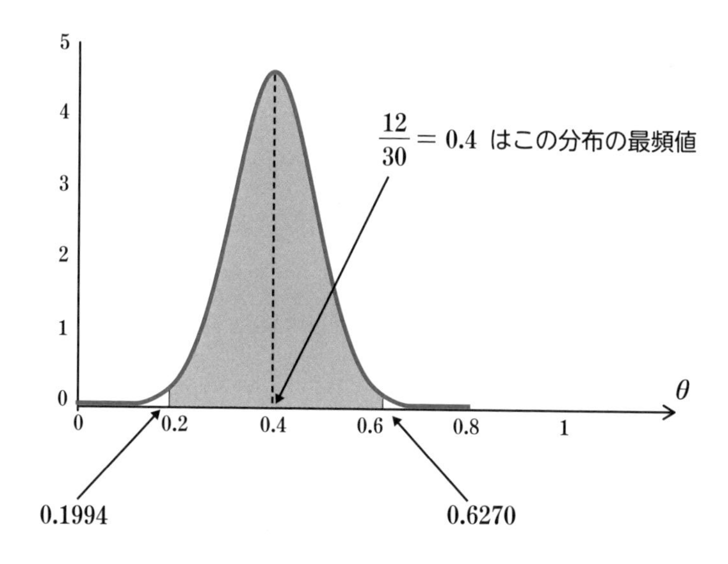

（注）ベータ分布 $Be(13, 19)$ の最頻値は $\frac{13-1}{13+19-2}=\frac{12}{30}=0.4$ です（§6−4）。

ベイズ統計学では、あくまでも、母数θは確率変数と捉え、その確率分布から必要な情報を得ています。

（注）ベータ分布 $Be(13, 19)$ の99％確信区間は［0.2029、0.6309］です。なお、この分布のグラフは正規分布に似ています。

7-4 ベイズの検定

母数に関する仮説の検証については、伝統的統計学では「統計的検定」という方法が確立されています（第4章）。ベイズ統計において仮説を検証する方法はこれとは異なります。なぜならば、ベイズ統計学では母数に関する事後分布が見えているからです。

●仮説の表現について

統計学では母数に関する仮説は母数がとり得る値の範囲で表現されます。たとえば、

母平均θは100より大であるという仮説Hであれば、

$$H: \theta > 100$$

成功確率θが0.5より小であるという仮説Hであれば、

$$H: 0 \leqq \theta < 0.5$$

成功確率θが0.5に等しくないという仮説Hであれば、

$H: \theta \neq 0.5$（これは$0 \leqq \theta < 0.5$、$0.5 < \theta \leqq 1$と書ける）

一般に母数θがとり得る値の範囲がSであるという仮説をHとすれば、

$$H: \theta \in S$$

と、集合の記号で表わされます。

●事後分布を用いたベイズ検定

ベイズ統計における仮説の検定は伝統的統計学の検定（第4章）とは異なります。なぜならば、ベイズ統計学では未知の母数θの事後分布を使うので、仮説Hで想定されている範囲Sに母数θが入っている確率、つまり、仮説Hが正しい確率がわかってしまうからです。

〔例 1〕 ここに1枚のコインがあるが、表の出る確率θがよくわからない。そこで、実際にコインを10回投げてみたところ、表が2回出た。このことをもとに「仮説H：$\theta \leqq 0.5$」が正しい確率を求めてみよう。

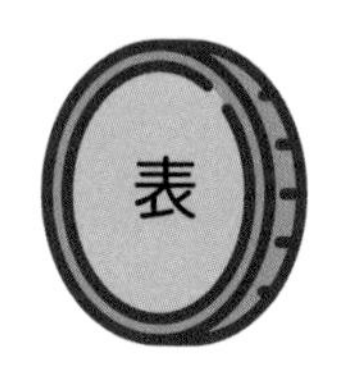

〔解〕 このコインを実際に10回投げたら表が2回出た、というデータをDとします。すると、表の出る確率がθのときDが起こる確率、つまり、尤度$f(D/\theta)$は次のようになります。

$$f(D/\theta) = {}_{10}C_2\theta^2(1-\theta)^8$$

このコインを実際に投げる前のθの事前分布ですが、これを理由不十分の原理により、一様分布$\pi(\theta)=1$とします。すると、θの事後分布は「ベイズ統計学の公式（Ⅲ）」（§6−4）より、次のようになります。

$$\pi(\theta/D) = k\theta^2(1-\theta)^8\pi(\theta) = k\theta^2(1-\theta)^8 \quad (k\text{は定数})$$

これはベータ分布$Be(3,\ 9)$です。

この分布の区間$0 \leqq \theta \leqq 0.5$に占める確率は0.967825…なります。

よって、仮説Hが正しい確率は約0.97と考えられます。

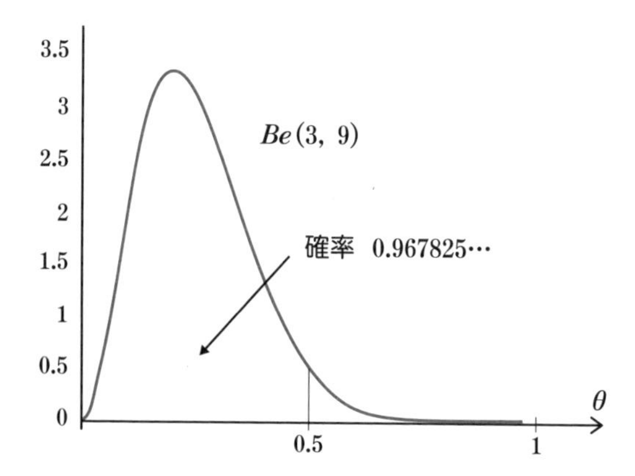

（注）Excelのセルに「＝BETA.DIST(0.5, 3, 9, TRUE)」と入力すると0.967825…を得ます（§7−1〈Excel〉参照）。

●オッズ比を用いたベイズ検定

母数θに関する対立する二つの仮説「H_0：$\theta \in S_0$」と「H_1：$\theta \in S_1$」があり、$S_0 \cap S_1 = \phi$とします。これは、伝統的統計学の帰無仮説H_0と対立仮説H_1がこれに相当します。また、母数θの事前分布を$\pi(\theta)$、事後分布を$\pi(\theta/D)$とします。

ここで、事前オッズ比、事後オッズ比、ベイズファクターを各々次のように定義します。

$$\textbf{事前オッズ比} = \frac{\text{仮説}H_0\text{が成り立つ事前確率}q_0}{\text{仮説}H_1\text{が成り立つ事前確率}q_1} = \frac{\int_{S_0} \pi(\theta)\,d\theta}{\int_{S_1} \pi(\theta)\,d\theta}$$

$$\textbf{事後オッズ比} = \frac{\text{仮説}H_0\text{が成り立つ事後確率}p_0}{\text{仮説}H_1\text{が成り立つ事後確率}p_1} = \frac{\int_{S_0} \pi(\theta/D)\,d\theta}{\int_{S_1} \pi(\theta/D)\,d\theta}$$

事前オッズ比も事後オッス比も仮説が成り立つ確率の比なので、これらの値が小さいほど仮説H_1が仮説H_0よりも正しい可能性が高い、つまり、優位であることを示しています。また、これらの値が大きいほど仮説H_0が仮説H_1よりも正しい可能性が高い、つまり、優位であることを示しています。そこで、下記で定義される**ベイズファクター**（Bf）と呼ばれる事前オッズ比と事後オッズ比の比を考えることにします。

$$\textbf{ベイズファクター} = \frac{\text{事後オッズ比}}{\text{事前オッズ比}} \quad \cdots\cdots①$$

①の値が1より大きいということは「事後オッズ比>事前オッズ比」となり、データを入手したらオッズ比が増えたことになります。これは、データを入手したら仮説H_0が仮説H_1よりも、データを入手する前に比べ、より優位になったことを意味します。①の値が大きければ大きいほどこの傾向は強まります。

①の値が1より小さいということは「事後オッズ比＜事前オッズ比」となり、データを入手したらオッズ比が減ったことになります。これは、データを入手したら仮説H_1が仮説H_0よりも、データを入手する前に比べ、より優位になったことを意味しています。①の値が1より小さければ小さいほどこの傾向は強まります。

ベイズファクター（Bf）の値と二つの仮説H_0とH_1の優位度については次の基準が設けられています。

等級	ベイズファクター	解釈
0	$1 < Bf$	H_0が支持される
1	$0.3162\cdots < Bf < 1$	H_1の支持はなんともいえない
2	$0.1 < Bf < 0.3162\cdots$	H_1がある程度支持される
3	$0.03162\cdots < Bf < 0.1$	H_1が強く支持される
4	$0.01 < Bf < 0.03162\cdots$	H_1がかなり強く支持される
5	$Bf < 0.01$	H_1が決定的である

（注）$\frac{1}{\sqrt{10}} = 0.3162\cdots$、$\frac{1}{\sqrt{100}} = 0.1$、$\frac{1}{\sqrt{1000}} = 0.03162\cdots$、$\frac{1}{\sqrt{10000}} = 0.01$

〔例2〕 ここに1枚のコインがあるが、表の出る確率θがよくわからない。そこで、実際にコインを10回投げたところ、表が2回出た。このとき「仮説H_0：θは0.5以上である」と「仮説H_1：θは0.5より小さい」のベイズファクターを求めてみよう。

〔解〕 このコインを実際に10回投げてみたら表が2回出た、というデータをDとします。すると、表の出る確率がθのときDが起こる確率、つまり、尤度$f(D/\theta)$は次のようになります。

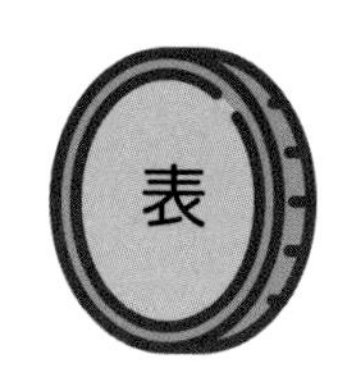

$$f(D/\theta) = {}_{10}C_2\theta^2(1-\theta)^8$$

このコインを実際に投げる前のθの事前分布ですが、これを理由不十分の原理により、一様分布$\pi(\theta)=1$とします。すると、θの事後分布は「ベイズ統計学の公式（Ⅲ）」（§6−4）より、次のようになります。

$$\pi(\theta/D)=k\theta^2(1-\theta)^8\pi(\theta)=k\theta^2(1-\theta)^8 \quad (k\text{は定数})$$

これはベータ分布$Be(3,\ 9)$です。したがって$k=495$となります。

以上のことから事前オッズ比と事後オッズの値は次のようになります。

$$\textbf{事前オッズ比}=\frac{\text{仮説}H_0\text{が成り立つ事前確率}q_0}{\text{仮説}H_1\text{が成り立つ事前確率}q_1}$$

$$=\frac{\int_{\theta\geq 0.5}p(\theta)\,d\theta}{\int_{\theta<0.5}p(\theta)\,d\theta}=\frac{\int_{\theta\geq 0.5}d\theta}{\int_{\theta<0.5}d\theta}=\frac{0.5}{0.5}=1$$

$$\textbf{事後オッズ比}=\frac{\text{仮説}H_0\text{が成り立つ事後確率}p_0}{\text{仮説}H_1\text{が成り立つ事後確率}p_1}$$

$$=\frac{\int_{\theta\geq 0.5}495\theta^2(1-\theta)^8d\theta}{\int_{\theta<0.5}495\theta^2(1-\theta)^8d\theta}=\frac{0.032715\cdots}{0.967285\cdots}=0.03382\cdots$$

よって、**ベイズファクター**$=\dfrac{\text{事後オッズ比}}{\text{事前オッズ比}}=\dfrac{0.03382\cdots}{1}=0.03382\cdots$

よって、先のベイズファクターの等級表の等級3から「仮説H_1：θは0.5より小さい」が強く支持されます。

（注）上記の積分の値0.032715などはExcelのBETA.DIST関数などを用いて算出。

Note 頻度論による検定結果

先の例1、例2で扱ったコインの問題を例3として、これを伝統的統計学、つまり、頻度論で検定してみましょう。

〔例3〕 ここに1枚のコインがある。このコインを見ると表が出にくいように思える。そこで、表の出る確率をθとし次の仮説を立てた。

帰無仮説 H_0 ：$\theta = 0.5$

対立仮説 H_1 ：$\theta < 0.5$

このコインを実際に 10 回投げてみたところ、表が 2 回出たことから危険率 5%の検定結果を見てみよう。

〔解〕 コインの表が出る確率 θ を $\frac{1}{2}$ とし、これを 10 回投げて表が出る回数を X とすると、X の分布は 2 項分布 $B(10,\ 0.5)$ となります。すると、この分布の左側 5%点は 1 です（2 だと 5%を超える）。

10 回投げて表が 2 回出たことより $X=2$ ですが、これは棄却域に入りません。したがって帰無仮説は棄却されません。つまり、受容されます。

出現回数	確率
0	0.000977
1	0.009766
2	0.043945
3	0.117188
4	0.205078
5	0.246094
6	0.205078
7	0.117188
8	0.043945
9	0.009766
10	0.000977

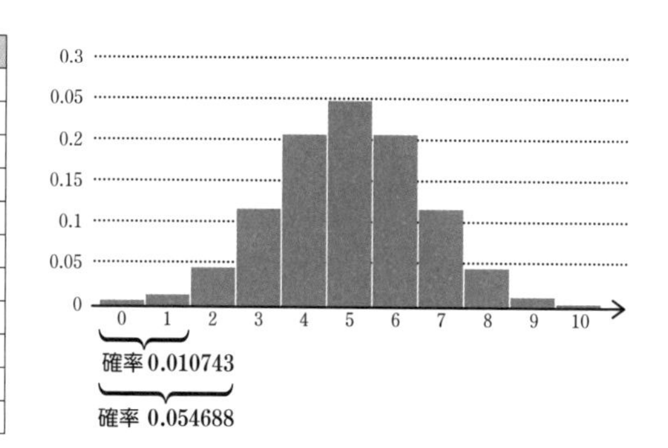

コインを例にして、ベイズ検定と頻度論での検定の二つを紹介しました。その違いをもう一度確認しておきましょう。頻度論では、コインの表の出る確率 θ（母数）を定数と考えて、そのもとで 10 回中 2 回表が出るというデータ（D）が起こりやすいことなのかどうかを考えました。

ベイズ統計では、表が 10 回中 2 回出たというデータ（D）をもとに、表の出る確率 θ（母数）を確率変数と考え、その確率分布、つまり、事後分布 $\pi(\theta/D)$ を考えました。データ（D）の扱い方が真逆になっているのです。

第8章

相関分析

～２つの変量の関係を探る～

二変量の関係を座標平面で視覚化 ～相関図（散布図）

この章では「身長と体重」「子供の成績と親の収入」というように、変量が二つある場合に、これらの関係を解明する方法を調べてみましょう。

まずは、次の資料を例として二つの変量の関係を視覚化してみます。

世帯番号	1	2	3	4	5	6	7	8	9	10	平均
親の所得（万）	350	851	589	201	634	588	905	611	302	420	545.1
子の成績（点）	25	70	47	18	55	60	80	49	40	50	49.4

●座標平面を活用して点を描く

親の所得を横軸、子供の成績を縦軸にとった座標平面上に10人分の点（所得成績）をプロットした図を描きます。この図を二つの変量の**相関図**（**散布図**）といいます。

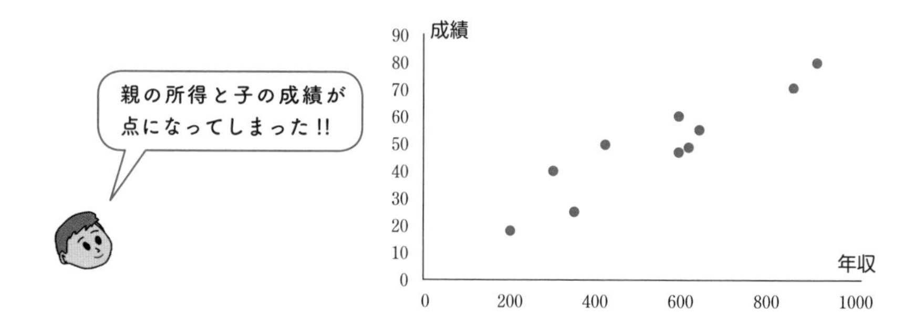

この所得と成績の相関図を見ていると、親の所得が高くなるにつれて子供の成績が良くなっているという関係がわかります。表からでは見えにくかったことが、データを座標平面上に点として図示することによって2変量の関係が一目瞭然となります。

（注）表から相関図を手作業で作成するのは大変です。しかし、Excelなどの表計算ソフトや統計解析ソフトを使えば簡単です。

●正の相関、負の相関

二つの変量 x、y を相関図で表わすと、大まかに次の3つのパターンに分類できます。左側の図は変量 x が増加すれば変量 y も増加するという関係を表わし、このとき2変量の間には「**正の相関**」があるといいます。右側の図は、変量 x が増加すれば変量 y は減少しているので「**負の相関**」があるといいます。真ん中の図は「**相関はない**」といいます。つまり、2変量 x、y の間には、とりたてて関係があるとはいえないということです。

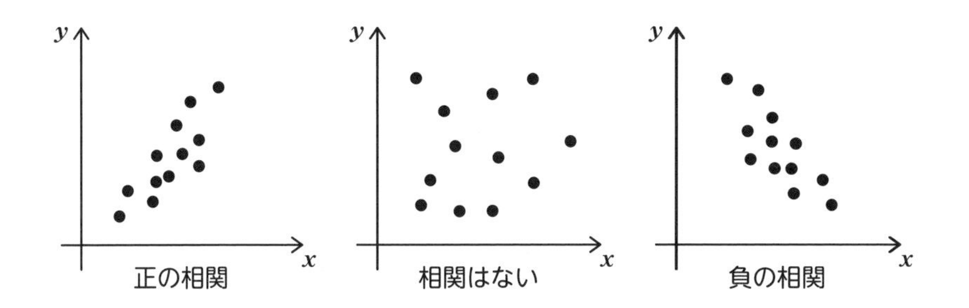

先の所得と成績の例では、相関図より判断すると正の相関があるといえそうです。ただ、相関図で判断すると見方に個人差が現れるかも知れません。そこで、相関の度合いを客観的にわかるように数値化することも考えられています。それが§8−3で紹介する相関係数です。

Note 偽相関とは

相関関係はあるが因果関係がない相関のことを**偽相関**（ぎ）といいます。たとえば、「町にあるポストの数と風邪を引いた人の数」などがそうです。人口の多い町は、一般に郵便ポストも多く、風邪を引く人も多いわけで、「ポストが風邪の原因」になっているわけではありません。

8-2 二変量の相関関係を正負で判断 ～共分散

二つの変量の関係を視覚化したのが**相関図（散布図）**ですが、二つの変量の関係を図ではなく、一つの数値で表わす工夫をしてみましょう。

まずは、正の相関があるときは正の数を、負の相関があるときには負の数を対応させる**共分散**というものについて調べてみることにします。

●偏差の積に着目

二つの変量 x、y の関係を一つの数値で表現するために偏差に注目してみます。偏差というのは変量の値から平均値を引いたものです。

偏差＝変量の値－変量の平均値

したがって、変量の値が平均値より大きければ偏差は正の数、小さければ負の数になります。すると下の相関図において、網掛け部分のデータは二つの変量 x、y の偏差の積はいずれも正になります。

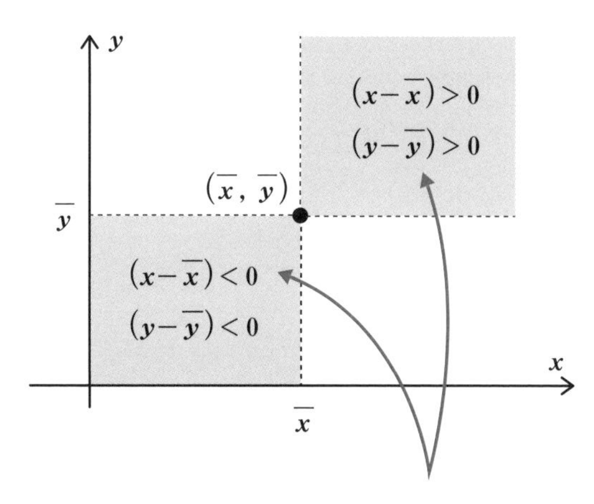

偏差の積 $(x-\overline{x})(y-\overline{y})$ **が正**

また、下の相関図において、網掛け部分のデータは二つの変量 x、y の偏差の積は負になります。したがって、偏差の積 $(x-\overline{x})(y-\overline{y})$ の総和が正の数であることは正の相関と、負の数であることは負の相関と、また、0に近いときは相関なしと判定できそうです。

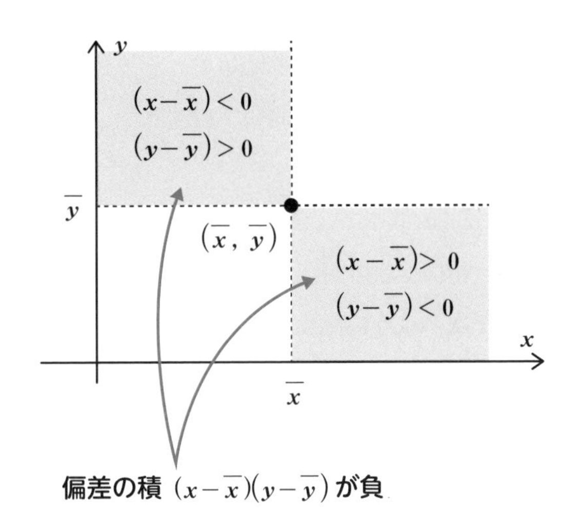

●共分散――個体数による変動を抑える

このようにして、2変量の偏差の積 $(x-\overline{x})(y-\overline{y})$ の総和と相関を関係づけましたが、困ったことがあります。それは、偏差の積 $(x-\overline{x})(y-\overline{y})$ の総和は資料の個体数が大きいときはいくらでも大きな値、または、いくらでも小さな値をとり得るということです。

その結果、偏差の積の総和が0に近いと思われた2変量も、個体数を増やして調べれば総和は大きな数（または、小さな数）になってしまい、相関の有無がわからなくなってしまうことがあります。

そこで、個体数による偏差の積の総和の変動を押さえるため、偏差の積の総和を個体数で割ったものを考えることにします。つまり、偏差の積の平均値です。この値を**共分散**と呼ぶことにします。

二つの変量 、$\{x_1, x_2, x_3, \cdots, x_n\}$、$\{y_1, y_2, y_3, \cdots, y_n\}$に対して**共分散**$S_{xy}$を一般的にまとめると次のように書き表わされます。

$$S_{xy}=\frac{(x_1-\overline{x})(y_1-\overline{y})+(x_2-\overline{x})(y_2-\overline{y})+\cdots+(x_n-\overline{x})(y_n-\overline{y})}{n}$$

ここで、$\overline{x}$、$\overline{y}$はそれぞれの変量の平均値を意味します。このとき、共分散S_{xy}の符号と二つの変量x、yの相関については次のことがいえます。

個体番号	変量 x	変量 y
1	x_1	y_1
2	x_2	y_2
3	x_3	y_3
…	…	…
n	x_n	y_n
平均値	$\overline{x}$	$\overline{y}$

$S_{xy}>0$のとき正の相関、$S_{xy}<0$のとき負の相関、$S_{xy}\fallingdotseq 0$のとき相関なしとなります。図示すれば次のようになります。

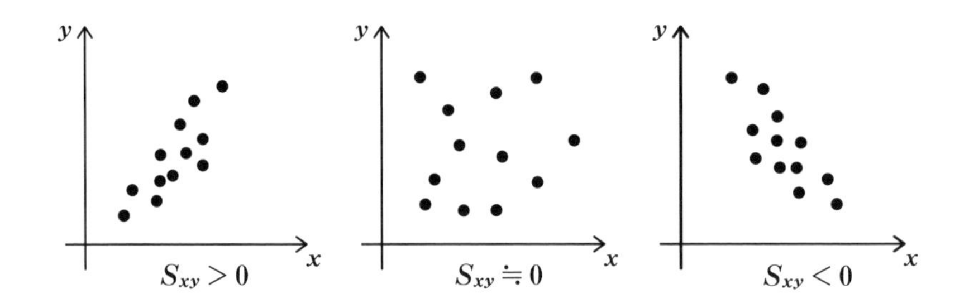

〔例〕 下記の資料における親の所得と子どもの成績の共分散を求めてみると、次のようになります。

$$\frac{(350-545.1)(25-49.4)+(851-545.1)(70-49.4)+\cdots+(420-545.1)(50-49.4)}{10}$$
$$=3591.1$$

世帯番号	1	2	3	4	5	6	7	8	9	10	平均
親の所得（万）	350	851	589	201	634	588	905	611	302	420	545.1
子の成績（点）	25	70	47	18	55	60	80	49	40	50	49.4

8-3 相関の度合いを −1 以上 1 以下で表現 ～相関係数

共分散を利用すれば、それが負ならば負の相関、正ならば正の相関が二つの変量の間にあることがわかります（§8−2）。しかし、共分散は相関の強さまで表現することができません。つまり、共分散は相関の強さの客観的な指標にはなりえません。たとえば、同じ資料でも測定した単位によって、共分散は大きく変化してしまうのです。

●共分散に客観性をもたせた相関係数

試験の得点を見ただけでは、その点数がよい点数なのかそうでないのかを識別するのは困難でした。ところが、得点を偏差値に換算してみると客観的に善し悪しが識別できるようになりました。つまり、標準化することによって客観性を確保したわけです。

共分散についても一種の標準化を行なうことによって、相関の程度の客観性を確保できます。その換算式は次のようになります。

$$\frac{S_{xy}}{S_x S_y}$$

つまり、共分散を「各々の変量の標準偏差の積」で割ってあげるのです。この数値は**相関係数**と呼ばれています。これをr_{xy}と書けば、

$$r_{xy} = \frac{S_{xy}}{S_x S_y} = \frac{\text{変量}\,x\text{、}y\text{の共分散}}{\text{変量}\,x\text{の標準偏差}\times\text{変量}\,y\text{の標準偏差}}$$

となります。

（注）相関係数は厳密には**ピアソンの積率相関係数**と呼ばれています。

相関係数r_{xy}は次の不等式を満たすことが数学的に証明されています。

$$-1 \leqq r_{xy} \leqq 1$$

相関係数r_{xy}は1に近いほど「正の相関」が強く、−1に近いほど「負の相関」が強く、また、0に近いほど相関がないことを表わします。

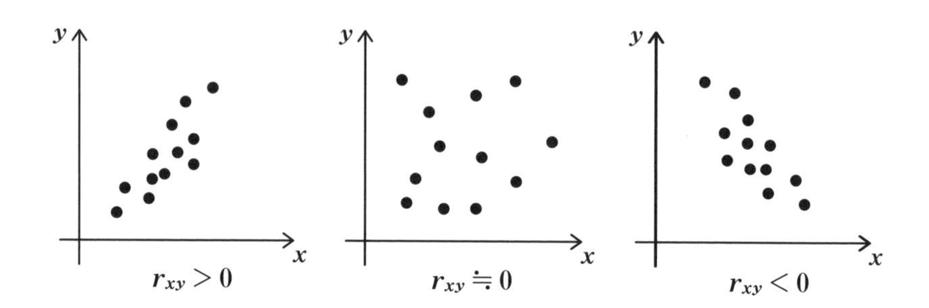

〔例〕下記の資料における親の所得と子どもの成績の相関係数を求めてみると、次のようになります。

$$S_{xy} = \frac{(350-545.1)(25-49.4)+(851-545.1)(70-49.4)+\cdots+(420-545.1)(50-49.4)}{10}$$
$$= 3591.1$$

$$S_x = \sqrt{\frac{(350-545.1)^2+(851-545.1)^2+\cdots+(420-545.1)^2}{10}} = 216.8716\cdots$$

$$S_y = \sqrt{\frac{(25-49.4)^2+(70-49.4)^2+\cdots+(50-49.4)^2}{10}} = 17.83368\cdots$$

よって、相関係数は $r_{xy} = \dfrac{S_{xy}}{S_x S_y} = 0.928494\cdots$ となります。

世帯番号	1	2	3	4	5	6	7	8	9	10	平均
親の所得(万)	350	851	589	201	634	588	905	611	302	420	545.1
子の成績(点)	25	70	47	18	55	60	80	49	40	50	49.4

●相関係数の基準

相関係数r_{xy}は常に $-1 \leqq r_{xy} \leqq 1$を満たしますが、このとき、「0.6」が一つの目安として使われています。

$r_{xy} \leqq -0.6$	……	**高い負の相関**
$-0.6 < r_{xy} \leqq -0.2$	……	**ほどほどの負の相関**
$-0.2 < r_{xy} < 0.2$	……	**無相関**
$0.2 \leqq r_{xy} < 0.6$	……	**ほどほどの正の相関**
$0.6 \leqq r_{xy}$	……	**高い正の相関**

Excel 共分散はCOVAR関数、相関係数はCORREL関数が便利

二つの変量の共分散を求めるにはCOVAR関数を、相関係数を求めるにはCORREL関数を利用します。

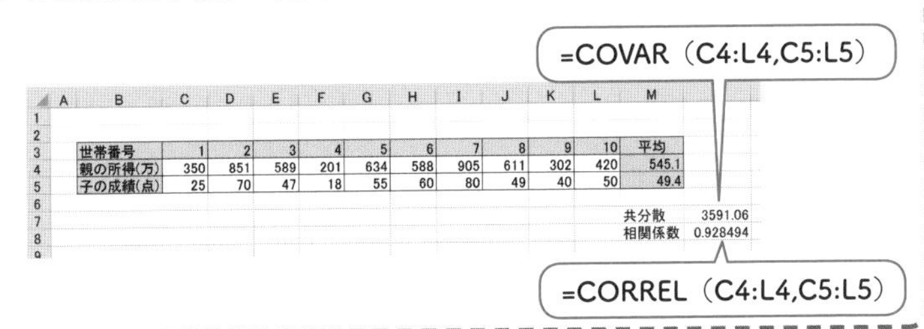

世帯番号	1	2	3	4	5	6	7	8	9	10	平均
親の所得(万)	350	851	589	201	634	588	905	611	302	420	545.1
子の成績(点)	25	70	47	18	55	60	80	49	40	50	49.4

共分散	3591.06
相関係数	0.928494

Note 共分散構造分析

彼はO型だからアバウト、彼女はA型だから繊細などと、複雑な事象を単純に割り切ることがありますが、それと似たものとして、多変量解析には因子分析があります。分散共分散を利用した共分散構造分析は、因子分析よりも自由なモデルを駆使して資料の原因を解析します。

クラスター分析とは

クラスター分析は性質の近い者同士を樹状に結び合わせいく分析法です。その際、「性質の近さ」はデータを散布図で表示した場合の2点間の距離（ユークリッドの距離）に置き換えて計算します。

社員	営業成績	勤務態度
A	9	2
B	7	3
C	2	9
D	9	7
E	9	9

上の表は5人の社員の営業成績と勤務態度をまとめたものです。これをもとに、右の（例）のユークリッドの距離と呼ばれるものを計算し、それが一番近い者同士を結びつけます。

（例）AB間の距離

$$=\sqrt{(\text{営業成績の差})^2+(\text{勤務態度の差})^2}$$

$$=\sqrt{(9-7)^2+(2-3)^2}=2.24$$

下の表の例では、DとEがクラスターC_{DE}を形成します。

社員	A	B	C	D	E
A					
B	2.24				
C	9.90	7.81			
D	5.00	4.47	7.28		
E	7.00	6.32	7.00	2.00	

その後、3人A、B、CとクラスターC_{DE}の4つの間で一番近い者同士を、距離を計算して結びつけます。この手続きを繰り返すと、最終的に右の樹形図（テンドグラム）を得ます。

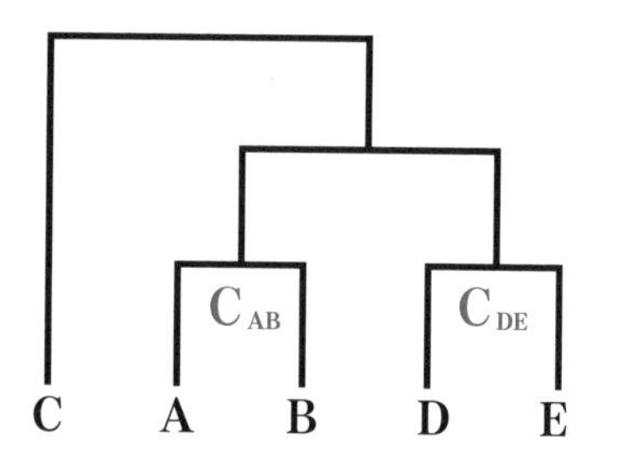

なお、このとき、個体間の距離の他に個体とクラスターC_{DE}間の距離、さらに、クラスター間同士の距離も定義しておく必要があります。たとえば、個体AとクラスターC_{DE}との距離は個体Aと個体Dの距離か、個体Aと個体Eの距離の大きい方とするなどです。

（注）クラスター（cluster）とは、英語で「房」「集団」「群れ」のことを意味します。

8-4 二変量の関係を表で視覚化 ～クロス集計表

§8−1では2変量を相関図（散布図）で表わすことにより、それらの関係が一目瞭然となりました。ここでは2変量を表で表わすことにより、その関係をあぶり出してみましょう。

例として、次の資料をもとに二つの変量の関係を表で表わしてみます。この資料は22人の血液型と性格を調べたもので、性格欄の数値は1が「明瞭快活」、2が「おたく的」、3が「几帳面」ということです。

No	1	2	3	4	5	6	7	8	9	10	11
血液型	B	A	O	O	AB	B	O	B	AB	A	A
性格	2	1	1	1	2	1	3	3	1	3	2
No	12	13	14	15	16	17	18	19	20	21	22
血液型	A	A	O	B	O	O	O	O	A	B	B
性格	3	2	1	1	1	3	3	1	1	1	1

（注）上記の資料は質的データです。

●クロス集計表（分割表）を作成

上記の表を見ただけでは血液型と性格にどんな関係があるのかわかりません。関係はまったくないのかも知れません。そこで、右の表にデータの度数を整理してみました。この表は横方向に「性格」の1、2、3を、縦方向に「血液型」のA、AB、B、Oの項目をとったものです。こうしてできあがった表を統計学では**クロス集計表**といいます。単に「**分割表**」ともいいます。

		性格		
		1	2	3
血液型	A	2	2	2
	AB	1	1	0
	B	4	1	1
	O	5	0	3

資料を表にまとめることによって、これまで見えなかったものが見えてきます。たとえばB型、O型の人は「明朗快活（1）」な人が多いとわかります。さらに踏み込んだ分析には**コレスポンデンス分析**（数量化理論）などが有効です。

●連続変量のクロス集計表（分割表）

先の血液型と性格に関する資料は、いずれも質的変量です。クロス集計表は質的変量のみに適用されるわけではありません。クロス集計表は連続変量にも対応し、効果を発揮します。その際には §1−3 で述べた「階級」を利用します。適当な間隔の区間を設定し、その区間に入るデータ数をカウントすればよいのです。下の表はある会社の社員 10 人の年齢と遅刻回数をクロス集計表にまとめたものです。

		年齢			
		15 ～ 29	30 ～ 44	45 ～ 59	60 ～ 74
遅刻回数	0 ～ 5	0	2	1	1
	6 ～ 10	3	1	0	0
	11 ～ 15	2	0	0	0

Excel クロス集計表を作成するにはピボットテーブルが便利

クロス集計表は Excel のピボットテーブルに相当します。

〔挿入〕タブにある〔ピボットテーブル〕を選択すれば〔ピボットテーブルの作成〕ダイアログボックスが開くので、これを利用すればクロス集計表を作成できます。

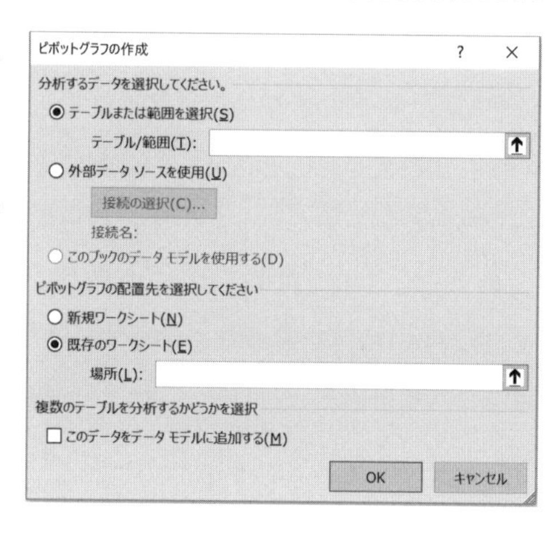

第9章

回帰分析

～一つまたは複数の変量から他の変量を予測する～

誤差の２乗を圧縮してデータに最適の数学モデルをつくるのが回帰分析。考え方は中学で学んだ２次関数の最小です !!

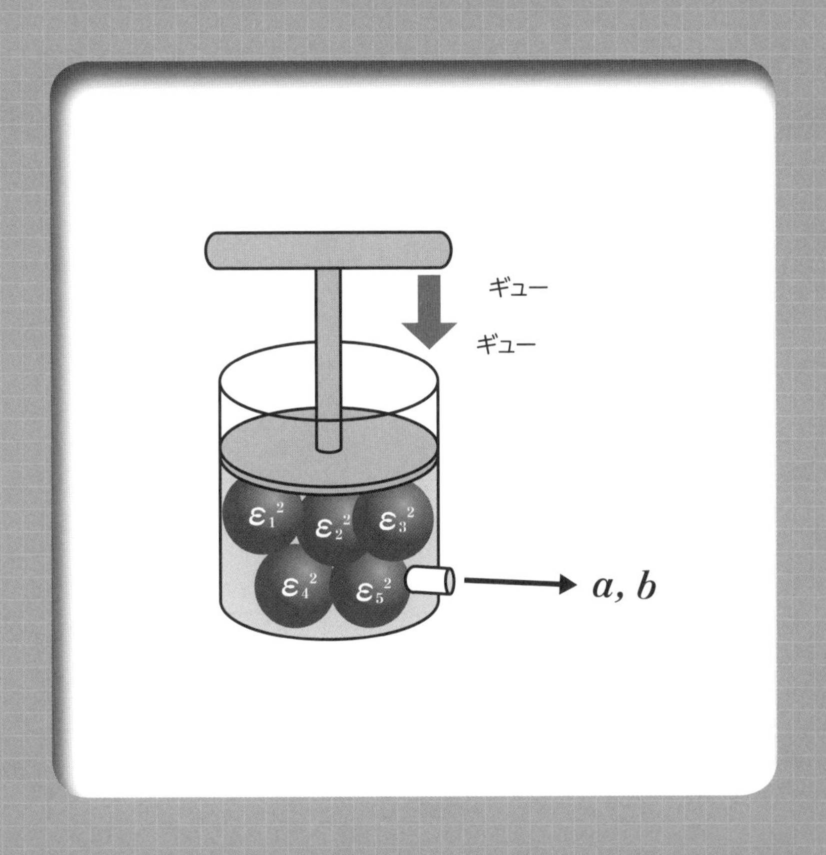

 一つの変量から他の変量を予測する ～単回帰分析

ここでは**多変量解析**という分野で非常に有名な**回帰分析**について調べてみます。まずは、一変量から別の一変量を予測する**単回帰分析**に挑戦しましょう。

右の表は、ある会社のIT投資額xと売上高yを営業所別にまとめたものです。この表から、新たな営業所Eを開設するにあたってIT投資額xを6百万円にしたら売上高yはどのくらいになるかを予測してみましょう。

営業所	IT 投資額 x	売上高 y
A	7	48
B	3	20
C	4	30
D	5	24
	（単位：百万円）	（単位：千万円）

●単回帰分析の原理

一つの変量（ここではIT投資額x）から他の変量（ここでは、売上高y）を予測するわけですが、回帰分析では、変量yを**目的変数**、変量xを**説明変数**と呼びます。まずは、xy平面上に、IT投資額x、売上高yを座標とする点を各営業所についてプロットしてみましょう。

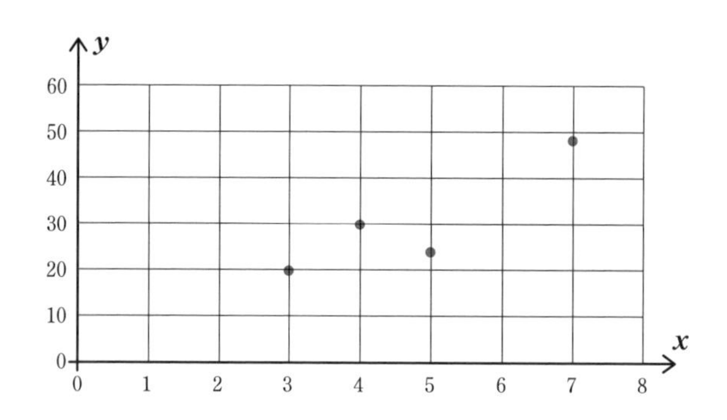

次に、この4つのすべての点に、できるだけ近いところを通る直線を引いてみましょう。この直線を**回帰直線**といいます。

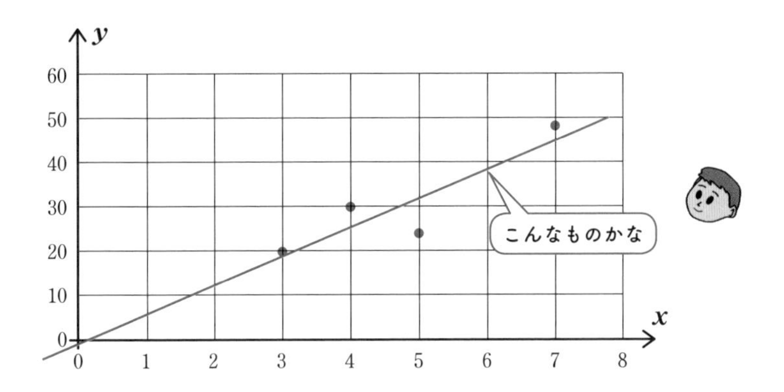

数学の助けを借りて、この直線の方程式を求めてみると次のようになります（ここはとりあえず、こうなると信じてください）。

$$y = 6.46x - 0.17 \quad \cdots\cdots ①$$

この式を利用すれば、IT 投資額 x から売上高 y を予測することができます。これが単回帰分析の基本原理です。つまり、**すべての点にできるだけ近いところを通る直線を利用した予測方法**です。

冒頭の質問に対する答えは、式①の x に 6 百万円の 6 を代入して

$$y = 6.46x - 0.17 = 6.46 \times 6 - 0.17 = 38.59$$

を得ます。したがって、IT 投資額 x を 6（百万円）にすると、売上は 38.59（千万円）と予測できます。ただし、ここで、注意したいことがあります。それは、この予測が絶対に正しいというわけではない、という点です。あくまでも、「すべての点にできるだけ近いところを通る直線」を利用すれば、このような判断ができるということです。

●どんな数学を使ったのか

「すべての点にできるだけ近いところを通る直線」を利用するということで、数学的には実測値と予測値の誤差を最小にする直線を求めることになります。

IT 投資額 x から売上高 y を予測する式を $\hat{y} = ax + b$ と書いてみましょ

う。yを使わずに$\hat{y}$を使ったのは、実測値yと予測値$\hat{y}$を区別するためです。なお、$\hat{y}$は「yハット」と読みます。

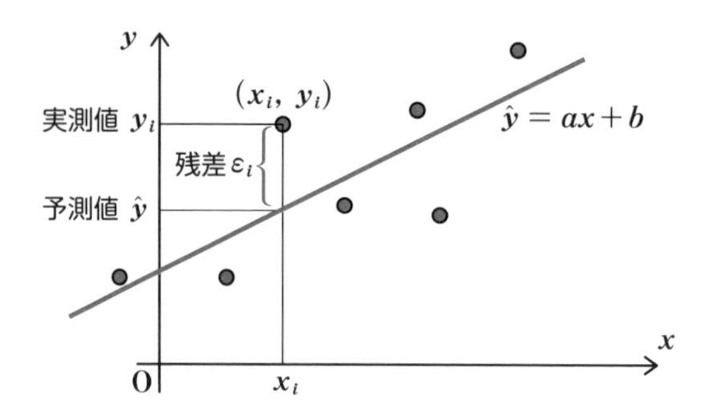

このとき、売上高yと予測値$\hat{y}$との誤差は

$$y-\hat{y}=y-(ax+b)$$

となります。この誤差を回帰分析では**残差**といいます。当然、残差の総和は小さい方がいいわけです。しかし、残差の総和はいつでも0です。そこで、各営業所ごとの残差を平方し、これらの総和、つまり、**残差平方和**を最小にするa、bを考えることにします。この残差平方和をε^2と書けば

$$\varepsilon^2=\varepsilon_1^2+\varepsilon_2^2+\varepsilon_3^2+\varepsilon_4^2$$
$$=\{48-(7a+b)\}^2+\{20-(3a+b)\}^2+\{30-(4a+b)\}^2+\{24-(5a+b)\}^2$$

となります（下表を参考）。これは、a、bについての2次関数です。

営業所	IT 投資額 x	売上高 y	予測値 $\hat{y}$	残差 $\varepsilon_i=y_i-\hat{y}$
A	$x_1=7$	$y_1=48$	$7a+b$	$\varepsilon_1=48-(7a+b)$
B	$x_2=3$	$y_2=20$	$3a+b$	$\varepsilon_2=20-(3a+b)$
C	$x_3=4$	$y_3=30$	$4a+b$	$\varepsilon_3=30-(4a+b)$
D	$x_4=5$	$y_4=24$	$5a+b$	$\varepsilon_4=24-(5a+b)$

この式ε^2の値を最小にするa、bは数学の微分などを利用すれば$a=6.46$、$b=-0.17$と求めることができます。

しかし、Excelなどの表計算ソフトや統計解析ソフトを利用すれば数学

を使わずに誰もが簡単に a、b を求めることができます（節末〈Excel〉参照）。

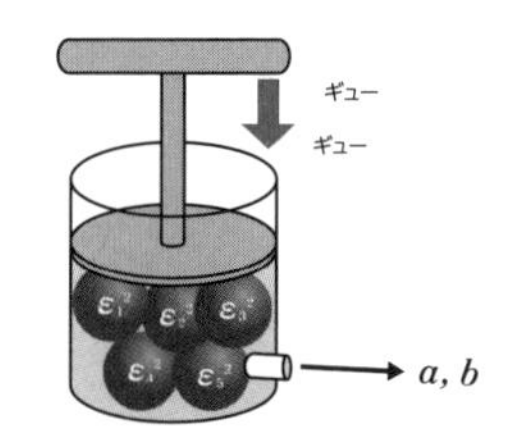

なぜ「回帰」か

「回帰」という用語はF・ゴルトン（1822 ～ 1911）が遺伝の研究で親子のデータを分析する中で気づいたことから使われた言葉です。それは、両親の身長が平均より高くても低くても、その子どもの身長は平均に近くなるようになる、という統計的傾向の発見によります。**子どもの身長が平均に「回帰する」ことから**この研究で開発した分析法を「**回帰分析**」と名付けました。その考えを発展させたのが現在の回帰分析です。

Excel 「データ分析」の「回帰分析」を利用

(1)「データ分析」ツールの「回帰分析」を選択します。

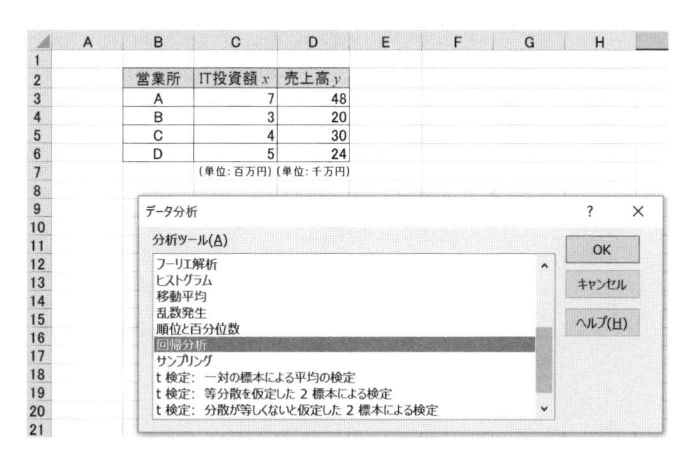

営業所	IT投資額 x	売上高 y
A	7	48
B	3	20
C	4	30
D	5	24
	(単位:百万円)	(単位:千万円)

(2) 開いたダイアログボックスに説明変数 x と目的変数 y のデータ範囲を入力し「残差」にチェックマークを入れます。

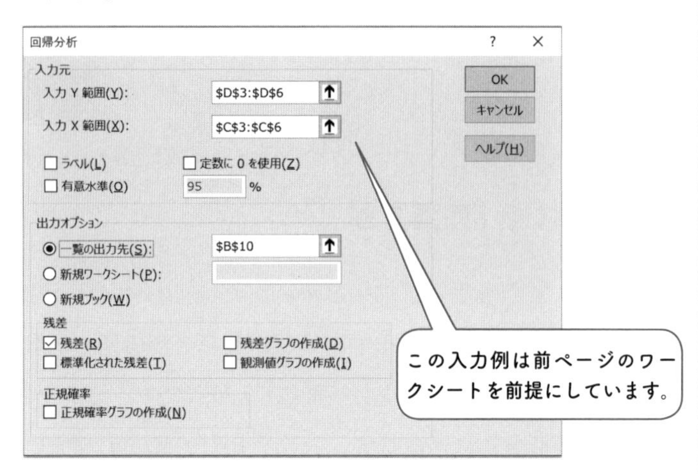

(3) [OK] ボタンをクリックすると、分析結果が表示されます。

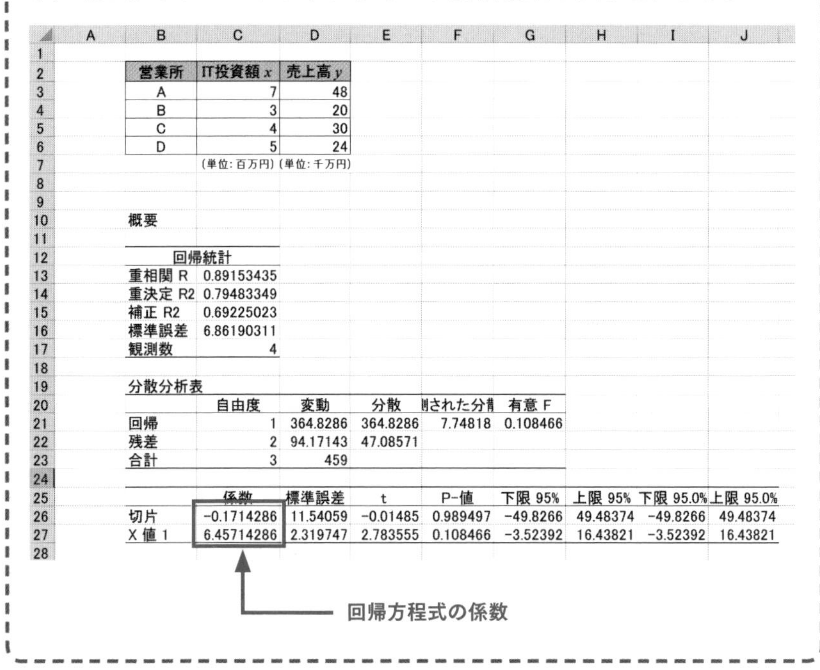

営業所	IT投資額 x	売上高 y
A	7	48
B	3	20
C	4	30
D	5	24
	(単位：百万円)	(単位：千万円)

概要

回帰統計	
重相関 R	0.89153435
重決定 R2	0.79483349
補正 R2	0.69225023
標準誤差	6.86190311
観測数	4

分散分析表

	自由度	変動	分散	された分散	有意 F
回帰	1	364.8286	364.8286	7.74818	0.108466
残差	2	94.17143	47.08571		
合計	3	459			

	係数	標準誤差	t	P-値	下限 95%	上限 95%	下限 95.0%	上限 95.0%
切片	-0.1714286	11.54059	-0.01485	0.989497	-49.8266	49.48374	-49.8266	49.48374
X 値 1	6.45714286	2.319747	2.783555	0.108466	-3.52392	16.43821	-3.52392	16.43821

9-2 予測の精度は ～決定係数

前節では右の実測値の表をもとに、売上高 y の予測値 $\hat{y}$ をIT投資額 x で予測する式

$$\hat{y} = 6.46x - 0.17 \quad \cdots\cdots ①$$

を得ました。ここでは、この予測の精度について調べてみることにしましょう。

営業所	IT 投資額 x	売上高 y
A	7	48
B	3	20
C	4	30
D	5	24

（単位：百万円）（単位：千万円）

予測の精度を算定するにあたって「分散」に着目してみます。なぜなら、分散はデータの情報量に対応しているからです（§1−10）。

●売上高、売上高の予測値、残差の分散に着目

回帰方程式 $\hat{y} = 6.46x - 0.17$ ……①を用いて売上高の予測値 $\hat{y}$ と残差を求めたのが下表です。

営業所	IT 投資額 x	売上高 y	予測値 $\hat{y}$	残差（誤差）
A	7	48	45.03	2.97
B	3	20	19.20	0.80
C	4	30	25.66	4.34
D	5	24	32.11	−8.11

この表をもとに、売上高 y の分散、売上高の予測値 $\hat{y}$ の分散、それに残差（誤差）の分散（§1−10）をそれぞれ求めると次のようになります。

売上高 y の分散＝114.75

予測値 $\hat{y}$ の分散＝91.21

残差の分散＝23.54

すると、次の式が成立します。

売上高 y の分散＝予測値 $\hat{y}$ の分散＋残差の分散……②

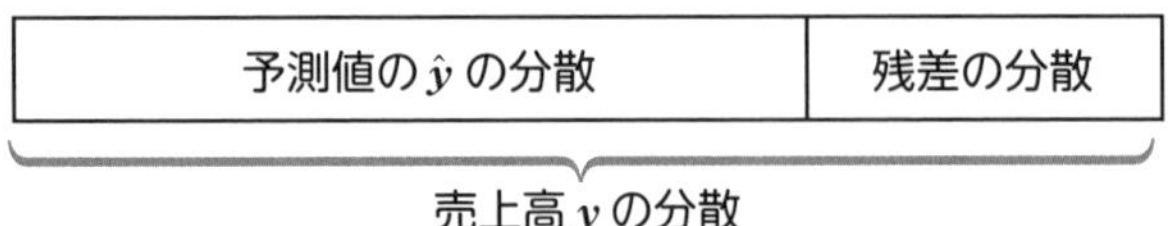

これは偶然ではありません。証明は省略しますが、どんな場合でも②は成立します。

分散は変量の情報量を表わしています（§1−10）。したがって、売上高 y の分散において、残差（誤差）の分散の占める割合が小さいほど、つまり、予測値 $\hat{y}$ の分散の占める割合が大きいほど、予測値 $\hat{y}$ は売上高 y をしっかり表現していると考えられます。

ここで、売上高（つまり目的変数）y の分散（情報量）のうち予測値 $\hat{y}$ の占める分散（情報量）の割合は次のように書けます。

$$\frac{\text{予測値}\,\hat{y}\,\text{の分散}}{\text{目的変数}\,y\,\text{の分散}}=\frac{\text{予測値}\,\hat{y}\,\text{の分散}}{\text{予測値}\,\hat{y}\,\text{の分散}+\text{残差の分散}}$$

回帰分析ではこの値を**決定係数**といい R^2 で表わし、回帰分析の精度を表わしていると考えることにします。つまり、

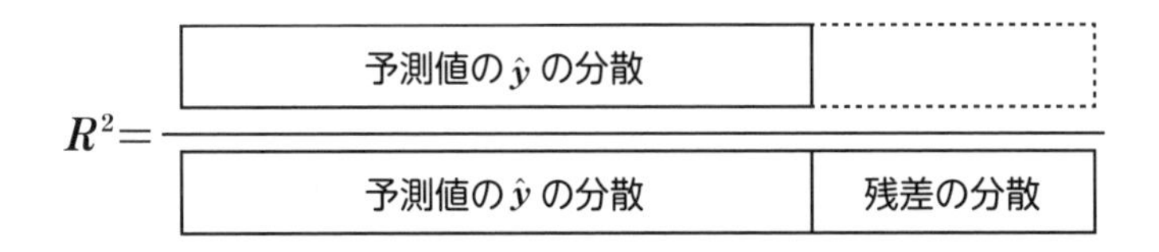

残差（誤差）の分散が小さい（残差の情報量が小さい）ほど決定係数 R^2 大きくなり、最大で1となります。また、残差の分散が大きい（情報量が大きい）ほど決定係数 R^2 は小さくなり、最小で0となります。

$$0 \leqq R^2 \leqq 1$$

先ほどの単回帰分析の場合、決定係数は次の値になります。

$$R^2 = \frac{91.21}{114.75} = 0.79$$

回帰分析では、

$0.8 \leqq R^2$ → よい精度

$0.5 \leqq R^2 < 0.8$ → まぁまぁよい精度

とされていますので、今回の分析は「まぁまぁ」ということができます。

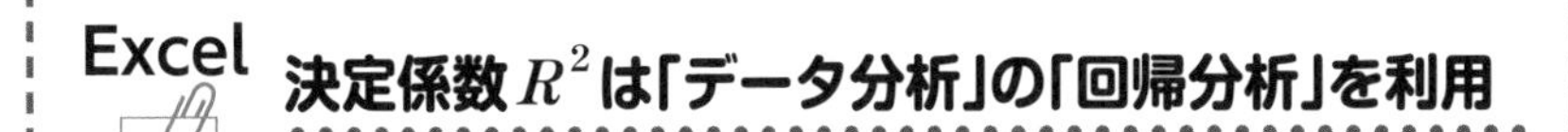

Excel 決定係数 R^2 は「データ分析」の「回帰分析」を利用

前節の〈Excel〉で紹介した「回帰分析」の結果（再掲）を利用すると、決定係数 R^2 も知ることができます。

営業所	IT投資額 x	売上高 y
A	7	48
B	3	20
C	4	30
D	5	24
	(単位：百万円)	(単位：千万円)

概要

回帰統計	
重相関 R	0.89153435
重決定 R2	0.79483349
補正 R2	0.69225023
標準誤差	6.86190311
観測数	4

決定係数 R^2

分散分析表

	自由度	変動	分散	測された分散	有意 F
回帰	1	364.8286	364.8286	7.74818	0.108466
残差	2	94.17143	47.08571		
合計	3	459			

	係数	標準誤差	t	P-値	下限 95%	上限 95%	下限 95.0%	上限 95.0%
切片	-0.1714286	11.54059	-0.01485	0.989497	-49.8266	49.48374	-49.8266	49.48374
X 値 1	6.45714286	2.319747	2.783555	0.108466	-3.52392	16.43821	-3.52392	16.43821

9-3 複数の変量から他の変量を予測する ～重回帰分析

§9−1では、IT投資額xのみから売上高yを予測する単回帰分析の話しをしました。今回は、下記の資料を用いてIT投資額xと営業マンの数uから売上高yを予測する重回帰分析のお話をしましょう。

このように、**複数の変量から他の変量を予測する分析**を**重回帰分析**といいます。今回の重回帰分析では売上高yが目的変数で、IT投資額x、営業マンの数uの二つが説明変数になります。

営業所	IT投資額 x	営業マンの数 u	売上高 y
A	7	5	48
B	3	4	20
C	4	3	30
D	5	1	24
	（単位：百万円）	（単位：人）	（単位：千万円）

●重回帰分析の原理

前回はIT投資額xと売上高yの関係をxy平面にプロットして散布図を描き、これらの点に近いところを通る直線でxからyを予測しました。

今回は、xとuとyの三つの関係なので3次元、つまり、空間での散布図を考えることになります。各営業所について空間に(x, u, y)を座標とする点をプロットします。たとえば、営業所Aの場合には原点から出発してx方向に7、u方向に5、y方向48だけ移動した場所に点を打ちます。以下同様に4つの点をプロットします。

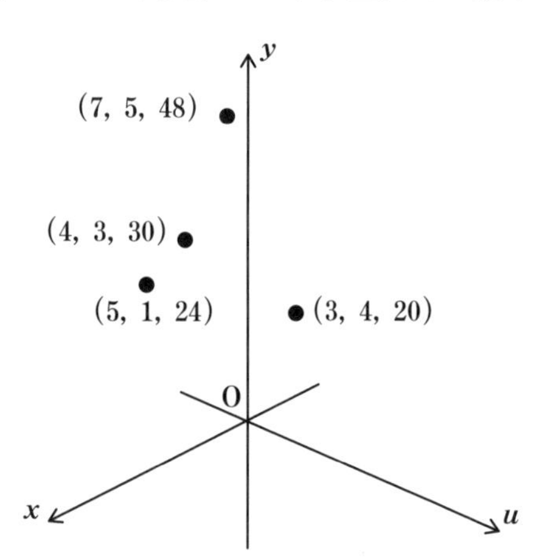

IT投資額xから売上高yを予測する単回帰分析の場合は直線を利用しましたが、今回は、直線ではなくて、**4つの点にできるだけ近いところを通る平面**を考えます。

3次元空間における平面の方程式は

$$y = ax + bu + c \quad \cdots\cdots ①$$

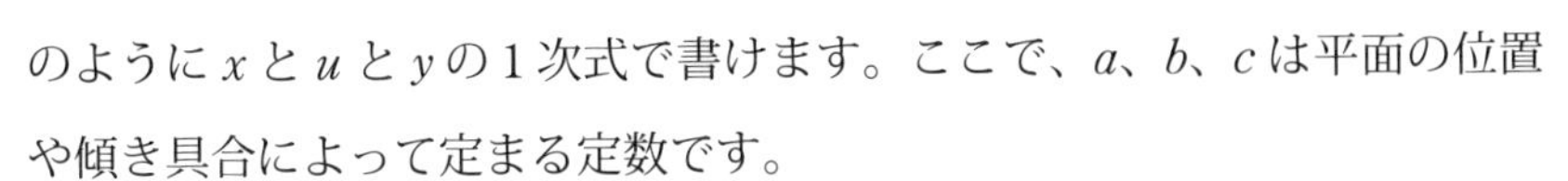

のようにxとuとyの1次式で書けます。ここで、a、b、cは平面の位置や傾き具合によって定まる定数です。

この平面、つまり、「**4つの点にできるだけ近いところを通る平面**」の方程式は、実は次のようになります。

$$y = 5.73x + 2.81u - 5.87 \quad \cdots\cdots ②$$

この式②を用いた各営業所の予測値は下表のようになります。

営業所	IT投資額x	営業マンの数u	売上高y	予測値
A	7	5	48	48.32
B	3	4	20	22.57
C	4	3	30	25.50
D	5	1	24	25.61

この**4つの点すべてに、できるだけ近いところを通る平面**の方程式②は、理論的には、微分などの数学を利用して求めます。しかし、②はExcelなどの表計算ソフトや統計解析ソフトを利用すれば簡単に求めることができます。

この②を使えば、新たに開設する営業所EについてはIT投資額xを9百万円、営業マンの数を6人にした場合の売上高の予測値は、②より

$$5.73 \times 9 + 2.81 \times 6 - 5.87 = 62.56 \text{千万円}$$

と予測することができます。

●どんな数学を使ったのか

先の②を導く際に使った数学は2次関数の最小理論です。このことを調

べてみます。

IT投資額xと営業マンの数uから、売上高yを予測する式$\hat{y}$を

$$\hat{y}=ax+bu+c$$

と書いてみましょう。yを使わずに$\hat{y}$を使ったのは、実測値yと予測値$\hat{y}$を区別するためです（§9−1の場合と同様）。

このとき、売上高yと予測値$\hat{y}$との残差（誤差）は

$$y-\hat{y}=y-(ax+bu+c)$$

となります。

各営業所の残差を平方し、これらの総和、つまり、**残差平方和**を最小にするa、b、cを考えることにします。この残差平方和をε^2として式で書けば

$$\varepsilon^2=\{48-(7a+5b+c)\}^2+\{20-(3a+4b+c)\}^2$$
$$+\{30-(4a+3b+c)\}^2+\{24-(5a+b+c)\}^2$$

となります（下表を参考）。

営業所	IT投資額x	営業マン数u	売上高y	予測値$\hat{y}$	残差
A	7	5	48	$7a+5b+c$	$48-(7a+5b+c)$
B	3	4	20	$3a+4b+c$	$20-(3a+4b+c)$
C	4	3	30	$4a+3b+c$	$30-(4a+3b+c)$
D	5	1	24	$5a+b+c$	$24-(5a+b+c)$

「4つの点すべてにできるだけ近いところを通る平面」を求めるということは、数学的には残差平方和ε^2を最小にするa、b、cを求めることを意味します。この式ε^2は基本的にはa、b、cの2次関数であり、この値を最小にするa、b、cは数学の微分などを利用して求めます。その結果、$a=5.73$、$b=2.81$、$c=-5.87$（いずれも近似値）を得ることになります。ただし、この計算は簡単ではありません。そこで、Excelなどの表計算ソフトや統計解析ソフトを利用すれば、誰でも簡単にa、b、cを求めることができます（節末参照）。

●重回帰分析と予測の精度

一つの変量（説明変数）から他の一つの変量（目的変数）を予測する解析法が**単回帰分析**でした（§9−1)。これに対して、複数の変量（説明変数）から他の一つの変量（目的変数）を予測する解析法を**重回帰分析**といいます。重回帰分析の精度は単回帰分析と同様に、

$$\frac{\text{予測値の分散}}{\text{実測値(目的変数)の分散}} \quad \cdots\cdots ③$$

と考えます。理由は、重回帰分析の場合でも、単回帰分析と同様に、

予測値の $\hat{y}$ の分散	残差の分散

実測値（目的変数）y の分散

が成立しているからです。

この節の重回帰分析の場合、回帰方程式②で予測した予測値と残差の分散は各々次のようになります。

売上高 y の分散 $=114.75$

予測値 $\hat{y}$ の分散 $=107.35$

残差の分散 $=7.40$

ただし、ここでは式②をもう少し正確に表現した

$$\hat{y}=5.73426573x+2.81118881u-5.8741259 \quad \cdots\cdots ②'$$

をもとにそれぞれの分数を計算しました。

したがって、

売上高 y の分散 $=$ 予測値 $\hat{y}$ の分散 $+$ 残差の分散

が成立します。

分散は変数の情報量を表わしていて、③は実測値の情報量における予測値の情報の占める割合を表わしているので「予測の精度」と考えられま

す。したがって、単回帰分析と同様に③を**決定係数**といい、R^2 と書くことにします（§9−2と同様）。つまり、

$$決定係数R^2 = \frac{予測値の分散}{実測値(目的変数)の分散}$$

すると、本節の重回帰分析の予測の精度は、

$$決定係数R^2 = \frac{予測値の分散}{実測値(目的変数)の分散} = \frac{107.35}{114.75} = 0.94$$

となります。今回の分析は0.8以上なので「よい精度」ということができます。

Excel 「データ分析」の「回帰分析」を利用

(1)「データ分析」ツールの「回帰分析」を選択します。

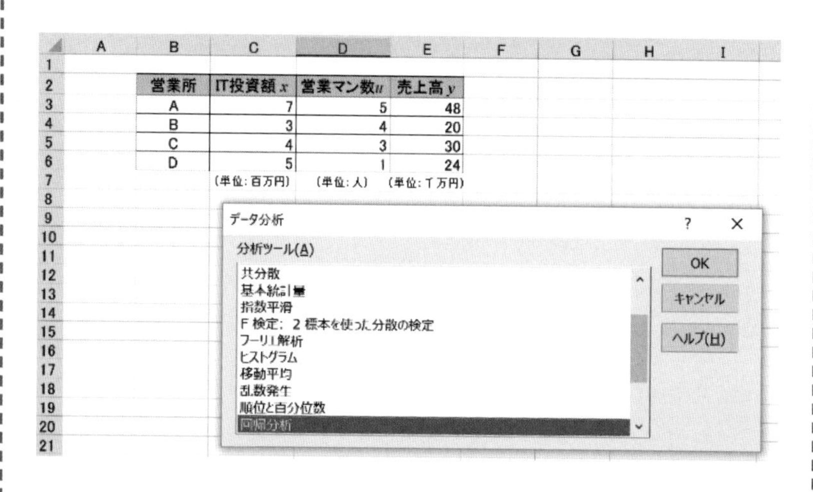

(2) 開いたダイアログボックスに説明変数 x と目的変数 y のデータ範囲を入力し、「残差」にチェックマークを入れます。

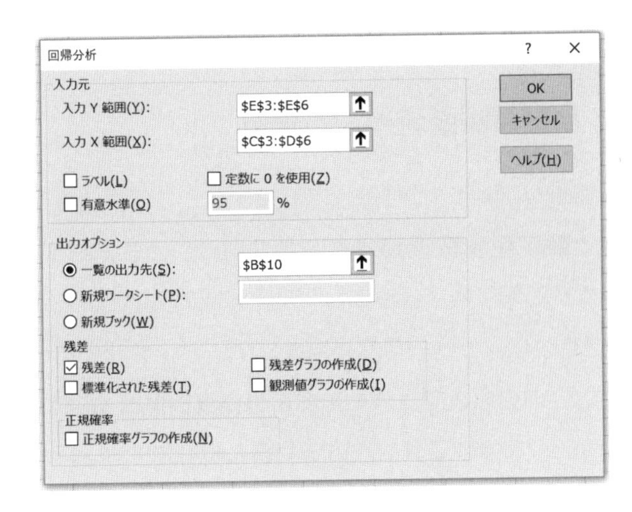

(3) [OK] ボタンを押せば、回帰方程式の係数や決定係数などが表示されます。

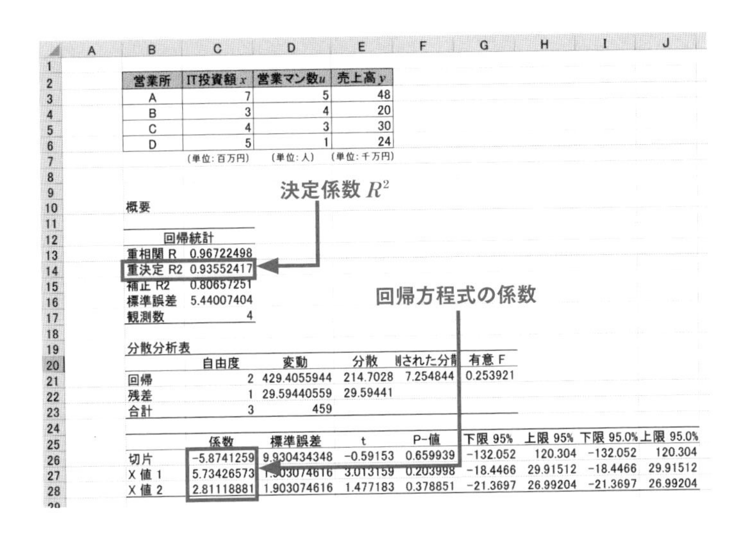

営業所	IT投資額 x	営業マン数 u	売上高 y
A	7	5	48
B	3	4	20
C	4	3	30
D	5	1	24
	(単位：百万円)	(単位：人)	(単位：千万円)

概要

回帰統計	
重相関 R	0.96722498
重決定 R2	0.93552417
補正 R2	0.80657251
標準誤差	5.44007404
観測数	4

分散分析表

	自由度	変動	分散	された分散	有意 F
回帰	2	429.4055944	214.7028	7.254844	0.253921
残差	1	29.59440559	29.59441		
合計	3	459			

	係数	標準誤差	t	P-値	下限 95%	上限 95%	下限 95.0%	上限 95.0%
切片	-5.8741259	9.930434348	-0.59153	0.659939	-132.052	120.304	-132.052	120.304
X 値 1	5.73426573	1.903074616	3.013159	0.203998	-18.4466	29.91512	-18.4466	29.91512
X 値 2	2.81118881	1.903074616	1.477183	0.378851	-21.3697	26.99204	-21.3697	26.99204

(注) 回帰方程式の係数や決定係数以外にもいろいろな情報が表示されます。本書ではこれらのことに触れませんが、詳しくお知りになりたい方は拙著『図解でわかる回帰分析』(日本実業出版社) などを参考にしてください。

Note 自由度調整済み決定係数

決定係数R^2には困った性質があります。それは説明変数を増やしていくと、決定係数R^2も単純に増加するという性質です。つまり、役に立たない説明変数であっても回帰方程式に付け加えると決定係数R^2は大きくなり、予測の精度が見かけ上、ドンドン上がってしまうことです。この欠点を解決したものに**自由度調整済み決定係数**$\hat{R}^2$というものがあります。これは次の式で与えられます。

$$\hat{R}^2 = 1 - \frac{n-1}{n-k-1}(1-R^2)$$

ここで、R^2は決定係数、nは資料の個体数、kは説明変数の個数です。

本節の重回帰分析の場合、決定係数R^2は0.9355、nは4（営業所の数）、kは2（説明変数の個数）より、

$$\hat{R}^2 = 1 - \frac{n-1}{n-k-1}(1-R^2) = 1 - \frac{4-1}{4-2-1}(1-0.9355) = 0.8065\cdots$$

となります。なお、前ページ（3）のExcelでの出力例において、R^2は「R2」、$\hat{R}^2$は「**補正R2**」として表示されています。

第10章

数量化理論

～質的データを分析する～

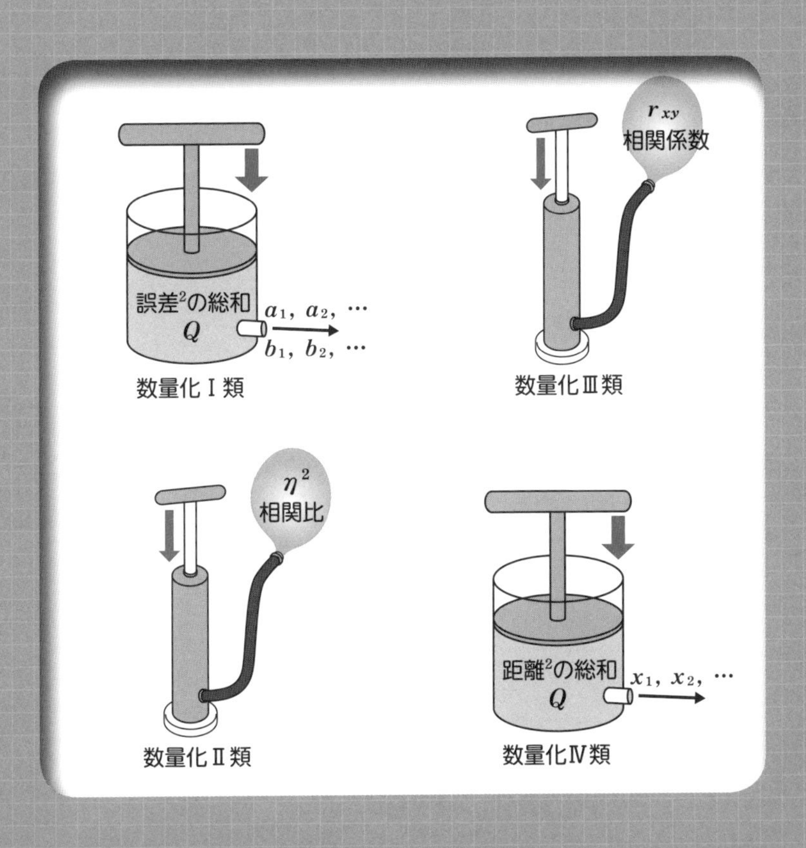

10-1 アンケートの分析に役立つ統計学 ～数量化理論

統計学というと、体重や身長、年齢などの量的データに計算処理をほどこし、そこから役立つ情報を得ることだと思われがちです。しかし、世の中にあるデータは、このような**量的データ**に限りません。たとえば、アンケートから得られる「好き、嫌い」とか「高い、安い」などのデータは**質的データ**と呼ばれ、足したり引いたりする計算ができません。アンケートで「好きなら1、どちらでもなければ2、嫌いならば3」として調べて得た1、2、3は数字ですが、これは足したり引いたりできる数値ではないからです。数値ならば「1+2＝3」ですが、「好き ＋ どちらでもない ＝ 嫌い」とはならないのです。そこで、この章では、このような質的データを処理する統計学を調べてみることにしましょう。

●質的データの統計学

アンケート結果から得られる**質的データに対しては通常の計算ができないため、新たな統計学が開発**されています。それが、**数量化理論**です。数量化理論には**数量化Ⅰ類～Ⅳ類、コレスポンデンス分析**などがあります。本書では数量化Ⅰ類とⅡ類を紹介します。

（注）量的データ、質的データについては §1−2参照。

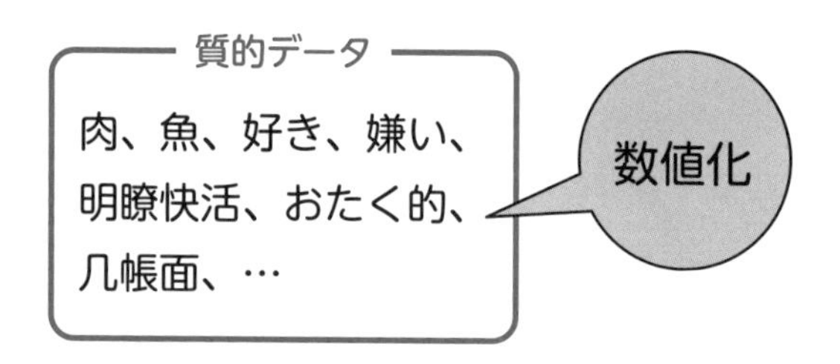

●アイテムとカテゴリー

これから質的データを分析する統計学の話になりますが、その際に使われる用語を二つ紹介しましょう。それは「アイテム」と「カテゴリー」です。

次のアンケートを例にしましょう。

質問1　あなたは、肉と魚のどちらが好きですか。 (1) 肉　　(2) 魚

このとき、「質問1」に相当するものを**アイテム**と呼び、その答えの欄の項目 (1)、(2) に相当するものを**カテゴリー**と呼びます。

（注）アイテムは「項目」、カテゴリーは「選択肢」と訳す文献もありますが、統一的な日本語訳はありません。

〔例〕

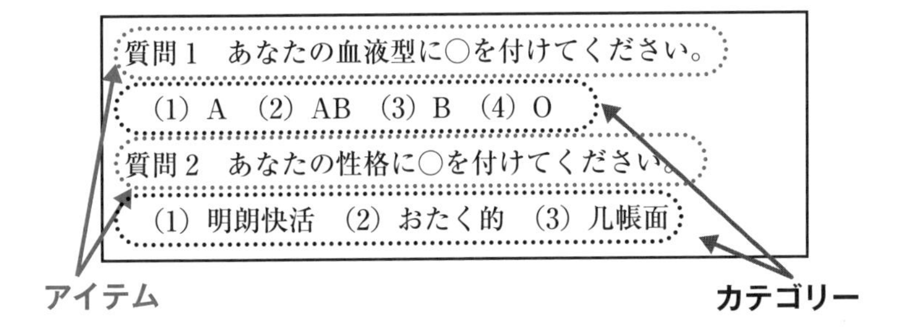

もう一歩進んで　数量化Ⅰ類～Ⅳ類

数量化Ⅰ類～Ⅳ類は、林知己夫（1918 ～ 2002）が開発した統計学の技法です。日本が誇れる数学の業績の一つです。質的データを扱うには基本的にこの4つの技法を理解しておけばいいでしょう。

10-2 質的データから量的データを説明 ～数量化Ⅰ類

質的データから量的データを説明する理論に**数量化Ⅰ類**があります。この理論は、たとえば、体重などの量的データをもと（基準）にして、肉や魚の好み、休日の過ごし方などの質的データを数値化することです。ここでは、次のアンケートをもとにこの理論を説明しましょう。

質問1　あなたは、肉と魚のどちらが好きですか。

（イ）肉　　（ロ）魚

質問2　休日の過ごし方はどうですか。

（イ）ゴロゴロ　（ロ）ショッピング　（ハ）スポーツ

質問3　あなたの体重はどのくらいですか。

（　　　）kg

このアンケートを5人に行なった結果を前節で紹介した「アイテム」と「カテゴリー」という言葉を使ってまとめると次のようになります。

アイテム	質問1		質問2			質問3
カテゴリー	（イ）	（ロ）	（イ）	（ロ）	（ハ）	
星野　キララ	○				○	65
夏山　スズシ		○	○			60
春山　カスミ	○				○	70
秋野　ススキ		○		○		55
冬野　ヒカリ	○		○			80

●カテゴリーに点数をつけて質的変量を数量化する

アンケート結果を分析するために、まず、次ページのような表を作成しましょう。選択されたカテゴリーには数値の1を、選択されなかったカテゴリーには数値の0をセットします。次に、各カテゴリーを数量化します。つまり、質問1の選択肢（イ）にはa_1点、（ロ）にはa_2点、質問2の選択肢（イ）にはb_1点、（ロ）にはb_2点、（ハ）にはb_3点を与えることにします。これらの点を**ウェイト（カテゴリーウェイト）**といいます。点数a_1, a_2, b_1, b_2, b_3は未定ですが、量的データである体重をうまく説明できるように、これから具体的数値を決めることになります。その際、決め手となるのが各個体のカテゴリーウェイトを足し合わせた**サンプルスコア**です。

アイテム	質問1		質問2			サンプルスコア	質問3
カテゴリー	肉	魚	ゴロゴロ	ショッピング	スポーツ		体重
ウェイト	a_1	a_2	b_1	b_2	b_3		
星野　キララ	1	0	0	0	1	a_1+b_3	65
夏山　スズシ	0	1	1	0	0	a_2+b_1	60
春山　カスミ	1	0	0	0	1	a_1+b_3	70
秋野　ススキ	0	1	0	1	0	a_2+b_2	55
冬野　ヒカリ	1	0	1	0	0	a_1+b_1	80

●最小2乗法を用いる

サンプルスコアが体重をうまく説明できるようにカテゴリーウェイトa_1, a_2, b_1, b_2, b_3の値を決めるにはどうしたらいいでしょうか。数量化Ⅰ類では、体重とサンプルスコアの**差（誤差）の2乗の総和Qが最小になるように、これらの値を決める**（**最小2乗法**）ことにします。つまり、

$$Q=\{65-(a_1+b_3)\}^2+\{60-(a_2+b_1)\}^2+\{70-(a_1+b_3)\}^2+\{55-(a_2+b_2)\}^2+\{80-(a_1+b_1)\}^2 \quad \cdots\cdots①$$

を最小にする a_1, a_2, b_1, b_2, b_3の値は、体重とサンプルスコアとの誤差が一番小さくなるので、体重をうまく説明していると考えます。これが数量化Ⅰ類の理論です。この考え方は回帰分析のときの原理と同じです。

Q、つまり、①を最小にするa_1, a_2, b_1, b_2, b_3の値は数学の微分などを使って求めます。しかし、Excelなどの表計算ソフトや統計解析ソフトを利用すれば高度な数学を使わずに求めることができます。

ここでは、身近な表計算ソフトExcelを用いて①を最小にするa_1, a_2, b_1, b_2, b_3を求めてみました（節末参照）。結果は次の通りです。

$a_1 = 25.06,\ a_2 = 5.06,\ b_1 = 54.94,\ b_2 = 49.94,\ b_3 = 42.44$ ……②

アイテム	質問1		質問2			サンプルスコア	質問3
カテゴリー	肉	魚	ゴロゴロ	ショッピング	スポーツ		体重
ウェイト	25.06	5.06	54.94	49.94	42.44		
星野　キララ	1	0	0	0	1	67.50	65
夏山　スズシ	0	1	1	0	0	60.00	60
春山　カスミ	1	0	0	0	1	67.50	70
秋野　ススキ	0	1	0	1	0	55.00	55
冬野　ヒカリ	1	0	1	0	0	80.00	80

$Q=$	12.5

ここで、注意しなければいけないのは、②の値そのものには意味がないということです。その理由を説明しましょう。

cを任意の数とするとき、①を最小にする値a_1, a_2, b_1, b_2, b_3に対してa_1+c, a_2+c, b_1-c, b_2-c, b_3-cも①を最小にします。つまり、一つの解に対して一方のアイテムのカテゴリーウェイトにcを加え、他方のアイテムのカテゴリーウェイトからはcを引いたものもまた解になっているのです。そこで、②を利用するときには値そのものではなく、**アイテムごとのカテゴリーウェイトの開き具合に着目**します。

質問1の「食」に関しては $a_1 - a_2 = 25.06 - 5.06 = 20.00$

質問2の「過ごし方」に関しては $b_1 - b_3 = 54.94 - 42.44 = 12.5$

となります。このことから、アンケート結果の一つの解釈として、休日の「過ごし方」よりも「食」の方が体重に影響を与えていると考えることができます。以上のような分析法が数量化Ⅰ類なのです。

Excel ソルバーを利用してカテゴリーウェイトを求める

本文ではカテゴリーウェイト②はExcelを用いて算出されたものとして話をしました。ここでは、実際に、Excelのソルバーを使って下記の表（再掲）からカテゴリーウェイト②を得る方法を紹介しましょう。

アイテム	質問1		質問2			サンプルスコア	質問3
カテゴリー	肉	魚	ゴロゴロ	ショッピング	スポーツ		体重
ウェイト	a_1	a_2	b_1	b_2	b_3		
星野　キララ	1	0	0	0	1	a_1+b_3	65
夏山　スズシ	0	1	1	0	0	a_2+b_1	60
春山　カスミ	1	0	0	0	1	a_1+b_3	70
秋野　ススキ	0	1	0	1	0	a_2+b_2	55
冬野　ヒカリ	1	0	1	0	0	a_1+b_1	80

(1) 上記の表をExcelに入力します。ただし、この段階では青字の部分は入力する必要はありません。

	A	B	C	D	E	F	G	H	I
1									
2		アイテム	質問1		質問2			サンプルスコア	質問3
3		カテゴリー	肉	魚	ゴロゴロ	ショッピング	スポーツ		体重
4		ウェイト	a_1	a_2	b_1	b_2	b_3		
5		星野 キララ	1	0	0	0	1	a_1+b_3	65
6		夏山 スズシ	0	1	1	0	0	a_2+b_1	60
7		春山 カスミ	1	0	0	0	1	a_1+b_3	70
8		秋野 ススキ	0	1	0	1	0	a_2+b_2	55
9		冬野 ヒカリ	1	0	1	0	0	a_1+b_1	80
10									

(2) ウェイトに初期値として適当な値を入力します。ここでは、

$$a_1=2,\ a_2=3,\ b_1=4,\ b_2=5,\ b_3=6$$

としてみました。また、サンプルスコアには個々の人間のカテゴリーウェイトの和を入力します。そのため、たとえば、星野キララであれば、SUMPRODUCT関数を利用して*H*5セルに次の式を入力します。

＝SUMPRODUCT（$C$4：$G$4，C5:G5）

（注）式を入力することが大事です。計算した値では、その後の処理がうまくいきません。

この式（H5セルの中身）をH6～H9セルにコピー＆ペーストします。また、I11セルに本文①、つまり、Q式を入力します。

=SUMPRODUCT（$C$4:$G$4,C5:G5）

	A	B	C	D	E	F	G	H	I
1									
2		アイテム	質問1		質問2			サンプルスコア	質問3
3		カテゴリー	肉	魚	ゴロゴロ	ショッピング	スポーツ		体重
4		ウェイト	2.00	3.00	4.00	5.00	6.00		
5		星野　ヒカル	1	0	0	0	1	8.00	65
6		海辺　カレー	0	1	1	0	0	7.00	60
7		春野　カスミ	1	0	0	0	1	8.00	70
8		秋山　モミジ	0	1	0	1	0	8.00	55
9		冬野　ユキコ	1	0	1	0	0	6.00	80
10									
11								Q=	17587

=(I5-H5)^2+(I6-H6)^2+(I7-H7)^2+(I8-H8)^2+(I9-H9)^2

(3)［データ］タブにあるソルバー（付録2）を起動し、右図のように入力します。

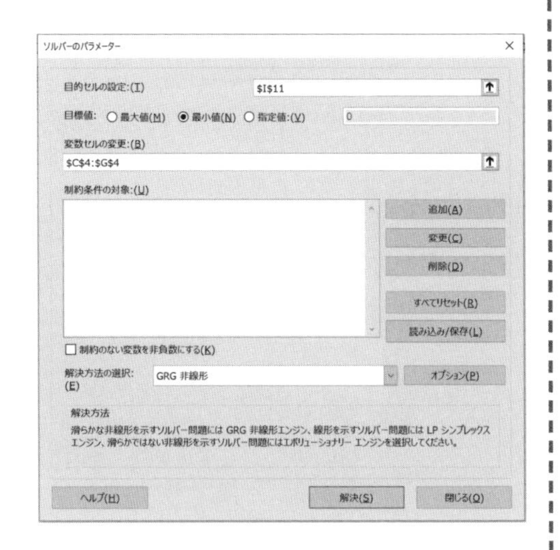

(4)［解決（S)］ボタンを押すと、Qの値を最小にするカテゴリーウェイトの値が表示されます。

アイテム	質問1		質問2			サンプルスコア	質問3
カテゴリー	肉	魚	ゴロゴロ	ショッピング	スポーツ		体重
ウェイト	25.06	5.06	54.94	49.94	42.44		
星野　ヒカル	1	0	0	0	1	67.50	65
海辺　カレー	0	1	1	0	0	60.00	60
春野　カスミ	1	0	0	0	1	67.50	70
秋山　モミジ	0	1	0	1	0	55.00	55
冬野　ユキコ	1	0	1	0	0	80.00	80

Q=	12.5

10-3 質的データから質的データを説明 〜数量化II類

質的データから質的データを説明する理論に**数量化II類**があります。この理論は、たとえば、草食系男子かどうかの質的データをもと（基準）にして、肉や魚の好み、スポーツの好き嫌いなどの質的データを数値化します。ここでは、次のアンケートをもとにこの理論を説明しましょう。

質問1　あなたは、肉と魚のどちらが好きですか。

（イ）肉　　（ロ）魚

質問2　スポーツは好きですか。

（イ）好き　　（ロ）嫌い

質問3　あなたは草食系ですか。

（イ）はい　　（ロ）いいえ

このアンケートを7人に行なった結果をまとめたのが次の表です。

アイテム	質問1		質問2		質問3	
カテゴリー	（イ）	（ロ）	（イ）	（ロ）	（イ）	（ロ）
森山　シゲル		○		○	○	
川原　キャンプ		○		○	○	
山川　カヤック		○	○		○	
星野　ヒカル	○			○	○	
海辺　カレー	○			○		○
秋山　モミジ	○		○			○
冬野　ユキオ	○		○			○

このアンケート結果をもとに草食系男子を肉や魚の好み、スポーツの好みから分析してみましょう。しかし、この分析では質的データをもとに質的データを説明することになり、このままでは計算のしようがありません。そこで、**相関比**というものに着目することになります。

●相関比とは

n 個の数値データ$U=\{z_1,\ z_2,\ \cdots,\ z_m,\ z_{m+1},\ \cdots,\ z_n\}$が二つのグループ$P$と$Q$に分割されているものとします。

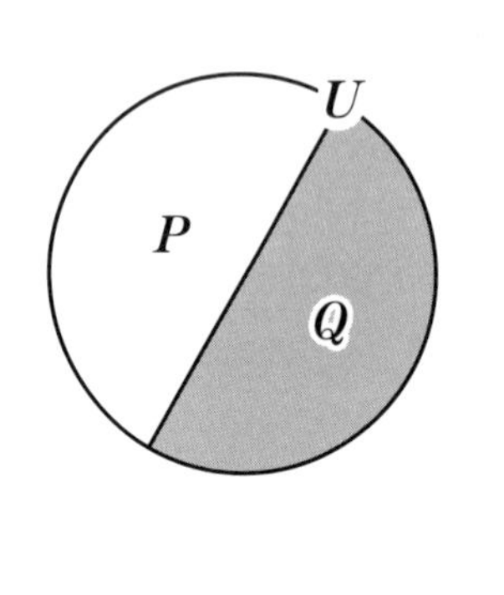

	データ	グループ（群）	全体
m 個	z_1	P 平均値 $\overline{z_P}$	U 平均値 $\overline{z}$
	z_2		
	$\cdots$		
	z_m		
$n-m$ 個	z_{m+1}	Q 平均値 $\overline{z_Q}$	
	$\cdots$		
	z_{n-1}		
	z_n		

全体の平均値を$\overline{z}$、グループP、グループQに属するデータの平均値を各々$\overline{z_P}$、$\overline{z_Q}$とします。

このとき、n 個の数値データ$U=\{z_1,\ z_2,\ \cdots,\ z_m,\ z_{m+1},\ \cdots,\ z_n\}$の**全変動**（全偏差平方和）$S_T$は次の式で与えられます（§1−9）。

$$S_T=(z_1-\overline{z})^2+(z_2-\overline{z})^2+\cdots+(z_m-\overline{z})^2+(z_{m+1}-\overline{z})^2+\cdots+(z_n-\overline{z})^2$$

また、この全変動S_Tは次の二つの部分に分割できることが証明されています。

$$S_T=S_B+S_W \quad \cdots\cdots ①$$

級間変動 S_B	級内変動S_W
全変動 S_T	

ただし、

$$S_B=m(\overline{z_P}-\overline{z})^2+(n-m)(\overline{z_Q}-\overline{z})^2$$

$$S_W=(z_1-\overline{z_P})^2+(z_2-\overline{z_P})^2+\cdots +(z_m-\overline{z_P})^2+(z_{m+1}-\overline{z_Q})^2+\cdots+(z_n-\overline{z_Q})^2$$

このS_Bは**級間変動**、S_Wは**級内変動**と呼ばれています。

（注）以上の式変形には次の関係を利用しています。

$$(z_1-\overline{z_P})+(z_2-\overline{z_P})+\cdots+(z_m-\overline{z_P})=0$$
$$(z_{m+1}-\overline{z_Q})+(z_{m+2}-\overline{z_Q})+\cdots+(z_n-\overline{z_Q})=0$$

級内変動S_Wはグループ内の変動（偏差平方和）であり、級間変動S_Bはグループ間の変動（偏差平方和）です。

①はデータ$U=\{z_1, z_2, \cdots, z_m, z_{m+1}, \cdots, z_n\}$がもつ全情報をグループ内の情報とグループ間の情報に分離できることを意味しています。

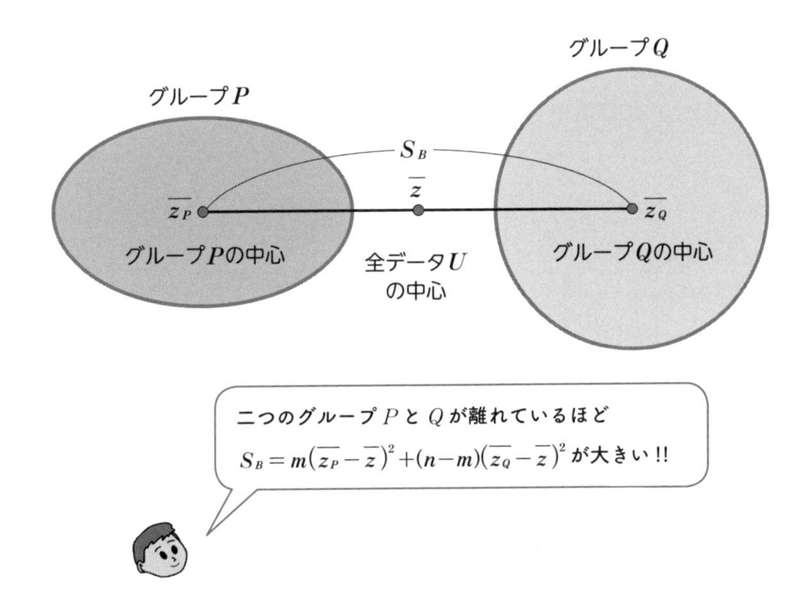

ここで、$\dfrac{\text{級間変動}}{\text{全変動}}=\dfrac{S_B}{S_T}$考え、これを$\eta^2$（$\eta$ はイータと読む）と書き**相関比**と呼ぶことにします。

つまり、$\eta^2=\dfrac{\text{級間変動}}{\text{全変動}}=\dfrac{S_B}{S_T}$

すると、前ページの図からわかるように相関比η^2が大きいほど、二つのグループPとQは離れることになります。このことに着目して質的データをできるだけ分離しようと考えたのが、**数量化Ⅱ類の論理**なのです。つまり、**二つのグループの間隔ができるだけ離れるように質的データを数量化する**のです。

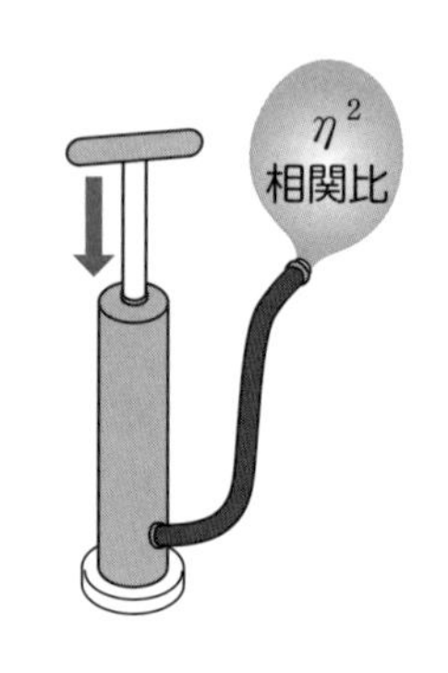

●アンケート結果から肉や魚の好み、スポーツの好みを数量化

先のアンケート結果をもとに、草食系と答えたグループPとそうでないと答えたグループQの距離ができるだけ離れるように肉や魚の好み、スポーツの好みを数量化してみましょう。そのために、下表のように各カテゴリーにカテゴリーウェイトa_1, a_2, b_1, b_2を設定し、各個人のサンプルスコアを計算します。

アイテム	質問1(食)		質問2(スポーツ)		サンプルスコア	草食系	
カテゴリー	肉	魚	好き	嫌い			
ウェイト	a_1	a_2	b_1	b_2			
森山　シゲル	0	1	0	1	a_2+b_2	○	P
川原　キャンプ	0	1	0	1	a_2+b_2	○	P
山川　カヤック	0	1	1	0	a_2+b_1	○	P
星野　ヒカル	1	0	0	1	a_1+b_2	○	P
海辺　カレー	1	0	0	1	a_1+b_2	×	Q
秋山　モミジ	1	0	1	0	a_1+b_1	×	Q
冬野　ユキオ	1	0	1	0	a_1+b_1	×	Q

（注）この7個のサンプルスコア$\{a_2+b_2,\ a_2+b_2,\ \cdots,\ a_1+b_1\}$が先の相関比の説明における$U=\{z_1,\ z_2,\ \cdots,\ z_7\}$、$n=7$、$m=4$に相当します。

前ページの表の7個のサンプルスコア$U=\{a_2+b_2,\ a_2+b_2,\ \cdots,\ a_1+b_1\}$を草食系男子のグループ$P$とそうでないグループ$Q$に分割します。

$$P=\{a_2+b_2,\ a_2+b_2,\ a_2+b_1,\ a_1+b_1\}$$

$$Q=\{a_1+b_2,\ a_1+b_1,\ a_1+b_1\}$$

ここで、Uの全変動S_Tと、PとQの級間変動S_Bを求め、

$$相関比\ \eta^2=\frac{S_B}{S_T}\quad\cdots\cdots①$$

が最大になるようにカテゴリーウェイトa_1, a_2, b_1, b_2の値を決定します。

①を最大にするa_1, a_2, b_1, b_2, b_3の値は数学の微分などを使って求めます。しかし、Excelなどの表計算ソフトや統計解析ソフトを利用すれば高度な数学を使わずに求めることができます。

ここでは、身近な表計算ソフトExcelを用いて、①を最大にするa_1, a_2, b_1, b_2を求めてみました（節末参照）。結果は次の通りです。

$$a_1=0.00,\ a_2=1.75,\ b_1=0.00,\ b_2=0.75\quad\cdots\cdots②$$

アイテム	質問1(食)		質問2(スポーツ)		サンプルスコア	群平均	草食系
カテゴリー	肉	魚	好き	嫌い			
ウェイト	0	1.75448	0	0.75192			
森山　シゲル	0	1	0	1	2.5064	1.879801	○
川原　キャンプ	0	1	0	1	2.5064		○
山川　カヤック	0	1	1	0	1.75448		○
星野　ヒカル	1	0	0	1	0.75192		○
海辺　カレー	1	0	0	1	0.75192	0.25064	×
秋山　モミジ	1	0	1	0	0		×
冬野　ユキオ	1	0	1	0	0		×
				分散	1		

スコア平均	1.181589
$S_T=$	6.999999
$S_B=$	4.549999
相関比 η^2	0.65

●数量化した結果を分析

相関比が最大になるようにカテゴリーウェイトa_1, a_2, b_1, b_2の値を決定したのが②です。この結果、次のことがわかります。

まず、群平均を見てみましょう。

草食系男子の平均は1.88

非草食系男子の平均は0.25

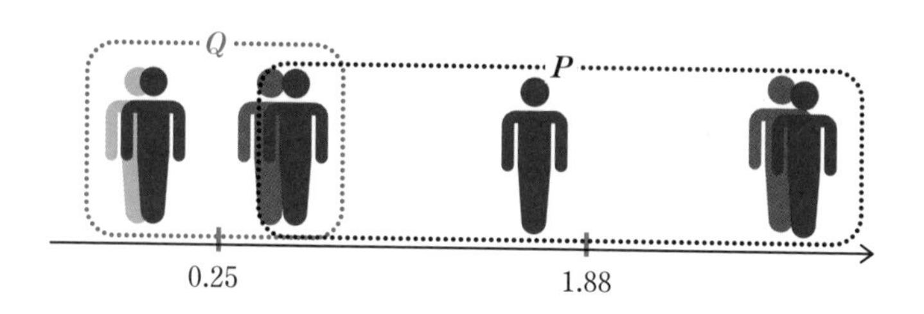

すなわち、草食系男子はカテゴリーウェイトの大きい魚を食し、スポーツ嫌いな傾向が強いことがわかります。また、魚のカテゴリーウェイトはスポーツ嫌いのカテゴリーウェイトに比べてずっと値が大きくなっています。つまり、魚の好みが草食系男子であることの大きなウェイトを占めています。

最後に、相関比を見てみましょう。η^2 が 0.65 なので全体の情報量の 6 割以上をこの数量化の結果が説明していることになります。

（注）ここでの分析は絶対に正しいわけではありません。数量化Ⅱ類の論理を使うと、このように考えられるということです。

Excel 相関比を最大にするカテゴリーウェイトを求める

ソルバーを利用して相関比を最大にするカテゴリーウェイトを身近な Excel を使って前々ページの表からカテゴリーウェイト②を実際に得る方法を解説しましょう。

(1) まずは、前々ページの表を、たとえば、次のように Excel に入力します。ただし、青字の部分は入力する必要はありません。0 とか 1 は数値として入力します。

	A	B	C	D	E	F	G	H
1								
2		アイテム	質問1(食)		質問2(スポーツ)		サンプルスコア	草食系
3		カテゴリー	肉	魚	好き	嫌い		
4		ウェイト	a_1	a_2	b_1	b_2		
5		森山 シゲル	0	1	0	1	a_2+b_2	○
6		川原 キャンプ	0	1	0	1	a_2+b_2	○
7		山川 カヤック	0	1	1	0	a_2+b_1	○
8		星野 ヒカル	1	0	0	1	a_1+b_2	○
9		海辺 カレー	1	0	0	1	a_1+b_2	×
10		秋山 モミジ	1	0	1	0	a_1+b_1	×
11		冬野 ユキオ	1	0	1	0	a_1+b_1	×
12								

(2) 下記のようにカテゴリーウェイトなどを入力します。

=SUMPRODUCT（$C$4:$F$4,C5:F5） =AVERAGE（G5:G8）

	A	B	C	D	E	F	G	H	I
1									
2		アイテム	質問1(食)		質問2(スポーツ)		サンプルスコア	群平均	草食系
3		カテゴリー	肉	魚	好き	嫌い			
4		ウェイト	0	1	0	1			
5		森山 シゲル	0	1	0	1	2	1.5	○
6		川原 キャンプ	0	1	0	1	2		○
7		山川 カヤック	0	1	1	0	1		○
8		星野 ヒカル	1	0	0	1	1		○
9		海辺 カレー	1	0	0	1	1	0.333333	×
10		秋山 モミジ	1	0	1	0	0		×
11		冬野 ユキオ	1	0	1	0	0		×
12						分散	0.57143		
13									
14							スコア平均	1	
15							S_T=	4	
16							S_B=	2.333333	
17							相関比η^2	0.58333	
18									

=VARP（G5:G11）
=AVERAGE（G5:G11）
=DEVSQ（G5:G11）
=H15-（DEVSQ（G5:G8）+DEVSQ（G9:G11））
=H16/H15

ここでは$a_1=0$, $a_2=1$, $b_1=0$, $b_2=1$としてみました。また、サンプルスコアには個々の人間のカテゴリーウェイトの和を入力します。たとえば、森山シゲルであれば、SUMPRODUCT関数を利用してG5セルに次のように関数式を入力します。

=SUMPRODUCT（$C$4：$F$4, C5:F5）

この式（G5セルの中身）をG6～G11セルにコピー＆ペーストします。また、G12セルにサンプルスコアの分散を求める式を入力します。さらに、H14～H17セルにサンプルスコアの平均値、全変動S_T、級間変動S_B、相関比η^2を求める式をそれぞれ入力します。

級間変動と全変動は偏差から構成されていて差だけが問題になり、サンプルスコアの値は相対的にしか意味がありません。そこで、二組4つのカテゴリーウェイトa_1, a_2, b_1, b_2のうち2つに次の条件を付けました。$a_1=0$, $b_1=0$

(3) ［データ］タブにあるソルバーを起動し、右図のように入力します。ここで、制約条件の対象の欄を利用してサンプルスコアの分散を1に設定しました。これは、カテゴリーウェイトa_1, a_2, b_1, b_2はいろいろな値をとり得ますが、相関比そのものは級間変動と全変動の比に過ぎませんから、各サンプルスコアの大きさそのものには意味がありません。そこで、サンプルスコアに分散 =1 という制約をつけました。

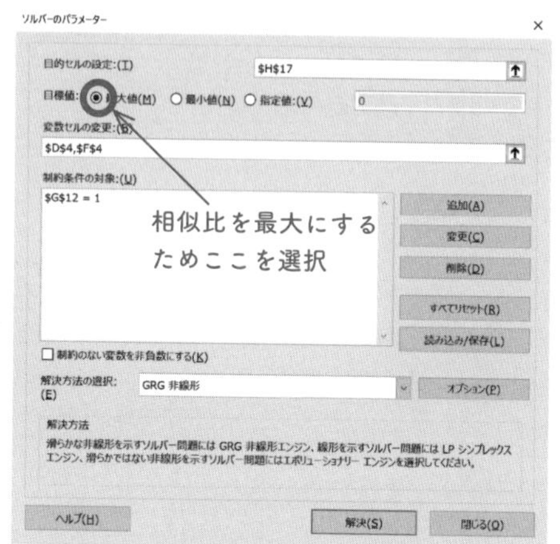

(4) ［解決 (S)］ボタンを押すと、相関比η^2の値を最大にするカテゴリーウェイトの値が表示されます。

	A	B	C	D	E	F	G	H	I
1									
2		アイテム	質問1(食)		質問2(スポーツ)		サンプルスコア	群平均	草食系
3		カテゴリー	肉	魚	好き	嫌い			
4		ウェイト	0	1.75448	0	0.75192			
5		森山 シゲル	0	1	0	1	2.5064	1.879801	○
6		川原 キャンプ	0	1	0	1	2.5064		○
7		山川 カヤック	0	1	1	0	1.75448		○
8		星野 ヒカル	1	0	0	1	0.75192		○
9		海辺 カレー	1	0	0	1	0.75192	0.25064	×
10		秋山 モミジ	1	0	1	0	0		×
11		冬野 ユキオ	1	0	1	0	0		×
12						分散	1		
13									
14							スコア平均	1.181589	
15							S_T=	6.999999	
16							S_B=	4.549999	
17							相関比η^2	0.65	
18									

数量化Ⅲ類とⅣ類

数量化理論には「**数量化Ⅰ類〜Ⅳ類**」「**コレスポンデンス分析**」などがありますが、ここではまったく言及していない数量化Ⅲ類と数量化Ⅳ類について簡単に触れておきましょう。

●数量化Ⅲ類

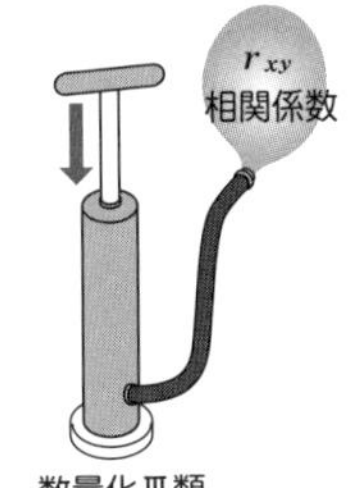

クロス集計表の縦の項目（表側）と横の項目（表頭）に各々座標を与え（数量化）、二つの変量の相関が最大になるような座標を求め、それに対応した見出しに並べ替えるテクニックが**数量化Ⅲ類**です。

	水泳	学習塾	そろばん
小6		1	
小1	1		1
小3		1	1

	学習塾	そろばん	水泳
小6	1		
小3	1	1	
小1		1	1

（注）数量化Ⅲ類はクロス集計表における項目がすべて「1」の場合の分析術です。これに対して「1」でない場合にも対応するのが**コレスポンデンス分析**です。

●数量化Ⅳ類

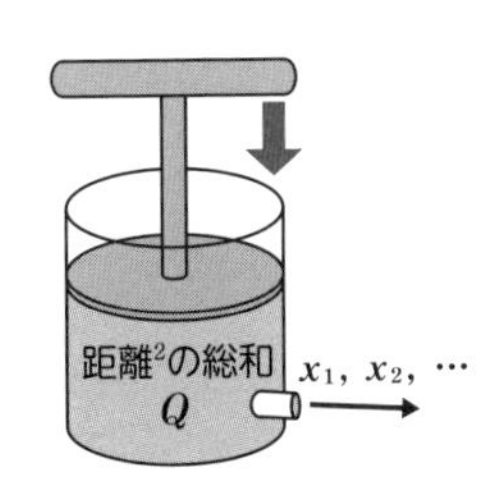

クロス集計表の縦の項目（表側）と横の項目（表頭）に同じ座標を与え（数量化）、距離の平方に好感度などの親密度を掛けた量の総和 Q が最小になる位置関係を提示してくれる理論が**数量化Ⅳ類**です。

	星野	海辺	春野	秋山
(星野)		5	10	1
(海辺)	5		7	5
(春野)	8	7		8
(秋山)	3	6	4	

(好感度)

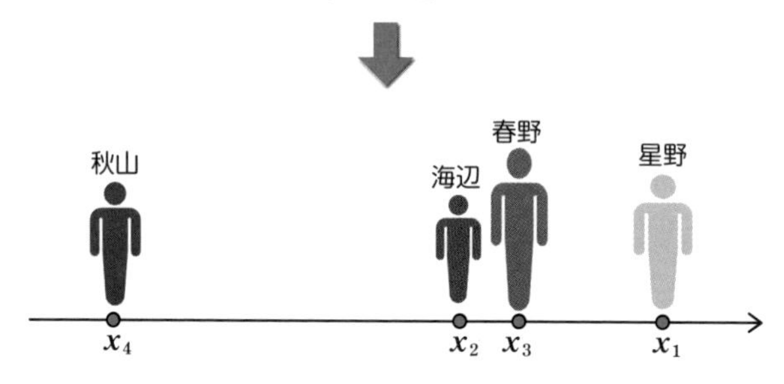

たとえば、上記のクロス集計表の場合、星野 x_1、海辺 x_2、春野 x_3、秋山 x_4 とし、下記の Q が最小になるように座標を決定するのがこの理論です。

$$Q=5(x_2-x_1)^2+8(x_3-x_1)^2+3(x_4-x_1)^2+5(x_1-x_2)^2$$
$$+7(x_3-x_2)^2+6(x_4-x_2)^2+10(x_1-x_3)^2+7(x_2-x_3)^2$$
$$+4(x_4-x_3)^2+(x_1-x_4)^2+5(x_2-x_4)^2+8(x_3-x_4)^2$$

付録

付録1 ソルバー・分析ツールのインストール法

本書はExcelに備わっているソルバーと分析ツールを利用しています。これらのアドインによって、高度な数学を用いることなく多変量解析を行なうことができます。しかし、Excelをパソコンにインストールしただけではこれらのアドインを使えないことがあります。それは［データ］タブに［分析ツール］や［ソルバー］のメニューがあるかどうかで確かめられます。

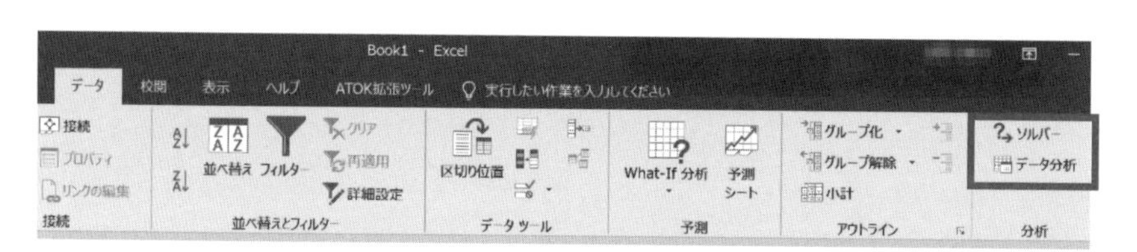

［分析ツール］や［ソルバー］のメニューがない場合にはインストール作業をする必要があります。ただし、現在使用しているExcelの設定を変更するだけで使えるようになります。

以下に、ステップを追って調べてみましょう。

（注）Excel 2013、2016の場合について調べます。他のバージョンの場合についてはインターネットで「Excel アドイン」などとキーワードを入力して検索してみてください。詳しい説明のホームページがたくさんあります。

①［ファイル］タブの［オプション］メニューをクリックします。

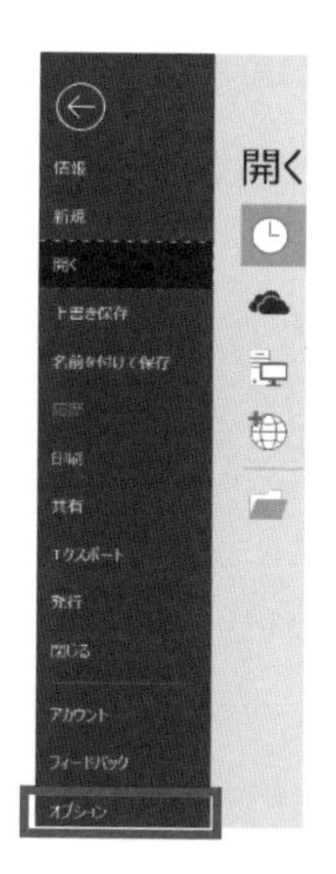

② ［Excelのオプション］ボックスが開くので、左枠の中の［アドイン］を選択します。さらに、得られたボックスの下にある［Excelアドイン］を選択し［設定］ボタンをクリックします。

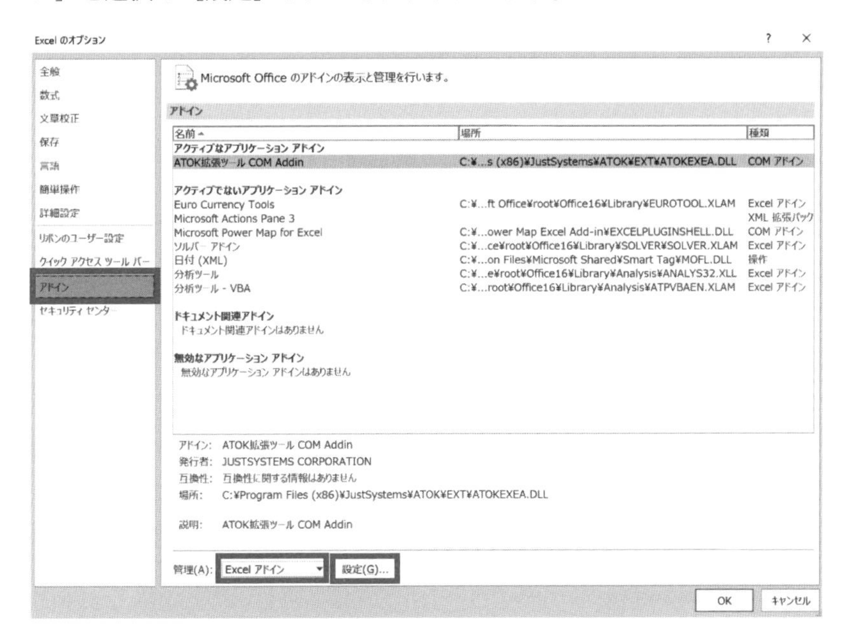

③ ［アドイン］ボックスが開くので、［ソルバーアドイン］と［分析ツール］にチェックを入れ［OK］ボタンをクリックします。すると、インストール作業が進められます。

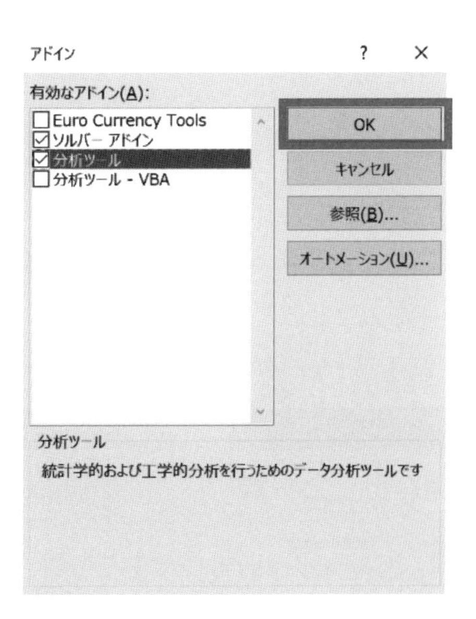

付録2 ソルバーの使い方

xがいろいろな値をとって変化すると、x^2-2x+3もいろいろな値をとって変化します。このとき、x^2-2x+3の値はxがどんな値のときに最小になるのか知るにはどうしたらいいのでしょうか。

数学の得意な人は次のように判断するでしょう。

「x^2-2x+3を$(x-1)^2+2$と変形して$(x-1)^2 \geqq 0$だから$(x-1)^2+2 \geqq 2$となる。よって、$x=1$のときx^2-2x+3は最小値2をとる」

しかし、式がもっと複雑になると、その式の最大値や最小値を求めるのは大変なことです。こんなときのために、Excelは**ソルバー**という計算ツールを提供しています。以下に、具体例を用いてソルバーの使い方を紹介しましょう。

〔例1〕 ソルバーを使って$y=x^2-2x+3$の最小値を求めてみましょう。ただし、xのとる範囲をここでは$-10 \leqq x \leqq 10$としてみます。

(1) C4に入力されている値をもとに$y=x^2-2x+3$を計算するためC5セルに「=C4^2−2*C4+3」と入力します。C4セルには初期値として、$-10 \leqq x \leqq 10$を満たす適当な数（たとえば0）を入力します。

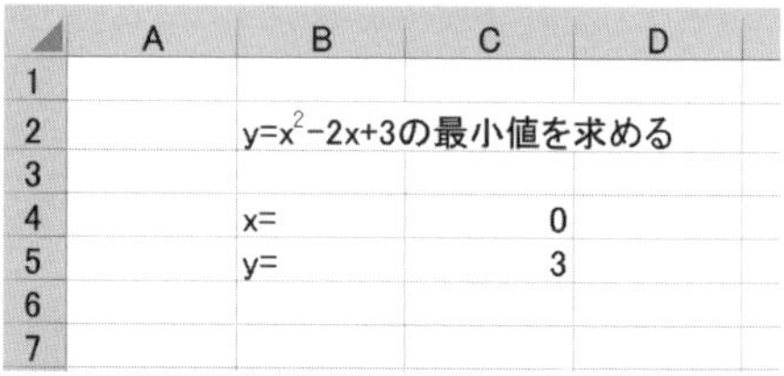

	A	B	C	D
1				
2		y=x^2−2x+3の最小値を求める		
3				
4		x=	0	
5		y=	3	
6				
7				

(2) ［データ］タブにあるソルバーを起動します

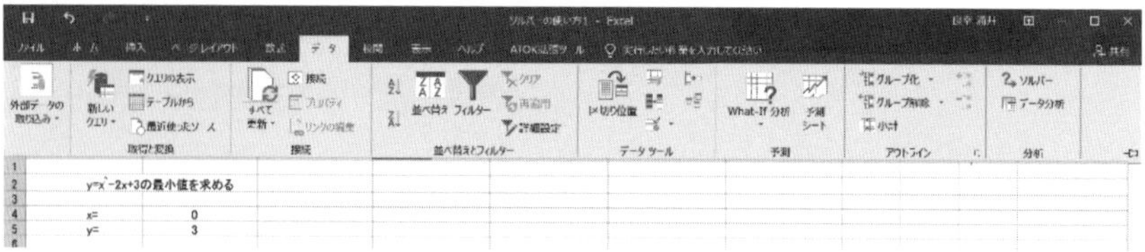

(3) すると［ソルバーのパラメーター］設定画面が表示されるので、目的セルに x^2-2x+3 が組み込まれたセル $C$5 を設定します。また変数セルの変更に変数 x の値が入力されたセル $C$4 を設定します。また、目標値には最小値を選択します。

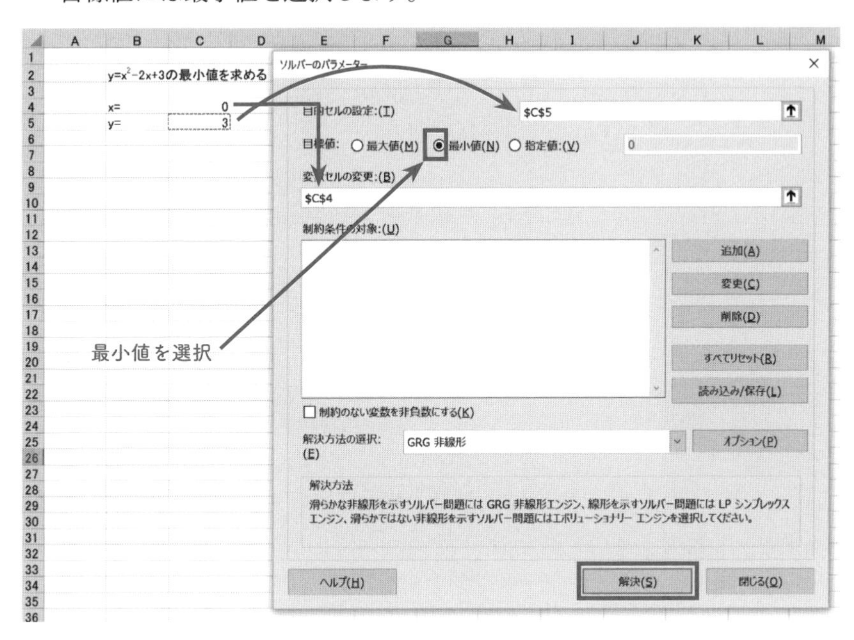

(4) x のとる範囲をここでは $-10 \leqq x \leqq 10$ を設定するために［ソルバーのパラメーター］の［追加（A)］（上図）をクリックします。［制約条件の追加］ダイアログボックスが開くので、まずは「$C$4 ＞＝－10」と入力し［OK］ボタンを押します。

(5)［制約条件の対象］の欄に「$C$4 ＞ ＝－10」と表示されます。

(6) $x \leqq 10$を設定するために（4）と同様な操作をした後、［解決（S)］ボタンを押します。

(7) ［解決（S)］ボタンを押すと次の画面が表示され、$x=1$ のとき x^2-2x+3 は最小値 2 をとることがわかります。

	A	B	C	D	E	F
1						
2		y=x²-2x+3の最小値を求める				
3						
4		x=	1			
5		y=	2			

〔例 2〕 ソルバーを使って x と y が $-10 \leqq x \leqq 10$、$-5 \leqq y \leqq 7$ の範囲でいろいろな値をとって変化するとき $-x^2-y^2+2x-2y-6$ の最大値を求めてみましょう。

（注）数学としては $-x^2-y^2+2x-2y-6=-(x-1)^2-(y+1)^2-4$ と変形することにより、$x=1$、$y=-1$ のとき最大値が -4 であることがわかります。

先の例で詳しく手順を紹介したので、ここでは、要点だけを示します。説明を簡単にするために $-x^2-y^2+2x-2y-6$ の値を z とおいてみます。

つまり、$z=-x^2-y^2+2x-2y-6$ とします。

(1) C4 セル（x の値を想定）と F4 セル（y の値を想定）に入力されている値をもとに $-x^2-y^2+2x-2y-6$ の値を計算することにします。そのため C5 セルに「＝−(C4^2)−(F4^2)+2*C4−2*F4−6」と入力します。また、C4 セルと F4 セルには初期値として $-10 \leqq x \leqq 10$、$-5 \leqq y \leqq 7$ を満たす適当な値（ここではともに 0）を入力します。

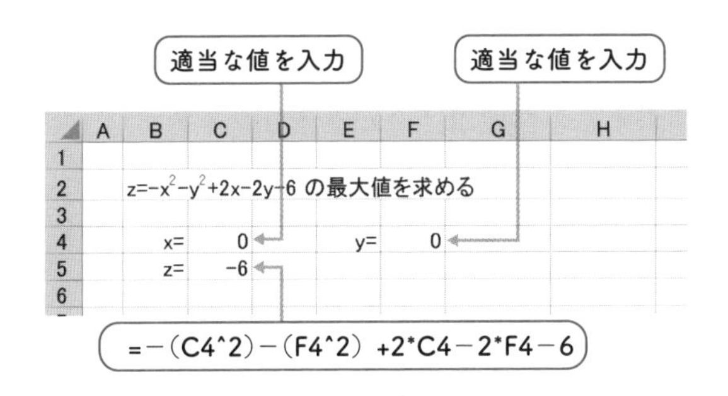

(2) ソルバーを起動し、C5 セルに埋め込まれた関数の最大値を求める設定をします。また、x と y が変化する範囲 $-10 \leqq x \leqq 10$、$-5 \leqq y \leqq 7$ も入力します。

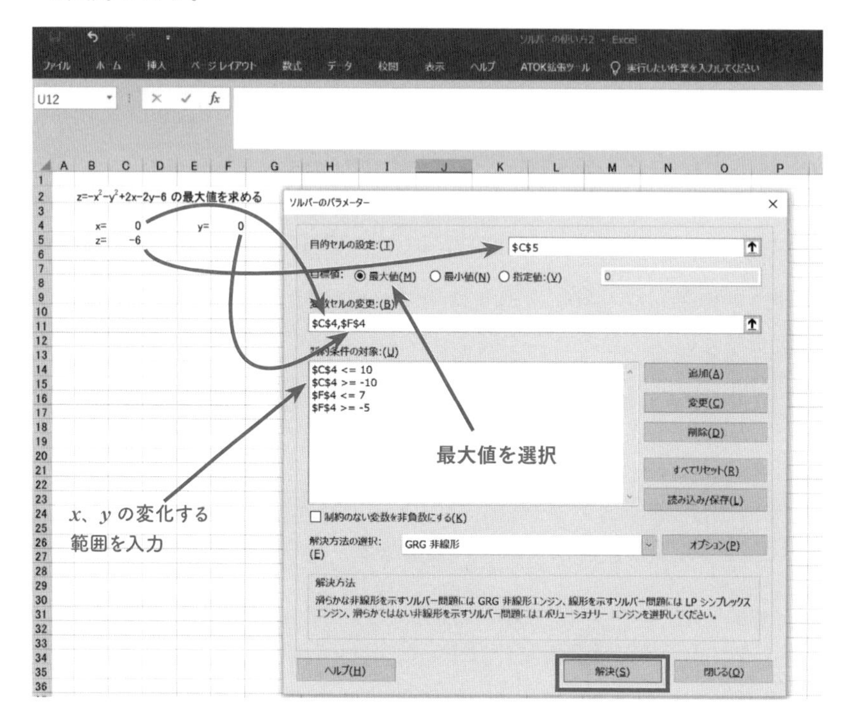

(3) ［解決（S)］ボタンを押すと、$x=1$、$y=-1$ のとき z の最大値が -4 であることが表示されます。

ソルバーの使い方の例を二つ紹介しましたが、この二つがわかれば他の式に対しても最大値、最小値を同様に求めることができます。ただし、**ソルバーを利用するときには注意が必要**です。それは、**初期値によって得られる解が異なる場合がある**ことです。このことは、数値的に解を得るときの宿命のようなものです。これを避けるにはいくつもの初期値を用意し、計算させるしかありません。また、予め解答を予想してそれに近い初期値をセットするのも一つの手段です。

付録3 $E(X+Y)=E(X)+E(Y)$ などの証明

簡単のために確率変数 X と Y の確率分布表が次の場合に証明します。

X \ Y	y_1	y_2	y_3	計
x_1	p_{11}	p_{12}	p_{13}	p_1
x_2	p_{21}	p_{22}	p_{23}	p_2
計	q_1	q_2	q_3	1

(1) $E(X+Y)=E(X)+E(Y)$ の証明

$X+Y$ は値 x_i+y_j をとる確率が p_{ij} となる確率変数となります。したがって $X+Y$ の期待値 $E(X+Y)$ は次のように計算されます。

$$
\begin{aligned}
E(X+Y) &= (x_1+y_1)p_{11}+(x_1+y_2)p_{12}+(x_1+y_3)p_{13} \\
&\qquad +(x_2+y_1)p_{21}+(x_2+y_2)p_{22}+(x_2+y_3)p_{23} \\
&= x_1(p_{11}+p_{12}+p_{13})+x_2(p_{21}+p_{22}+p_{23}) \\
&\qquad +y_1(p_{11}+p_{21})+y_2(p_{12}+p_{22})+y_3(p_{13}+p_{23}) \\
&= (x_1p_1+x_2p_2)+(y_1q_1+y_2q_2+y_3q_3)=E(X)+E(Y)
\end{aligned}
$$

つまり、$E(X+Y)=E(X)+E(Y)$ ……①

(2) 独立ならば $E(XY)=E(X)E(Y)$ の証明

XY は値 x_iy_j をとる確率が p_{ij} となる確率変数となります。したがって XY の期待値 $E(XY)$ は次のように計算されます。

$$
E(XY)=x_1y_1p_{11}+x_1y_2p_{12}+x_1y_3p_{13}+x_2y_1p_{21}+x_2y_2p_{22}+x_2y_3p_{23}
$$

ここで、**確率変数 X と Y が独立であれば**、任意の i、j について $p_{ij}=p_iq_j$ が成立します（§ 2−9）。ゆえに、

$$
\begin{aligned}
E(XY) &= x_1y_1p_1q_1+x_1y_2p_1q_2+x_1y_3p_1q_3 \\
&\qquad +x_2y_1p_2q_1+x_2y_2p_2q_2+x_2y_3p_2q_3 \quad \cdots\cdots②
\end{aligned}
$$

ここで、$E(X)E(Y)$を計算してみましょう。

$$E(X)E(Y)=(x_1p_1+x_2p_2)(y_1q_1+y_2q_2+y_3q_3)$$

右辺を展開すると②式になります。よって、次のことが成立します。

確率変数XとYが独立であれば、$E(XY)=E(X)E(Y)$ ……③

(3) 独立ならば$V(X+Y)=V(X)+V(Y)$ の証明

確率変数Zの分散$V(Z)$に関しては次の性質があります。

$$V(Z)=E(Z^2)-\{E(Z)\}^2 \quad \cdots\cdots ④$$

この成立理由は後で説明しますが、ここでは、まずこの性質を使ってみましょう。

$Z=X+Y$とすると、

$$\begin{aligned}
V(X+Y)=V(Z)&=E(Z^2)-\{E(Z)\}^2\\
&=E(X^2+2XY+Y^2)-\{E(X+Y)\}^2\\
&=E(X^2)+2E(XY)+E(Y^2)-\{E(X)+E(Y)\}^2\\
&=E(X^2)-\{E(X)\}^2+E(Y^2)-\{E(Y)\}^2\\
&\qquad\qquad+2\{E(XY)-E(X)E(Y)\}\\
&=V(X)+V(Y)+2\{E(XY)-E(X)E(Y)\}
\end{aligned}$$

ここで、もし、**確率変数XとYが独立であれば**、③より

$$V(X+Y)=V(X)+V(Y)$$

となります。

それでは、式④、つまり、$V(Z)=E(Z^2)-\{E(Z)\}^2$の成立理由を調べてみましょう。

$\mu=E(Z)$とすると、分散の定義より

$$\begin{aligned}
V(Z)&=E((Z-\mu)^2)=E(Z^2-2\mu Z+\mu^2)\\
&=E(Z^2)-2\mu E(Z)+E(\mu^2)\\
&=E(Z^2)-2\mu^2+\mu^2=E(Z^2)-\mu^2\\
&=E(Z^2)-\{E(Z)\}^2
\end{aligned}$$

付録4 最高密度区間 HDI の求め方

ベータ分布を例にして信頼度 100（1－ α ）パーセントの**最高密度区間** $[a, b]$ を Excel のソルバーを使って求めてみましょう。ただし、分布の確率密度関数を $f(x)$ とします。ここで紹介する求め方はベータ分布でなくても一般の分布に利用ことができます。

なお、信頼度 100（1－ α ）パーセントの最高密度区間とは、次の二つの条件を満たす区間 $[a, b]$ のことです。

（イ）分布の左右の部分の確率の和が α

（ロ）区間の両側における確率密度関数の値が等しい。

（つまり、上図において $f(a)=f(b)$）

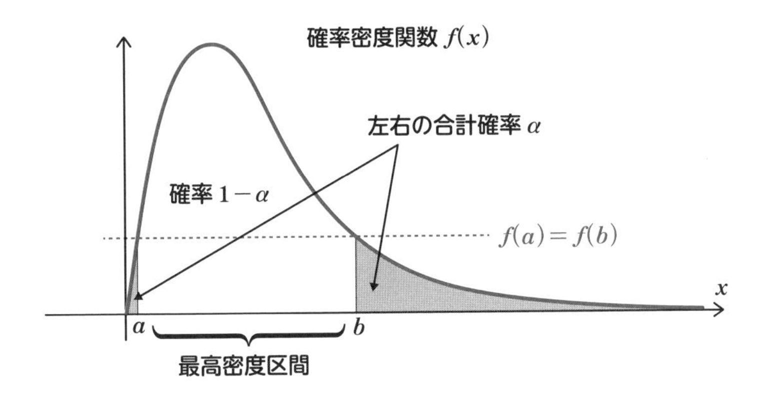

●ベータ分布 $Be(m, n)$ の p 値と確率密度関数の値を求める関数

m、n が正の整数であるときのベータ分布 $Be(m, n)$ の確率密度関数の値や p 値、100p%点を計算で求めるのは簡単ではありません。しかし、たとえば Excel を使うとこれらの値を簡単に算出できます。つまり、Excel の BETA.DIST や BETA.INV 関数を用いればよいのです。

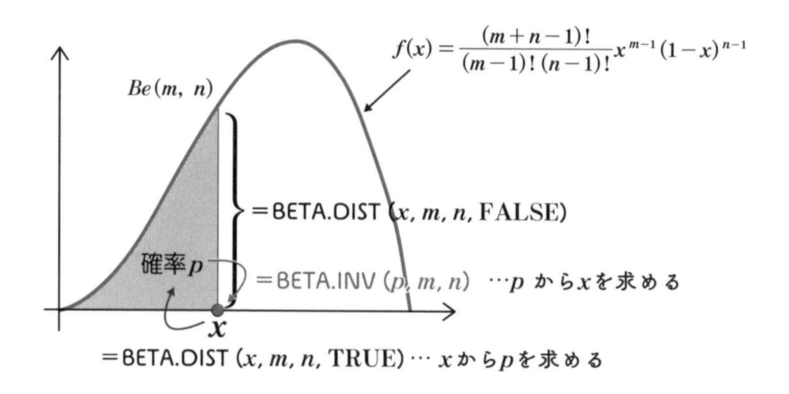

● ベータ分布$Be(m,\ n)$の最高密度区間を求める

以下に、ExcelのBETA.DIST関数とソルバーを用いてベータ分布$Be(m,\ n)$の最高密度区間$[a,\ b]$を求めてみましょう。

(1) Excelのシートに下図のように数値と関数を入力します。

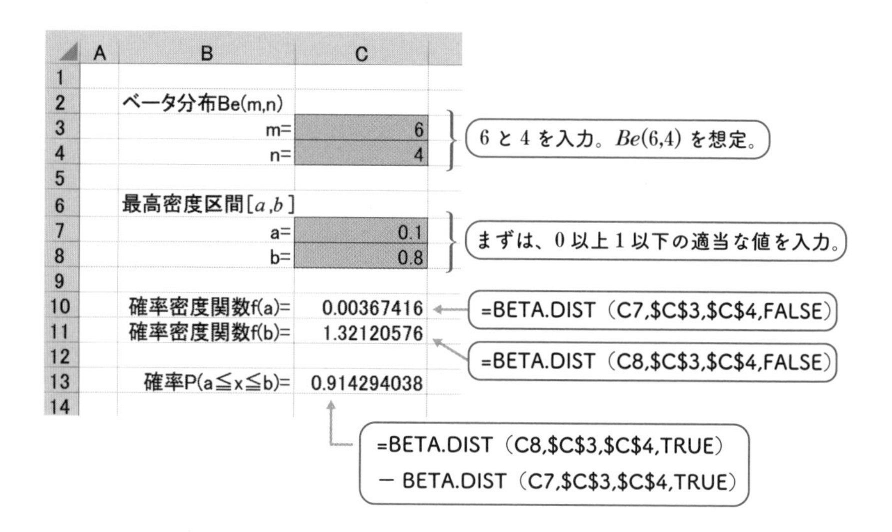

	A	B	C
1			
2		ベータ分布Be(m,n)	
3		m=	6
4		n=	4
5			
6		最高密度区間[a,b]	
7		a=	0.1
8		b=	0.8
9			
10		確率密度関数f(a)=	0.00367416
11		確率密度関数f(b)=	1.32120576
12			
13		確率P(a≦x≦b)=	0.914294038
14			

図では少しわかりにくいので、セル C10、C11、C13 の入力内容については、再度、掲載します（下記）。

C10 は ＝BETA.DIST（C7,$C$3,$C$4,FALSE）

C11 は ＝BETA.DIST（C8,$C$3,$C$4,FALSE）

C13 は ＝BETA.DIST（C8,$C$3,$C$4,TRUE）－BETA.DIST（C7,$C$3,$C$4,TRUE）

(2) ［データ］タブにあるソルバーを起動し、以下のように（イ）（ロ）の条件を入力します。

95％の最高密度区間を求めるため 0.95 と入力。

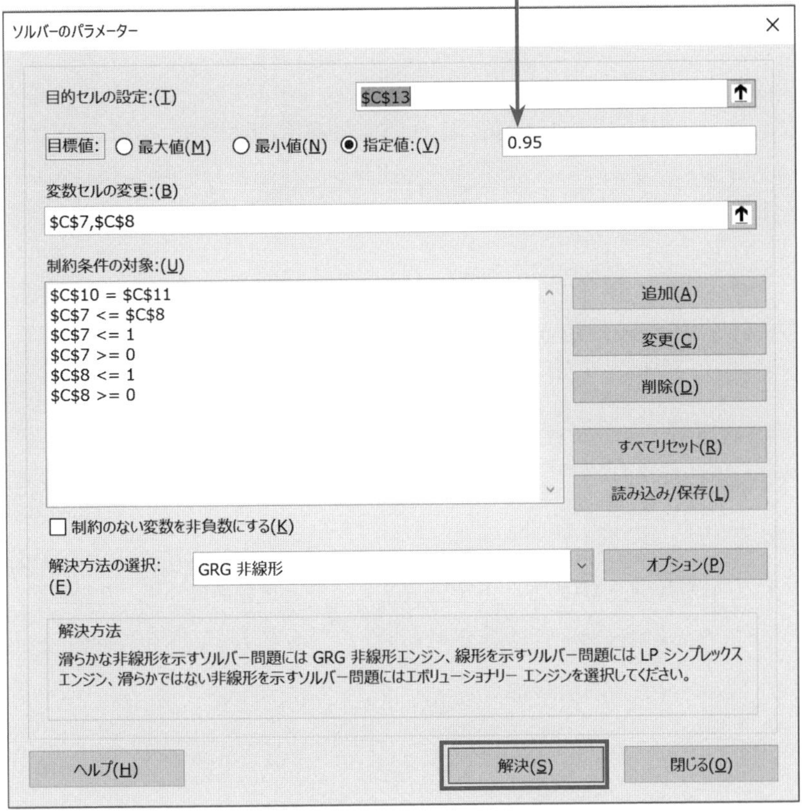

ソルバーのパラメーター

目的セルの設定:(T) $C$13

目標値: ○ 最大値(M) ○ 最小値(N) ◉ 指定値:(V) 0.95

変数セルの変更:(B)

$C$7,$C$8

制約条件の対象:(U)

$C$10 = $C$11
$C$7 <= $C$8
$C$7 <= 1
$C$7 >= 0
$C$8 <= 1
$C$8 >= 0

追加(A)　変更(C)　削除(D)　すべてリセット(R)　読み込み/保存(L)

□ 制約のない変数を非負数にする(K)

解決方法の選択:(E) GRG 非線形　オプション(P)

解決方法

滑らかな非線形を示すソルバー問題には GRG 非線形エンジン、線形を示すソルバー問題には LP シンプレックス エンジン、滑らかではない非線形を示すソルバー問題にはエボリューショナリー エンジンを選択してください。

ヘルプ(H)　解決(S)　閉じる(O)

(3)［解決（S)］ボタンを選択します。

(4) すると、95％の最高密度区間$[a, b]$のa、bの値が算出されます。

	A	B	C
1			
2		ベータ分布Be(m,n)	
3		m=	6
4		n=	4
5			
6		最高密度区間[a,b]	
7		a=	0.314598647
8		b=	0.875521365
9			
10		確率密度関数f(a)=	0.500091716
11		確率密度関数f(b)=	0.500090648
12			
13		確率P(a≦x≦b)=	0.950000192

95％の最高密度区間$[a, b]$

つまり、ベータ分布$Be(6, 4)$の95％最高密度区間$[a, b]$は次のようになります。

$$[0.3146,\ 0.8755]$$

もし、99％最高密度区間$[a, b]$を求めたい場合は(2)におけるソルバーのパラメーターの目標値として0.99と入力すればよいのです。その後、［解決（S)］ボタンを押せば右の出力を得ます。つまり、ベータ分布$Be(6, 4)$の99％最高密度区間$[a, b]$は次のようになります。

	A	B	C
1			
2		ベータ分布Be(m,n)	
3		m=	6
4		n=	4
5			
6		最高密度区間[a,b]	
7		a=	0.232128744
8		b=	0.923066494
9			
10		確率密度関数f(a)=	0.153794349
11		確率密度関数f(b)=	0.15379494
12			
13		確率P(a≦x≦b)=	0.990000168
14			

$$[0.2321,\ 0.9231]$$

付録5 リーマン積分

以下に、リーマンによる積分の厳密な定義を掲載しておきましょう。

関数$f(x)$が閉区間$[a, b]$で定義されているものとします。いま、$[a, b]$をいくつかの小区間に分けます。すなわち、

$$a = x_0 < x_1 < x_2 < \cdots < x_{n-1} < x_n = b \quad \cdots\cdots ①$$

を満足する$n+1$個の点$x_0, x, x_1, x_2, x_3, \cdots, x_{n-1}, x_n$を決めて$[a, b]$を$n$個の区間$[x_0, x_1]$、$[x_1, x_2]$、$[x_2, x_3]$、…、$[x_{n-1}, x_n]$に分けます（下図）。ここで、隣り合う区間は端点を共有していますが、各小区間の長さ

$$x_1 - x_0,\ x_2 - x_1,\ x_3 - x_2,\ \cdots,\ x_n - x_{n-1}$$

は必ずしも等しくありません。いま、各小区間$[x_0, x_1]$、$[x_1, x_2]$、$[x_2, x_3]$、…、$[x_{n-1}, x_n]$から、それに属する点$\lambda_1, \lambda_2, \lambda_3, \cdots, \lambda_{n-1}, \lambda_n$をそれぞれ一つずつ選びます。すなわち、

$$x_{i-1} \leqq \lambda_i \leqq x_i$$
$$(i = 1, 2, 3, \cdots, n)$$

であるような実数λ_iを選びます。このとき、次の和

$$\sum_{i=1}^{n} f(\lambda_i)\Delta x_i \quad \cdots\cdots ② \quad ただし、\Delta x_i = x_i - x_{i-1}$$

を考えます。この分割①を、各小区間$[x_i, x_{i-1}]$の長さ$\Delta x_i = x_i - x_{i-1}$が限りなく小さくなるように細かくしていくとき、$\lambda_i$を小区間$[x_i, x_{i-1}]$からどのように選んだとしても、上記の和②が常に一定の値に近づいていくとき、関数$f(x)$は区間$[a, b]$で**積分可能**であるといい、その一定の値を記号$\int_a^b f(x)dx$で表わします。

索　引

タ行

ナ行

ハ行

マ行

ヤ行

ラ行

著者略歴

涌井 良幸（わくい・よしゆき）

1950年、東京生まれ。東京教育大学（現、筑波大学）理学部数学科を卒業後、教職に就く。現在はコンピュータを活用した教育法や統計学の研究を行なっている。

著書に、『「数学」の公式・定理・決まりごとがまとめてわかる事典』『高校生からわかるフーリエ解析』『高校生からわかるベクトル解析』『高校生からわかる複素解析』（以上、ベレ出版）、『統計学図鑑』『身につくベイズ統計学』（以上、技術評論社）、『統計力クイズ』（実務教育出版）、『道具としてのベイズ統計』『Excelでスッキリわかるベイズ統計入門』（以上、日本実業出版社）などがある。

◉── カバーデザイン　三枝 未央
◉── DTP・本文図版　あおく企画

高校生からわかる統計解析

2022年 6月 25日　初版発行

著者	涌井 良幸
発行者	内田 真介
発行・発売	ベレ出版 〒162-0832 東京都新宿区岩戸町12 レベッカビル TEL.03-5225-4790 FAX.03-5225-4795 ホームページ https://www.beret.co.jp/
印刷	モリモト印刷株式会社
製本	根本製本株式会社

ISBN 978-4-86064-694-3 C0041　　編集担当　坂東一郎